復興まちづくりの時代

震災から誕生した次世代戦略

編著
佐藤　滋
真野洋介
饗庭　伸

建築資料研究社

目次 contents

PART Ⅲ

3 創造的な復興のすすめ方

PART Ⅰ

第三世代としての復興まちづくり

PART Ⅰでは、
阪神・淡路大震災の
復興まちづくりを
歴史的な展望の中で評価し、
緊急の課題として
地域マネジメントの
必要性を位置づける。

復興まちづくりを論じる

佐藤滋（早稲田大学教授）

阪神・淡路大震災が生み出したもの

復興まちづくりとは何だったのか

江戸のまちはいくつもの大火を経験し、その都度、拡大もし、充実もしてきた、と言われる。そして喉元過ぎれば熱さ忘れるで、せっかく作った火除け地は時が経つと店などで埋めてしまい、そしてまた、大火で壊滅的な被害を受け、復興に燃える。そんな繰り返しが東京の都市づくりの歴史である。[*1] 関東大震災の直後、そして第二次大戦直後の復興都市計画はこのような連鎖を断ち切りたいという思いがあったに違いない。後藤新平の帝都復興計画、石川栄耀の戦災復興東京都市計画など、真摯な思いが伝わってくる。そして、関東大震災後の復興事業は、理想を言えばきりがないが、少なくとも被災地全域で近代的な都市基盤を整えるというまれに見る事業を貫徹させた。実現に至らなかった終戦直後の都市計画の雄大な構想は今も、価値を失ってはいない。[*2]

時代の気分、風潮、埋もれているものをあらわにし、時代を転換する力、閉塞感を打ち破る力を復興都市づくりは持っていた。

消耗しきった戦災とは違い、大震火災の復興は救援も含め被災地内外の力が結集され、人々のパワーが渦巻く。そしてこの過程で育った人材や蓄積された技術が次の時代を切り開く。全体としてみれば、災害を奇貨として復興に結びつける意志が持続し、消耗戦にはならず、必ず結果を出している。

しかし、今後に予想される大震火災に対し、次の復興まちづくりはこのような楽観的な見通しはしがたい。例えば東京は当面、確実に予想される直下型地震になんとか対応しても、１００年、２００年の間には確実にプレート型の巨大地震に襲われる。これまでのような繰り返しを容認していたのでは、都市構造の大きな改変が予想される百年以上の未来には、どのような被災が生じるか想像がつかない。来るべきプレート型巨大地震に対して、確実に被害をゼロにすべく今からの対応が求められる。東京ではそのための、直下型地震に対する「事前復興まちづくり」なのであり、直下型地震を何とかしのぐための防災対策ではないのである。地域社会の再建も含めた「総合的なまちづくり」が求められるゆえんである。

そして、きわめて多様な要素が複雑に緻密に組み立てられ、成熟した文脈を創り上げている現代社会において、さらにはもっとこの傾向が進行するであろう近未来において、だからこそ復興まちづくりが成果をあげ、成し遂げられるであろうと思う反面、被災により失ってしまう価値あるものがこれまでと比べものにならないほど大きなものになることもが予想される。

考えてみると、70年代から始まったいわゆるまちづくりは、その多くが広い意味での「復興まちづくり」であったのかもしれない。高度経済成長の爪痕、犠牲になり捨て置かれた地域社会が、やむを得ず自ら立ち上がったのである。阪神・淡路大震災で復興まちづくりの一つの先導役を担った長田区真野地区のまちづくりはまさにそのようなものであった（**写真1**）。阪神・淡路大震災のあとに国家的な課題になる地方都市の中心市街地の再生も、大都市圏による富と人材の過度な吸引により、破壊的な打撃を受けた「まちなか」の復興まちづくりなのである。そのような意味で、阪神・淡路大震災の復興まちづくりは通常のまちづくりと多くの共通点を持ち、まちづくりを通常の5倍から10倍の早さで見せてく

写真1　真野地区

＊1　内藤昌『江戸と江戸城』（鹿島出版会）など。

＊2　石田頼房『未完の東京計画』（ちくまライブラリー、１９９２年）など。

れた社会実験であったともいえよう。

　この災害を無にしないためにも、このまちづくりをつぶさに検証しその果実を次の時代のまちづくりに生かさなければならない。そしてその思いは、その後の地方都市における壊滅的な中心商業地の再建や福祉との連携のまちづくりに展開している。いずれも地域社会の復興のまちづくりなのである。


　阪神・淡路大震災の直後から、私の研究室は長田区野田北部地区の復興本部と継続的におつきあいさせていただいた。1年半はほぼ学生が複数人、交代で復興本部に泊まり込み場所をいただいて活動した。その時、まちづくり協議会の浅山三郎会長が私たちに繰り返しおっしゃったことが今でも忘れることができない。

「このまちで何が起きてゆくかよく見てよく勉強して、今後に生かしてほしい。それがこの震災を無駄にしない唯一の方法だ」

　阪神・淡路大震災とその復興過程から私たちが学んだことは数限りない。

　10年以上を経た今、私達が阪神・淡路大震災の復興まちづくりのプロセスやそれをベースとしたその後の各地のまちづくり活動から何を学び、どのようなまちづくりの転換の契機を得、新しい方向を見出したのかを、本稿では考えてみたい。

　まちづくりの方法も社会的な仕組みも全く不十分な中で、地域社会が行政・専門家と力を合わせて実に多様なまちづくりの方法とプログラムを開発したことは最も重要な資産の一つである。私たちは、その経験の中から、大都市における震災復興の多様なシナリオを読み取り、十分な準備をすることができる。このことが、まさに阪神・淡路大震災を無にしないことになる。

阪神・淡路大震災を迎えた時代

　震災の巡り合わせは不思議な符号を読み取ることができる。関東大震災は、都市計画法、市街地建築物法が5年前に成立し、社会事業調査会の答申・小住宅改良要綱により社会住宅政策の骨格が定まり、東京の近代化へ向けた都市計画が決定し、後藤新平の8億円計画などが公表され、いよいよ都市計画に向かう体制が整えられた、まさに絶好のタイミングで起きた。広大に広がる市街地にどうアプローチするか、その巨大なストックの前で都市計画が足をすくめていたときに、関東大震災が襲ったのである。不幸な震災ではあったが、東京を改造する千載一遇のチャンスがこのタイミングで訪れたのである。内務省を中心とした官の都市計画が準備を整えたときに、それを見計らったように起きたのが関東大震災であった。

　いずれにしても歴史の後読みではあるが、阪神・淡路大震災も、そんなタイミングを、今になると感じてしまう。70年代から動き出したまちづくりの流れがようやく成果を見せ始めたのが、20世紀末、90年代の中頃であった。と同時にこの時代、まちづくりの先端にある種の焦燥感があったことも確かである。

　例えば、改善型まちづくりが言われ、東京の京島や東向島（墨田区）、梅ヶ丘（世田谷区）などで地域社会を基盤としたまちづくりが進んではいた（**写真2**）。密集市街地を段階的に連鎖的に共同建替えする、小規模事業の連鎖的方法が、上尾市仲町愛宕地区で実現してはいた[*3]。しかし、果たしてこのように手のかかる方法が、広大に広がる木造密集市街地の改善に有効に機能するのか、モデル的な試みは各種進められ成果が上がってきたが、これが普遍的な方法として我が国の市街地整備の切り札となるのか、ある種の閉塞感が漂い始めた時期でもあった。かけた労力に比べて効果が少ないのではないか。まちづくりのモデル開発として膨大なエネルギーをかけ先進事例に取り組んではいたが、次に続くはずの本格展開はなかなか進まず、常に実験的なプロジェクトを作り続けなければならないという状態が続いていた。

　こんなまちづくりの閉塞状況を打破し、まちづくりの新しい展望を拓いたのが阪神・淡路大震災の復興まちづくりであったのだ。

復興まちづくりの世代

　70年代に動き出したまちづくりの流れを、私は三つの世代に整理している[*4]。第1世代は現場の中からさまざまな分野が理論化、方法論化に取り組んだ世代、第2世代はモデルと実験を追求した世代、そして、第3世代は今その萌芽が見え始めている「地域運

写真2　京島（東京都墨田区）の木造密集市街地

＊3　佐藤滋他『住み続けるための新まちづくり手法』（鹿島出版会、1996年）に詳しい。
＊4　佐藤滋『まちづくりの方法』（丸善、2004年）

営」の世代である。第2世代のまちづくりはまさに百花繚乱で、楽しく目に見えるものが次々に生まれている。第2世代が出そろった、さあどうするというときに起きたのが阪神・淡路大震災であった。

　第2世代は実験の時代であり、いろいろな関心領域の市民がそれぞれ個別のテーマでまちづくりに取り組み、楽しいまちづくりが進められ、個別にまちづくり技術が開発された。しかし、専門家の間ではこのようなテーマごとのまちづくりではその成果に限界が見え始めていた。上尾市のような連鎖型共同建替えという住民・地権者主体の事業も進んできたが、やはり物的環境の改善だけでは限界があり、地域社会が総参加で、福祉を含めなければ真の生活とコミュニティの再建はないということが明らかになってきていた（**図1**）。もう少しまちづくりのしっかりした構図を描かなければという機運が出てきた時代であった。

　また、このタイミングを計るように本誌『造景』の発刊が準備されていた。これは、隔月の雑誌を埋めることができるぐらいに「まちづくり」と「都市・景観デザイン」のネタが蓄積され、また読者も想定されていたということである。そしてまた、まちづくりが、単純なプロセス論、参加論から、真の地域性・場所性に立脚して質とデザインを追求する方向に転換しようとしていた時期でもあったのだ。

　このような閉塞と転換への模索がうごめく中で、阪神・淡路大震災が襲い、そして地域を基盤としたまちづくりの本格的な実践の場が与えられたのである。これは何も専門家だけのことではなく、地域のまちづくりリーダーにも共通する思いであったかもしれない。それだからこそ、このような大震災の直後に、これまで実績のある地域でまちづくり協議会が、淡々と、そして迷うことなく復興まちづくりに進めたのだと言えよう。

　そして被害の様態の多様さ、まだら状の被害は多様な関心の専門家、事業者、支援者をそれぞれの場所に引きつけた。まちづくりのメニューはよりどりみどりに存在していた。地元の復興まちづくり協議会も、独自のコンセプト、独自の方法を試そうと専門家とともに競い合った。そのような意味で多様なまちづくりの成果が得られたし、10年経ってみると、その結果は大きな格差がでているようにも見える。

　さて、阪神・淡路大震災直前の90年代前半の時代の評価は微妙である。専門家がまちづくりの展望を失いかけていたともいえるし、新たな取組みに向けて模索して、胎動していた時代だったともいえる。奥田道大が70年代後半に、まちづくりが沈滞しているように見える状況を、「住民運動の転換期ともいわれていますが、それも単に外部の事情にもとづく変化だけではありません。運動じたい、問題を国や自治体に投げ返すことから、エネルギーを内部的にため、地域づくりに結びつけていこうとする発想がつよく見られるようになります*5」と表現したのと同じような状況であったともいえる。その内部にためたエネルギーを一挙に放出すべく、志のある専門家、学生、そしてボランティアが被災地に集結したのである。

　こうして、阪神・淡路大震災復興まちづくりは次世代のまちづくりへ向けての実験の場となった。そしてこの実験は多くのメディアにさらされ、全国注視の中でまちづくりが進められた。中でも長田区野田北部地区は青池憲司監督のドキュメンタリー撮影班が地域に常駐し、生のまちづくりの姿、その経過を刻一刻と全国に送り続けた。このことから分かるように多くの復興まちづくりの現場は広く開かれて人々を受け入れ、そして、隠すことなくその姿をさらし続けたのである。

　ここで行われる実験を記憶し語り継ぎ、二度とこのような悲惨なことが起きないように次のまちづくりの糧にしてほしいという思いである。このようなまちづくりの実験を、神戸という地域性が受け入れたのは、開港都市という開かれた地域社会の特質であったのかもしれない。

＊5　『ジュリスト増刊総合特集』（全国まちづくり集覧、1977年）

図1　上尾市仲町愛宕地区の共同建替えの連鎖

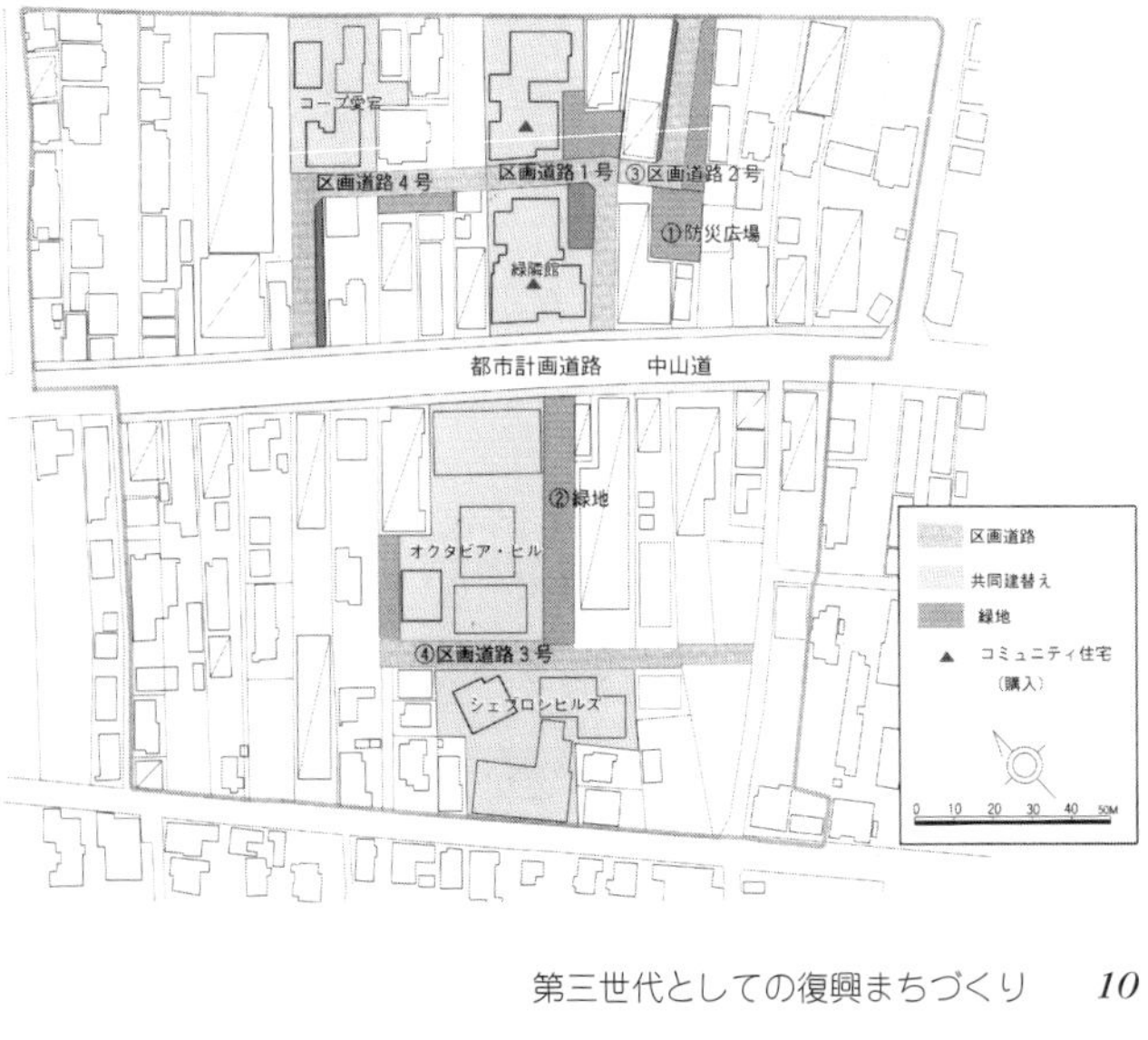

そしてここには一種の災害ユートピアともいうべき復興まちづくりの共同体が出現した。そして、まちづくり専門家とその周辺にとってその共同体は、まちづくりの実践へ向かう基盤となっていった。

阪神・淡路大震災から10年を過ぎた今、私たちはこの大震災とそれに続く復興まちづくり、さらにはその後に各地で進められたまちづくり活動から、何を得たのか、冷静に評価する必要がある。

復興まちづくりの果実

阪神・淡路大震災の復興まちづくりは次のまちづくりに向かうための多くの果実を残してくれた。不謹慎のそしりを免れないが、あえていえば、現代の東京などでの巨大震災のための事前の社会実験の場を与えてくれたようにさえ見える。これを奇貨として多くのものを構築し得たのが、何よりもの、貴い犠牲に対する報いであり、そんな思いでみんなが犠牲者の「弔い合戦」として復興まちづくりに取り組んだのである。

直接、間接を問わず、復興まちづくりの果実を、私は以下の5点に凝縮させたい。

まず第1に、まちづくりに向かう人材、特に将来想定される都市型震災に対峙する人材が育ったことである。強い社会的なモチベーションのもとで、ぎりぎりの状況でのまちづくりの実戦を経験した専門家が育ち、周辺で支援した人々が知恵とノウハウを蓄え、実際に被災から立ち上がった住民は貴重な経験を語り継ぐ、震災復興や防災まちづくりの「語り部」となった。

第2は、都市計画、まちづくりだけではなく広範な社会的な制度が、現代という時代に対応するものに改編されたということである。制度・仕組みの脆弱性と時代への不適合があらわになり、NPOの制度化、介護保険制度など大きな社会制度を動かし、これに付随してさまざまな社会的な仕組みが模索され実践された。

第3は、「まちづくり」という曖昧な概念が、復興まちづくりの中で社会的に実行力のあるものとして認識され、実体のあるものに育ったことである。多様な主体による協働のまちづくりが試され、具体的な方法・技術が再検討され、新たなまちづくりの方法論が試行され定着しつつある。そして、まちづくりの方法とプロセスの多様さが再確認され、不確実な道筋を管理運営する「まちづくり」のための支援技術の開発が進んだ。

第4は、上記と密接に関連するが、「まちづくりの専門家」が実態として見える存在になってきたということである。職能の確立とは一足飛びには行かなくても、多様な職能から派生した独自の専業「まちづくりコンサルタント」の仕事が社会的にも認知されてきたことである。

そして第5は、まちづくりの思想が社会的に浸透し旧来型の社会制度をブレイクスルーする原動力になりつつあることだ。地域が自律して意志決定をし、自ら地域社会を運営し、行政頼みにしないという復興まちづくりで見えてきたまちづくりの思想は、地域にそれぞれ、急激ではないが持続的に刺激を与え、さまざまな思想の転換をもたらし、新たなまちづくりの地平を切り拓きつつあるといえる。

●……阪神・淡路大震災復興まちづくり世代の誕生

まちづくりに向かうには強いモチベーションが今でも要る。社会的に確立されていない方法にあえてトライし新しい展望を開くのである。その意味で阪神・淡路大震災は、復興によりまちづくりが通常の5倍ぐらいの早回りで展開し、成果も見えやすく、社会的に注目された。そして、自分の成果にも跳ね返ってくる。多くの若手の専門家の卵が、阪神・淡路大震災の復興プロセスの中で学び育っていった。本特集の書き手のほとんどがその世代「阪神・淡路大震災復興まちづくり世代」に属し、自ら実験的な取組みに身を投じて、もがきながらも果実を得てきたのである。

自由に被災地に出入りできたこの世代は、これまでの閉塞感から解放され、社会的な要請と個人のモチベーションが一致するというきわめて幸せな状況の中でまちづくりに取り組むことができた。そして問題の定位から、分析、合意の形成、制度やまちづくり・デザイン提案などさまざまな実践的な場面を経験することができた。
こうして育った若者たちは、防災まちづくりの社会的な需要とも一致し、これを生かす専門職につくもの、この経験を糧に新たなまちづくりの方法に挑むもの、学んだものを地域に持ち帰り新たな実験に挑むものなど様々な活動を展開し、防災という地味な分野が日の目を見たのである。そして、「まちづくり」もまた、これまでとは比べものにならないほど注目され、市民組織を含め各地に担い手が登場するのであった。この世代は、以下の三つの場面でこの果実を継承し、新たなムーヴメントを形成している。

第1は、直接、阪神・淡路大震災復興過程に関わりながらこれを継続して防災都市づくりの研究、拠点形成の担い手となっているもの、第2は、ここで学んだものを、他のまちづくりへ展開すべく大学・研究機関やコンサルタントで新しい方法論の担い手になっているもの、第3は、地元に活動拠点を確保して、地元で実験的な取組みを進めているもの等である。

いずれも、他との強力なネットワークを形成していて、中越地震の時などに大きな力となったことは記憶に新しい。そしてこの世代は防災・復興まちづくりの基層、次世代まちづくりへの基盤となっているのである。

●……新たな社会運営のための制度が生まれた

阪神・淡路大震災の救援復旧過程で社会的に大きな関心を呼んだのは、ボランティアの活躍であった。特に若者達が「何かしたい」という気持ちをストレートに被災地にぶつけた。若者たちがこのような意識を持っていたことは、「大人達」には驚きでもあった。

しかし、実際にさまざまな活動をしようとしたとき、経験も社会的な支援の仕組みもなく、単なる労働の提供を越えて、一歩踏み出そうとすると大きな制約があることに気づかされた。

こうして、ボランタリーな市民組織の活動の場の保証というばかりでなく、政府セクターと民間セクターだけではできない、狭間を埋める活動領域があることが認識され、「新しい公共」*6概念の必要性がイデオロギーを越えて認められたのである。

■まちづくり協議会の役割

新しい公共の担い手として、まず役割を果たしたのがいうまでもなく「まちづくり協議会」である。神戸市ではまちづくり条例に基づいて認定されたものも含め、この時点でさまざまなまちづくり協議会が活動しており、これに加えて、法定事業区域など、何らかの形でまちづくりに取り組む地域には、どのようなきっかけであれ、「まちづくり協議会」は必須のアイテムになった。阪神・淡路大震災の復興事業においては、とにかくまちづくり協議会を設立して、行政との交渉窓口にするというのが定石になった。このことは、神戸が「まちづくり条例」での担保などすでに実績がある内容であり、再開発事業も含めあらゆるまちづくりにおいて、計画の当初からこのような体制をとることが定式化された意義は大きく、今後も、これは踏襲されるであろう。

そして、この「まちづくり協議会」には、多彩な役割があることが認識された。これまでの自治組織として強力な統治能力を持つ「真野まちづくり推進会」のようなものばかりでなく、行政と協力するまちづくり協議会でも、御用機関に成り下がることなく、地域のまちづくりに関する意志決定や実行に関して、有効に機能することが明らかになった。地域社会づくりのある部分を担うまちづくり協議会の在り方や特定目的の「まちづくり」を委任される協議会の在り方などが見えてきたのである。

しかし、まちづくり協議会という任意の団体だけでは、本格的にまちづくりを継続することが困難なことも次第に明らかになり、無給のボランティアではなく、何らかの収入が得られ、あるいは専門家を雇用できる組織への脱皮、あるいはそのような組織を自ら生みだす新しい活動の展開が復興まちづくりの中で模索されたのである。

そして、まちづくり協議会と自治会、各種の市民組織との多様な連携や、それらのプラットフォームづくりなど、新しい地域組織の在り方が模索された。

■新しい公共・第三の主体の登場

阪神・淡路大震災の復旧・復興過程でボランティアの活躍はめざましく、新しい社会運営の担い手として着実に力を蓄えた。そして、このような活動団体を新しい公共の担い手として位置づけ

＊6　中井検裕「都市計画と公共性」『都市計画の挑戦』（学芸出版、2000年、165頁～）など。

ることが社会的な合意となったのである。そして非営利の組織であって、事業を担うことができ行政のカウンターパートとなり、法人格を持って公共領域の仕事を担える、そしてボランタリーであっても有給で専門家が就業・雇用できる、ＮＰＯが制度化されたのはいうまでもない。いうまでもなく本格的な社会運営の担い手としては税制など制約も多く、その数の多さに比して、政府はいまだに本格的な主体として位置づけているようには見えないが、曲がりなりにも端緒は切り開かれて、本格展開は今後の努力次第というところには来ている。

　ＮＰＯが制度化されたのは復興まちづくりのまっただ中であった。自らの力で制度を整え、その制度を活用し、多様な地域運営と復興まちづくりのイメージを書き換え、地域を運営するコミュニティ・ガバナンスの可能性が見えてきたのである。

■コミュニティ・ガバナンスの登場

　さて復興まちづくりに取り組む前段で、とりあえず立ち上げられたかのように見えた多くのまちづくり協議会も、その後に生まれ出てくる多彩な市民組織、ＮＰＯと連携し、困難を伴いながらも内部自治の努力で、新しいまちづくりの布陣、コミュニティ・ガバナンスの体制を生みだす可能性を示した。ボランタリーな市民組織や地域の境界を越えて活動する組織、あるいはコミュニティビジネスに踏み出そうとする協同組合的なもの、さらに既存の自治会なども含め、これらを連携する地域におけるガバナンスが試行錯誤されたのである。そして、さまざまな困難に遭遇しながら地域固有のガバナンスの形態を生み出したものも少なくない。そして、復興まちづくりとその後の地域運営の取組みをとおしてその形態は一様ではなく、多様な地域運営の仕組みと布陣があることを示してくれた。

　多様な連携の仕方とフォーメーション、社会的な技術としての地域運営・経営モデル、さらにはコミュニティビジネス・モデルが登場している。その後の中心市街地活性化法なども活用し、ベンチャー的な感覚で商店街やまちという場を新たなモデルを実践する場として位置づける動きなども見られ、これらがまちづくり協議会などの手により、地域運営の布陣の中に位置づけられる動きが見えてきたのである。

　そして、地方分権化の波とも連動し、コミュニティ・ガバナンスが大きな社会のうねりとなっていった。さらに市町村の広域合併の代償として地域自治組織を設立することが自治法で位置づけられるなどしているが、これが真の住民自治組織となるか統治機構の末端となるかは予断を許さないところである。

　いずれにしても、阪神・淡路大震災の復興まちづくりはコミュニティ・ガバナンスの多彩な在り方を実践し、地域運営を伴う第３世代のまちづくりに豊かなイメージを与えてくれたのである。

　しかし真の意味での協働の時代が幕を開けたのかどうか、阪神・淡路大震災の実践は真の意味で継承されるのかどうか、今、瀬戸際にあるともいえる。

図２　野田北部地区／復興まちづくり提案

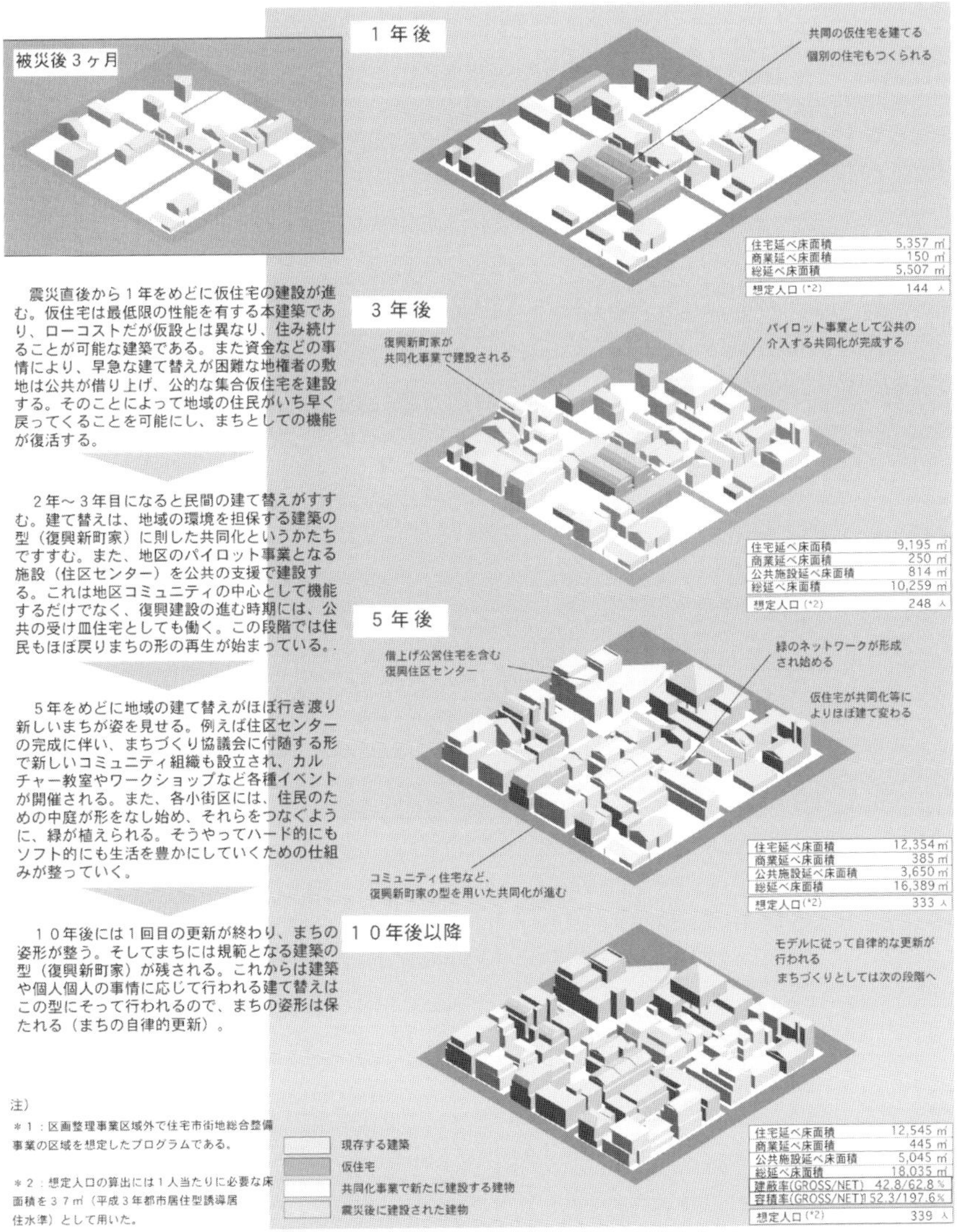

被災後３ヶ月
　震災直後から１年をめどに仮住宅の建設が進む。仮住宅は最低限の性能を有する本建築であり、ローコストだが仮設とは異なり、住み続けることが可能な建築である。また資金などの事情により、早急な建て替えが困難な地権者の敷地は公共が借り上げ、公的な集合仮住宅を建設する。そのことによって地域の住民がいち早く戻ってくることを可能にし、まちとしての機能が復活する。
　２年〜３年目になると民間の建て替えがすすむ。建て替えは、地域の環境を担保する建築の型（復興新町家）に則した共同化というかたちですすむ。また、地区のパイロット事業となる施設（住区センター）を公共の支援で建設する。これは地区コミュニティの中心として機能するだけでなく、復興建設の進む時期には、公共の受け皿住宅としても働く。この段階では住民もほぼ戻りまちの形の再生が始まっている。
　５年をめどに地域の建て替えがほぼ行き渡り新しいまちが姿を見せる。例えば住区センターの完成に伴い、まちづくり協議会に付随する形で新しいコミュニティ組織も設立され、カルチャー教室やワークショップなど各種イベントが開催される。また、各小街区には、住民のための中庭が形をなし始め、それらをつなぐように、緑が植えられる。そうやってハード的にもソフト的にも生活を豊かにしていくための仕組みが整っていく。
　１０年後には１回目の更新が終わり、まちの姿形が整う。そしてまちには規範となる建築の型（復興新町家）が残される。これからは建築や個人個人の事情に応じて行われる建て替えはこの型にそって行われるので、まちの姿形は保たれる（まちの自律的更新）。
１年後
共同の仮住宅を建てる
個別の住宅もつくられる
住宅延べ床面積　5,357㎡
商業延べ床面積　150㎡
総延べ床面積　5,507㎡
想定人口（*2）　144人
３年後
復興新町家が
共同化事業で建設される
パイロット事業として公共の
介入する共同化が完成する
住宅延べ床面積　9,195㎡
商業延べ床面積　250㎡
公共施設延べ床面積　814㎡
総延べ床面積　10,259㎡
想定人口（*2）　248人
５年後
借上げ公営住宅を含む
復興住区センター
緑のネットワークが形成
され始める
仮住宅が共同化等に
よりほぼ建て変わる
コミュニティ住宅など、
復興新町家の型を用いた共同化が進む
住宅延べ床面積　12,354㎡
商業延べ床面積　385㎡
公共施設延べ床面積　3,650㎡
総延べ床面積　16,389㎡
想定人口（*2）　333人
１０年後以降
モデルに従って自律的な更新が
行われる
まちづくりとしては次の段階へ
住宅延べ床面積　12,545㎡
商業延べ床面積　445㎡
公共施設延べ床面積　5,045㎡
総延べ床面積　18,035㎡
建蔽率(GROSS/NET)　42.8/62.8％
容積率(GROSS/NET)　152.3/197.6％
想定人口（*2）　339人
現存する建築
仮住宅
共同化事業で新たに建設する建物
震災後に建設された建物
注）
＊１：区画整理事業区域外で住宅市街地総合整備事業の区域を想定したプログラムである。
＊２：想定人口の算出には１人当たりに必要な床面積を３７㎡（平成３年都市居住型誘導居住水準）として用いた。

70年代前後の革新自治体の時代に様々な実践がありながら後戻りした、同じ轍を踏まないために科学的な方法の確立が求められている。[*7]

■市民まちづくり事業の可能性

復興まちづくりの過程では、法定の公共事業によるものと、任意の事業制度を適応する地区、さらに、自主再建に任された地区と、明確な線引きがされた。公共事業は再び事業主導という錦の御旗を手に入れ、それ以外の大部分は地域主導と自立のまちづくりという、美しいが困難な原則が当てはめられた。

さらに、再開発や区画整理という法定事業であっても、まちづくり協議会による合意と決定を伴う地域の自律性を基盤とした事業展開が前提となったが、事業そのものを市民の手に取り戻す事ができたかというと疑問が残る。

まちづくりを本格的に展開するためには、自治会活動の延長としてもボランティア活動では限界があり、まちづくり事業を自ら事業主体となって実施できないものかという機運は、真野地区などで震災以前からあった。長浜の株式会社・黒壁が市民出資で行政からの協力出資はあるものの自らの意志と経営能力で「まちづくり会社」にふさわしい活動を展開していたし、自らが機動的でかつ収益を上げてそれを地域内で循環する仕組みの必要性が語られていた。すなわち、まちづくりをボランティアの領域から解き放し、コミュニティビジネスのビジネスマインドを持って、自立してゆこうという動きを指向しているのである。

ボランタリーにまちづくりに貢献したい、まちの活性化を何とか進めたいという気持ちは、自ら主体的に取り組む活動的な住民でなくても、気持ちとしてはあり、自治体が発行するミニ地方債などには配当は低率にもかかわらず多くの応募があり関係者を驚かせている。このようなマインド形成にも阪神・淡路大震災のボランティアの活動が少なからず影響を及ぼしている。

また、阪神・淡路大震災の時点では無かった介護保険制度が導入され、福祉というより身近な事業にさまざまな市民セクターが関わりを持つようになり、コミュニティビジネスが現実のものとなっている。グループホームを経営するＮＰＯを市民の力で運営し、従業員を雇い、配食サービスを行うワーカーズコレクティブがそのような過程で生まれるなど、市民が参画し、直接出資する事業を立ち上げる等の動きが各地で見られ、理念に基づいた有料老人ホームの建設・経営などということも手の届くものになってきた。そして、地元の潜在的な需要と付き合う仕組み、ワーカーズコレクティブやコミュニティファンド、特定目的会社やＬＬＰ（有限責任事業組合）[*8]等、新しい仕組みがまちづくりにも可能になってきている。匿名の株式会社に投資をするのではなく、地域の顕名性の事業を地域で信用のある市民が担いこれを地域社会が支援するという構図が見えてきているのである。野田北部地区では「野田北ふるさとネット」が指定管理者制度による駅前駐輪場の管理運営を民間企業と争って獲得し、事業をとおして地域の雇用を創出するなど、これまでのまちづくり活動とは一線を画すものに移行しつつある。複雑ではあるが、地域における多様な価値の実現と働き方が見えてきているのである。

こうして事業手法の多様化により、時間をかけて需要を地域から掘り起こす段階的方法が計画立案だけではなく、その後の事業にもつながるようになっている（図2）。こうして、再開発や共同建替えなどのハード事業も運営段階も含めて事業採算を合わせることが可能になり、事業の幅は大幅に広がる可能性が見えてきている。

さらに阪神・淡路大震災の外に目を転じれば、大震災を前提とした、復旧・復興まちづくりの支援の仕組みは、自治体の連携や専門家のネットワークなど、数え上げたらきりがないほどである。

阪神・淡路大震災はその被害の大きさが社会に衝撃を与えたのと同様に、復興まちづくりの過程での社会運営の新しいイメージが、日本各地に、そして台湾の集集地震の復興にみられるように、海外にも少なからぬ波及をしていったのである。

●……まちづくりの技術と方法が再構築された

■多様な復興まちづくりのプロセスが生んだもの

阪神・淡路大震災の復興過程はまさに多様であった。これは第1に、「まだら状被害」と言われるように被害の様相が多様であったこと、第2に、地域社会に自立的なまちづくりに対する準備状

＊7　『地域協働の科学』（成文堂、2005年11月）

＊8　2005年の商法改正で生まれた、内部自治により組合員が協同で事業を行う組織であるが、出資の範囲に責任が限定され、まちづくりを担う組織として可能性が検討され、すでにまちづくりの目的で設定されたものもある。

況が多様であったこと、さらに第3に、行政の復興事業の当てはめ（法定事業か任意事業かあるいは自主再建）により大きな差があったことによる。第3の点は、論理的に考えれば前の2点が勘案されてのことであるが、その他にも、広域の都市計画マスタープラン上の位置づけ、将来ビジョンなどが反映してのことであった。これら復興都市計画により個々の地域に振り分けられた復興計画は当時大きな議論があったように、論理的、行政的な合理性はあったにせよ、地域社会からすれば「上からの押し付け」と受け取ったのは当然のことである。また、これまでのまちづくりの実績なども勘案されていることは明確に読み取ることができる。

　さらに専門家による支援体制も多様であった。以前から「まちづくり」の実績をとおして専門家との関係があり、それを核にさまざまなボランタリーな支援を受けた地域もあれば、初めてまちづくりに取り組む地域では、行政から専門家が派遣されてもなかなか信頼関係が構築されなかったり、多少の混乱があったことは周知の事実である。しかし、このような場合でも「まちづくり専門家」は地域とともに学び育ち役に立つようになることも多かった。他方、事業区域で従来型の事業手法を強いられた地域や混乱が長引いた地区もあり、「まちづくり」はまさに多様な道筋をたどることになった。

　そして、様々なコンフリクトがあったが、結果的には、地域社会がそれぞれ様々な疑問や反対を抱えながら、復興都市計画の位置づけを受け止め、地域社会が自ら、詳細なプログラムを試行錯誤しながら組み立て、復興まちづくりを成し遂げたのである。

　このような復興まちづくりは、これまでのわずかなまちづくりの経験と机上の分析を越えて、実践の中から、まちづくりの新たな方法論と技術を可視化してくれた。そして、大都市圏での次の大震火災を想定したとき、多様な被災の様態が予想され、このような経験を正確に分析することは、何にもまして貴重な知見となる。

■予測不可能性に対処する「まちづくりの情報技術」

　まちづくりは、事前確定ではない動態的なものだといわれてきた。通常の都市計画は事前確定性が法的な根拠になるが、まちづくりとは、マスタープランで決定しそれを法的根拠にして、事業・規制・誘導により粛々と実行するというのではない。様々な状況の変化に柔軟に対応して地域が主体的判断で進める、不確実な未来に単なる「事前確定の計画」ではない、運営や実行過程も含めて進めるのが「まちづくり」であるという考え方である。

　阪神・淡路大震災では、復旧・復興を急がなければならないが、制度も人材も財源も、そして被災者の動向や大枠となる地元経済の行方など、不確実な将来への見通しの中でとりあえず復旧から復興へのまちづくりに進まなければならなかった。全くの未経験な道筋を、地元の協議会だけではなく、地域社会も行政も専門家も、進むことを強いられたのであり、「不確実な将来と計画条件のもとでいかに対処するか」の方法論が、復興まちづくりには求められたのである。

　そのために必要とされたのは、第1が即時の情報集積とその分析により、継続的なシミュレーションを行いながら各種の代替案を評価し、判断をし続ける方法、第2がバーチャルな世界にあるビジョン・計画と実際の事業の間をつないで即刻、フィードバックさせ修正・対応する計画システム、第3がまちづくり情報のデータベース化の技術である。これらが、復興まちづくりに関わる専門家にとって、開発すべきまちづくりの技術として認識された。

　こうした中で最も期待されたのは、詳細なまちづくりに関わる地域情報をデータベース化して、これを活用しあらゆる状況に即時に対応できる体制を築くことであった。そして、まちづくり事業の計画としてもさまざまな事態に即応できる、選択可能なオプションを備え、地域が即時的に判断し、選択的に実施に移すという方法である。

　私が野田北部を初めて尋ねたとき、浅山会長から「情報の整備を何とかしてほしい、これから復興も進むであろうから、人や建物に関する情報を即時で整理して、判断に役立てたい」と訴えられた（**写真3**）。GISを用いてそのようなシステムを作ろうとその時話し合ったものである。しかし、実態調査と情報の集積に追われ、システムとしてはきわめて単純なものしか提供できなかった。今にして思えば、暗中模索の中で即時の正確な情報集積と分析がいかに重要か、まちづくり協議会は理解していたのである。

　そしてこのような、多様で詳細な地域情報のストックは、住民

写真3　浅山会長

が主体にならなければ得られない人的な情報も含め、極めてリアルな内容が必要とされたのである。

そして、このような経験をした専門家が、それぞれの地域に帰って防災まちづくりに取り組もうとしたとき、きめの細かい地域の情報を、個人情報も含めて収集に取り組んだのである。そして、福祉・介護など、地域社会が全体として取り組まなければ手が出せない課題が浮き彫りになった。地域社会の中での多様な連携の必要性、特に介護保険制度がエンジンとなって、今や人的側面を含めた地域情報の集積をまちづくり計画の前提とすることが常識となっている。

このような情報の集積のためには、まちづくり協議会が孤立したものではなく、地域の総体的な運営組織として認知されるか、あるいは、様々なまちづくり組織を統合し、事業を組み立てる「プラットフォーム」のような機関が必要であることも明らかになっている。

すなわちまちづくりの情報は地域の中から生み出され、地域とともに運営される。このようなコミュニティを基盤に、即時対応のきめの細かな情報収集とこれを基礎とした柔軟なフィードバックの回路を持った計画方法論が必要とされ、取り組み始めたのである。

■まちづくりシナリオを読み取るためのデータベースの試み

さて、この10年の間に積み上げた、それぞれの復興まちづくりから教訓を読み取り、各地のまちづくりのプログラムに活かすためには、生き生きとそのまちづくりのプロセスを学べるような情報の整理と、まちづくりプロセスのデータベースの構築が望まれる。しかも、それは単に数字や文章記述だけではなく、もっとリアルな映像などを伴ったものであることが望まれる。ある意図のもとで編集されたり加工されたりしたものではなく、それぞれの地域、個人が自ら教訓を学び取れるものであることが望ましい。

神戸大学を中心に始まった、まちづくりアーカイブなどは、そのためのデータベースとして期待できる。また、日本建築学会の文化賞を受賞した、野田北部のまちづくりを定点観測した長編ドキュメンタリー「野田北部・鷹取の人びと」[*9]が、全14巻でDVD化されたが、これなどは、解説も含め、多くの復興まちづくりの教訓を、生き生きと伝えている。

阪神・淡路大震災を無駄にしないためにも、様々な方法でまちづくりのシナリオを読み取るためのデータベースを構築することが望まれる。

■まちづくりのシナリオ・メイキング技術

(1) 物語を共有する

きめの細かな情報収集による即時対応の体制とともに、復興まちづくりの過程でものをいったのは「復興まちづくりの物語」を地域社会で共有することの力である。不確実な将来であるが、情報の正確な把握により徐々に明らかになってくる事態を前提に「物語の共有」が取り組まれたのである。そしてこれをもとに復興のプログラムが共有され、試行錯誤を伴いながら実行されるのである。少なくとも「まちづくりの物語」が被災以前、事前に共有されている場合には、この過程がスムーズに進んだのは言うまでもない[*10]。

「まちづくりの物語を共有」する際に、最も重要な課題は明確な目標設定である。阪神・淡路大震災の例でもこれでつまずいたために復興が遅れ、被災者への対応ができず、結果として地域社会の継続ができず、遠隔地での公共住宅の大量供給、被災者の集団入居という20世紀型の復興の構図となってしまったのである。地域にまちづくりの目標空間イメージが確立されていて、それを被災時にも再確認してその方向に進むという合意、あるいは地域の総意を形成しておくことが、まず重要なのである。しかしこのような基本方向について、地域社会の中で総意が形成されている地域は、東京の木密地域でさえ多くはない。

さて、事前に復興まちづくりの目標設定をどのような考え方で行うか、これには対極の考え方がある。まず、日常性の延長としての復興まちづくりを想定しようという考え方である。ある臨界点を越えて耐震・防火・不燃化が進めば、想定被害を最小化して復旧復興も順調に進むのであり、そ

図3　『東京2000構想』より

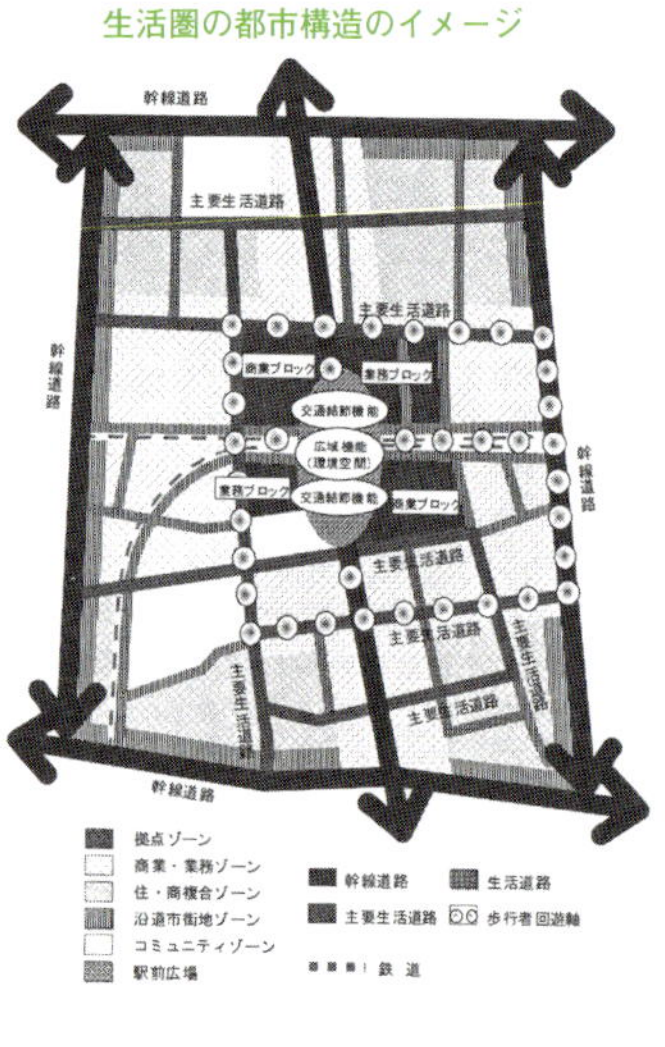

図4　緑の回廊構想（『震災復興グランドデザイン』より）

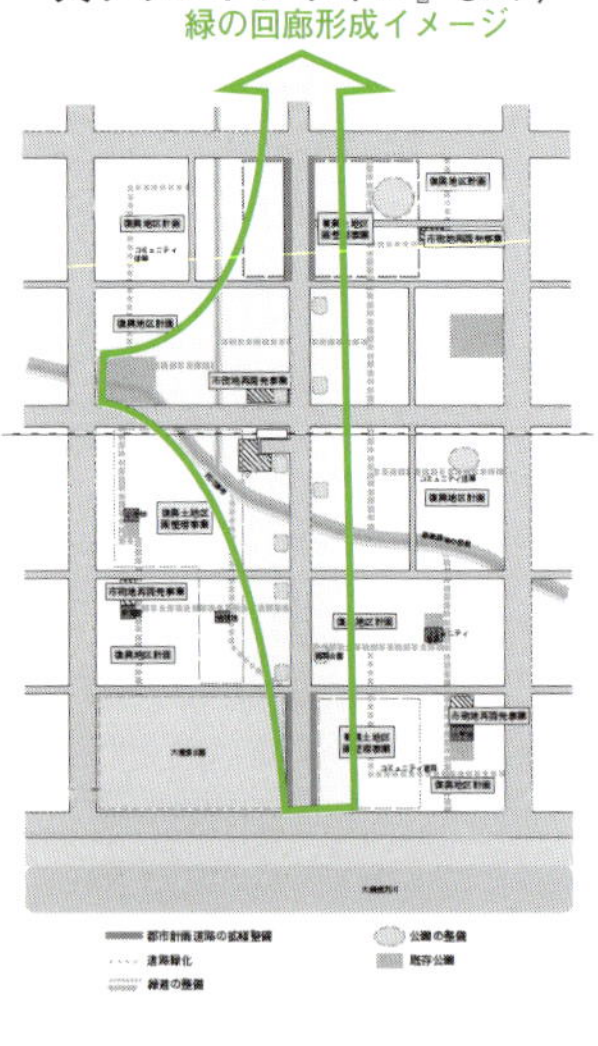

＊9　なお、「野田北部・鷹取の人びと」ビデオ版は岩波映像（03-5689-2601）で販売している。

＊10　例えば、筆者の研究室では現在、西武新宿線の立体化構想に伴う、中野区沿線5駅を中心とした「まちづくり構想策定のための勉強会」を支援している。東京都の復興グランドデザインや東京2000計画では、駅を中心とした生活圏の構築（図3）や、この地域を縦断する「緑の回廊構想」（図4）が描かれている。地域のインフラ整備に伴うまちづくりと復興グランドデザインをつなぎ合わせれば、事前にしろ事後にしろ、あるいは震災が来ようと来まいと、実現可能な「まちづくりの物語の共有」が可能となろう。

のために、どこまでやればいいかを第1段の目標として設定し、これに向かってプログラムを組むという考え方である。

これに対して、この機会に通常ではできない根本的な改造を行おうという考え方もある。再開発の必要性、ポテンシャルがある駅前地区などでは当然このような議論もあろう。20世紀的発想は捨てたとしてもポテンシャルを周辺へも徐々に波及しながら、しかしこの機会だからできること、市街地全体から見れば拠点を作ることなどをどう検討課題として組み込むかは重要な課題である。

いずれにしても、被災がなければできないような目標設定は避け、明日からでもその方向に進めるような目標設定が、現代のような成熟社会において、しかも今日においても大きな被災が想定されるような地域においては必要であろう。

(2) まちづくりのプログラムを

そして、目標設定に対してこれを実現するために、いかなるプログラムを構築するか、冷静に地域の条件を検討してシミュレーションする必要がある。当然のことながら、具体的な検討過程においては、目標設定とプログラムの検討は行きつ戻りつしながら進められる。これはシナリオ・メイキングの技術といってもよい。「物語を紡ぎ出す」などという言い回しがされたりもした。

阪神・淡路大震災の復興まちづくりでも、もちろん最初から完全なプログラムなど有り得ようはずはない。しかし、まちづくりがうまく進んだ地域では、すくなくとも復興という目標に向けてさまざまな物語が地域の中で響きあっていた。そして、それらが徐々に姿を明確にしたのが復興まちづくりであった。今の時点で後読みすれば、多様な復興のシナリオは、ほぼ後述するように描き尽くされたといってよかろう。

近い将来の震災による被害が想定されている地域においては、事前に、地域における復興まちづくりのプログラムを想定し、日常のまちづくりとの連携を図ることが喫緊の課題なのである。

そして、このような目標設定とシナリオ・メイキングのための支援技術として、非常時対応、危機管理、復旧・復興も含めて、事前のシミュレーションで様々な将来像を地域住民組織とともに検討する道具が開発されつつある。[*11] 社会実験を含めた実践の積み重ねにより、科学的合理的な方法を基礎に、より有効なものとすることが重要である。

このような方法は、ことさら防災ということを掲げなくても、通常のまちづくりにおいても、まちづくりの進行と将来イメージを疑似体験するワークショップなどが、多様なまちづくりの様相を共通認識し、将来イメージを共有する技術として確立されつつある。

■復旧・復興模擬訓練ワークショップの開発

さて繰り返すが、阪神・淡路大震災同様、今後起こりうる震災の被害の様態は、多様なものになりうるであろう。防災に関する科学技術の進展とその下での実践は、関東大震災のような一律な巨大な被災地の出現というより、阪神大震災型のまだらな被害が想定され、特に確率の大きな東京の直下型地震では震源の位置により巨大市街地の被害の様子は個々の地域ごとに、予測することが難しい。

そこでそれぞれの地域社会は、あらゆる被害状況に柔軟に対応できる事前の準備をすることが求められるのである。ピンポイントの対策ではなくまさにまちづくりの総合力が試されるのである。

そのためには事前に多様な被災を想定し、どのような復旧・復興が必要とされるか、それは具体的な地域の条件のもとでどのように実行できるか、それを実行するための体制は十分か、等の事前の検証が必要である。そのために開発されたのが、復旧・復興まちづくりを事前に模擬的に体験し、対策を考える一連のワークショップである。東京都ではこのような内容を「復興市民組織育成制度」として制度化し、各地で実験的な試みが行われている。[*12] まだ実施例は多くはないが、ワークショップの方法なども徐々に体系付けられ開発されている（本書の97頁）。また被災直後の復旧プロセスでの仮設市街地のシミュレーションや避難所体験をするワークショップなどが実行され、少しずつではあるが、広がりを見せている。

このようなワークショップによる模擬体験を真剣に行えば、多くの場合、現状の地域のまちづくり体制では対応できないことが明らかになる。そして、日常のまちづくりも「事前復興のまちづくり」として、復興まちづくりと同様の体制を構築しなければならないことに気付かされる。あるいはいざというときに、非常時

写真4　大国公園

＊11　例えば、佐藤滋編『まちづくりデザインゲーム』（学芸出版、2005年）は、空間像とともにそのシナリオを検討する、具体的方法を解説し、実践例での応用について述べている。

＊12　これについては『街並み』37号（東京都防災・建築まちづくりセンター発行、2005年）に「『震災復興まちづくり模擬訓練』の勧め」として、詳しく特集されている。

の体制に移行できる布陣を敷いておくこと、さらに、具体的なまちづくり計画を専門家と行政と検討し、一歩でも、二歩でも現実に踏み出す必要性が認識されるのである。

日常の地域社会の自治会組織と行政の関係では危機に至っては対応できないことが多く、復興まちづくりの立ち上げに無用の時間を要して、チャンスを失ってしまった被災地も神戸とその周辺では顕著であった。

地域社会の自己管理能力が試され大きな差が出てしまうのが復興まちづくりである。平常時バラバラな団体がそれぞれグループを形成し、それぞれの自治を進めていて何ら問題が無くても、危機にあってはこのようなほころびが顕在化してしまう。

専門家・行政・まちづくり機関との連携の仕方、また、まちづくりリーダーと通常の住民との連携関係、地域での意志決定の仕方など、事前にまちづくりを経験し、その「手法」を仕入れておくことが決定的な意味を持つ。

また、地域間の連携はまちづくりを進めるうえできわめて重要な要素であった。まだらな被害を想定したとき、同質な地域だけではなく、異質な復興まちづくりに取り組む地域との連携は重要な要素となる。このような教訓を生かして、事前に被災に備え、復興のための体制を整える仕組みも大きく進歩したと言えよう。

専門家の位置が明確化した

多様なまちづくり専門家の登場

まちづくりの専門家は、通常「まちづくりコンサルタント」と呼ばれ、あるいは自称し、建築の実施設計を行う「建築家」や再開発の権利変換あるいは事業計画を行う再開発プランナーなどとは一線を画していた。調査分析から計画構想段階に進み、実施段階では必要な専門家をコーディネートする役割を担うのが一般的である。すなわち中立の立場を保持し、川上に位置して、仕事は社会的な使命も期待も大きく、おもしろい仕事であるが、専門的な技術に対応して正当な対価が支払われているかというと、そうではない。再開発や区画整理などの法定事業を前提とすればそれなりの調査費が当初から事業規模に応じて準備されるが、事業が不確定な通常の任意の「まちづくり」では特に初動期が重要であるにも関わらず予算措置が十分にされないことが多い。

しかし、このような独立系のコンサルタントが復興まちづくりではネットワークを形成し復興まちづくりの現場はもとより行政とは別の、第2の司令塔の役割を果たした。これは、神戸という地域性、先端的な試みをとおして行政と専門家、そして地域社会が共有の経験として持っていたこと等、特別な事情もあって、まちづくりの専門家の役割が明確になったのだと言えよう。しかし、これに対して十分な経済的な報酬があったかといえば「否」であろうが、少なくとも、まちづくりの専門家の仕事の内容が見え、個人の名前で仕事ができ評価され、そして、このような仕事に対して正当なペイを支払う必要があるという認識は急速に高まった。中心市街地活性化関連、まちづくり交付金と呼ばれる「一括補助制度」、あるいはＴＭＯコーディネーターなどの諸制度においても、コーディネーターフィーが制度化され、改善されつつある。

さらに、ＮＰＯを背景とする「新しい公共領域」が登場し、これに対応する専門家の在り方が模索された。大学・研究機関や公共セクターだけではなく、市民セクターを基盤とする専門家の可能性も見えてきている。このような専門家の存在が可能になると、コミュニティ・ガバナンスの可能性が急速に拡大する。ＬＬＰ等による民間との共同事業などがまちづくりの核になれば、まちづくりコンサルタントの仕事はますます重要になるし、たとえばイギリスのニューディール・フォー・コミュニティ[*13]のような安定的な仕組みを是非広く構築することが望まれる。

地域まちづくりプロデューサー

さらに、まちづくりに関して、コンサルタントを核にして、さまざまな専門性がネットワークされ、継続的な仕事が実行されるイメージが現れている。これも、神戸という地域性と地元のまちづくり協議会の自律性、行政の責任感などが基盤にあってのことではある。しかし、弁護士、税理士など全く異なる専門性も含め、このような仕事の仕方が成果を上げ社会的に認知されたことは大きな果実であった。

すなわち、復興まちづくりの過程でまちづくり専門家の位置が見えてきて、市民の前に登場したのである。まちづくりコンサル

＊13　イギリスのブレア政権で導入された、貧困地域を対象とした一括補助金で、社会的施策からハードまでが予算化され、高度な専門家が安定的に地域のセンターで雇用され、プロデューサー的役割を担っている。

タントは建築家と違って匿名の世界で仕事をすることが多かった。しかし、復興まちづくりでは、専門家が競い合い、切磋琢磨し、個性を表に出し、スターが現れ、評価されるという新しい事態が起きた。そしてその専門家のネットワークが媒介し、地域まちづくりは「連携」と「協働」が当たり前になった。そして、地域社会はそれを選別する眼力も備えたのである。

さらに、建築士がまちづくりに参画するきっかけを多く作った。まちづくりに参画しなければ信用も得られず、建築の設計もできない。前段の仕込みから他の専門家と共同して、まちづくりのコーディネーターとなることが期待された。建築士会のまちづくり委員会などが全国レベルで活動するきっかけを作った。また、地域福祉に関連し、さまざまな関連コミュニティビジネスや市民活動、さらには民間事業が地域に展開する福祉分野も統合して、真のまちづくりのプロデューサー[*14]が求められているのであり、徐々にそのような芽も見えてきている。

教育・研究における現場重視と地域との連携の進展

さらに、現場重視の思考が再認識され、大学がまちに拠点をつくったり、学生が地域と連携をして活動するという流れができていった。

復興まちづくりという全く未知の領域で、厳然と住民・地権者がいて、専門家も現場で試行錯誤をしながら学ばなければならなかった。そのような専門家しか信頼されなかったし、成功しなかった。行政、専門家、住民・地権者が水平の関係に置かれた。そして、現場で多様な専門家、職能、専門市民が出会い、専門家となる市民も少なくなかった。

このような中で、大学も地域に出て行くターニングポイントとなった。その後、地域連携でまちなか研究室等が全国で取り組まれる。私たちが、鶴岡にコアラ第1号店を開設したのは、次の戦場を地方都市の中心市街地と定めたからである（**写真5**）。そしてまちづくり分野においてOn job trainingが当たり前のこととなっていったのである。このことは単に大学における専門教育ということだけではなく、学生がまちなかに出て行き、商店企業経営を学び、イベントを地域と協働企画するなど、地域が学び合いの場となり、新しい文化状況を創り出す流れが見えてきている。現場からの発想というあたりまえのことが、まちづくりで形になって現れてきたのだと言えよう。

●……まちづくりの新たな地平

復興まちづくりのインパクト

前述のまちづくりの三つの世代論でいえば、理念の第1世代は、実践の場面では先端的な事例であっても、目に見える結果を出す実践はそれほど多くはなく、現場で方法を検証し普遍的な技術にフィードバックする機会は少なかった。阪神・淡路大震災は第2世代のさまざまな実践をとおして蓄積されたテーマごとのまちづくりの方法を「コミュニティの復興」という総合的な地域運営を見据えて実践することであった。ここで理念とともにそれに対応した方法が鍛えられ、「まちづくりの第3世代」が姿を現したのである。こうして第1世代が提起した理念がリアリティのあるものとして社会に受け入れられたと言ってよかろう。

そして、個別に関心領域で様々なまちづくりが進められ、テーマごとのまちづくりが連携し全体像が編集される、というようなイメージが、復興まちづくりの中で沸々とわき上がってきたのである。この世代のまちづくりが市民総参加によってあらゆる地域活動がまちづくりとして結集されるというイメージを築いたのである。

このような中で、新しいまちづくりのイメージが見えてきている。教育・啓蒙から育て合い、造ることから活動へ、物づくりから事づくりへなど、さまざまなフレーズでそれは語られる。この意味で、復興まちづくりが現代の日本社会に与えたインパクトは計り知れない。これらを思いつくままに列挙してみよう。

⑴ 発信するまちづくり

地域でのまちづくりが震災復興という場面でマスコミにさらされ、ドキュメンタリーとして全国に発信され、まちづくりが、ごく一般のものになっていった。テレビカメラの前でまちづくりが語られ、公開性が意識され、そして一種の劇場性をまちづくりの現場が持つようになった。そして、そのことが問題解決の力になることも認識されていったのである。NHKテレビの「ご近所の

＊14　例えば、高橋英興「地域プロデューサーの確立」（『季刊まちづくり』創刊号、2003年）

写真5　コアラ第1号店

底力」など、広い意味でのまちづくりが一般に認知され、より身近なものになっていった。青池憲司による「人間のまち—野田北部・鷹取の人びと」などは、継続するまちづくりの結果が全国にそして海外にまで発信し続けられ、まちづくりの新しい地平と動機付けを生み続ける原動力となったのである。

(2) 都市公共スペースの再認識

当たり前のことではあるが、まちにある公園や広場などの公共空間が被災や復興まちづくりという緊急時に地域社会のインフラとして決定的な意味を持つことが明らかになった。長い時間をかけて勝ち取ってきた真野地区の小公園のネットワークは被災直後に整然とした復旧活動の拠点となったし、野田北部の大国公園とコミュニティ道路、鷹取教会、さらには老人施設や駅前広場、学校などが、考えていた以上に大きな役割を果たしたのである。これらは地域社会と密接につながった、強い絆を持った場であった。このようなコミュニティのインフラとしての都市空間の意義が再認識され、真の住民参加でこのような都市空間を再構築することが、新たな動機づけを得て取り組まれていった。

(3) イベントが正当性を得た

被災後という厳しい状況でまちづくりに住民の心をつなぎ止めておくために、ハードのまちづくりの前に、地域社会の結束や交流という、どちらかといえばこれまで手段としてしか考えられていなかった「まつり」やイベントが主要な要素として認知され、まちづくりのチャンネルが飛躍的に拡大した。これは、現代におけるもう一つの復興まちづくりである地方都市における中心市街地のまちづくりにおいても同様である。私見であるが、以前著者は祭りは住民のガス抜きで、まちづくりへのモチベーションを下げてしまうものと考えていた。しかし、「復興まちづくりは、祭り無しでは行えない」とまで今は思っている。

広い文化、イベント活動としてのまちづくりが再定義されたのである。

(4) 次の時代の思想とライフスタイルのパラダイムシフト

90年代初頭のバブル経済の崩壊で社会全体が確実な目標を見失っていたところに起きたのが阪神・淡路大震災であり、たくましく復興まちづくりに向かう人々の姿、若いボランティアの働きが印象的であった。団塊世代のふるさと回帰やワークスタイルの変化、スローライフというライフスタイルの登場もこれと無関係であるはずはない。リタイヤー世代の地域社会への関心、まちづくりNPOへの参画の動きなど、まちづくりはこれらを糾合する広がりが期待され始めたのである。

復興まちづくりの解読から事前復興のプログラムを組み立てる

阪神・淡路大震災の復興まちづくりが残してくれた最大の資産は、復興まちづくりの多様なシナリオである。復興まちづくりには多様な道筋がある。まちづくりそのものも、もちろんそうだ。そして、そのシナリオは「協働の体制」の中で試行錯誤を繰り返し、それぞれ編み上げてきたものだ。被災の度合いがきわめて多様な「まだら状の被災」がそれを可能にし、あるいは強いたのであり、また、地域社会の受け皿の違いが、違う道筋を進ませたのである。

これらの経験から学ぶことは無数にある。

例えば東京で言えば、それがいつかは別として、壊滅的な地震被害が避けられないことは、誰もが認識している。そこで対策は二つある。

とにかく直ぐにできる耐震改修や家具の転倒防止などの対策をすること。そして、長期的な展望を持って震災に強い「まちづくり」を進めることである。

「事前復興まちづくり」とは、後者に対応するものである。東京であれば今後繰り返し地震災害に遭うことは避けられないのであり、対症療法ではなく必ず遭遇する被災とその後の復興まちづくりを前提として、今から「復興まちづくり」と同等のまちづくりを進めよう、そうすれば例え被災しても、まちづくりを粛々と継続することができる、という考え方である。こう考えたときに、復興まちづくりはそれぞれの地区でどのように進行させることができるのかを、それぞれが考えなければならないのである。

その時にテキストになるのが、多様で豊富な実践例を試行錯誤

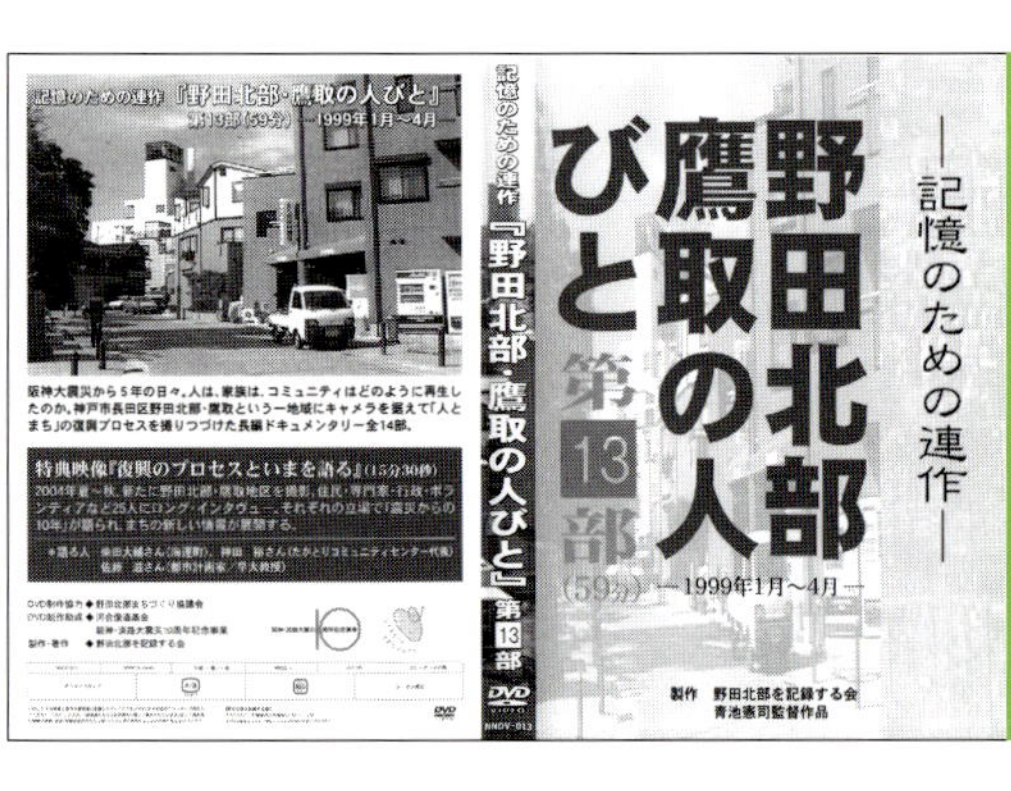

写真6　青池憲司による「野田北部・鷹取の人びと」

で積み上げた阪神・淡路大震災の復興まちづくりである。

筆者は、阪神・淡路大震災の復興まちづくりの全体像がすべてわかっているわけではない。誰にとっても、永遠にわからないであろう。最大限の努力はしても、限られた情報と限られた経験で、阪神・淡路大震災の復興まちづくりの全体像、そして個々のまちづくりの実態についても仮説的に理解するしかない。ここでは、このような仮説的にシナリオを分析することにより、如何にして他の大都市地域（ここでは筆者が最も情報を持つ東京大都市圏を対象にするが）における「事前復興まちづくりシナリオ」の検討に結びつけられるか、その方法論を示すのが目的である。したがって、ここで抽出するシナリオはあくまでも筆者の知見の範囲における仮説であり、読み違いや見解の相違などがあることは、お許しいただきたい。

また、このシナリオを東京大都市圏に当てはめるときのそこにおける個々の条件も同様に筆者の仮説的な理解であることをお断りしておく。筆者はこのような方法論をもとに専門家が情報を持ち寄り、検討を重ねて、阪神・淡路復興まちづくりのシナリオの分析を精緻に行うことが重要と考える。そして、その知見に基づき、各地で大震災に事前に備える復興のプログラムを検討し、事前に実施に移す体制を整え、さらに、この事前のプログラムにより、事前復興まちづくりを確実に有効な形で進めることを主張したいのである。このような意図をご理解いただき、荒っぽい論理構成ではあるが、読み進んでいただければ幸いである。

復興まちづくりのシナリオを後読みする

復興まちづくりは地域住民、行政、専門家、そして企業関係者等の、言葉では言い尽くせない努力の元で試行錯誤を繰り返しながら達成されてきた。決して最初から明快に今日を読み切ったシナリオが存在したわけではない。しかし、今日の時点でその復興プロセスを読んでみると、後読みではあるが、あたかも筋書きのあるドラマのようなシナリオが見えてくる。

今後、都市型の震災に見舞われることを想定したとき、放っておけば、阪神・淡路大震災と同様のまちづくりの物語が展開されることであろう。この経験から教訓を学び取り、十分な備えをすることが大切である。

経験した復興まちづくりのシナリオから、共通に言えることは、事前のまちづくりの重要性であり、事前の準備について十分に検討し、「事前復興プログラム」をまちづくりの単位で備えること、が必要なのである。

阪神地域での復興まちづくりのシナリオを十分分析し、そこからどのような教訓を得て、それを事前復興まちづくりプログラムに反映させるかを検討したい。

復興まちづくりを三つの条件で分類する

さて、阪神地域での復興まちづくりのシナリオを類型化しようとすると、以下の三つが基本軸になる。

(1) 被災以前の事前のまちづくりがどの程度進んでいたか。あるいは、まちづくり構想・計画の有無、合意形成の程度。
(2) 復興プロセスにおける地域社会での協働の体制の構築の程度。
(3) 復興まちづくりプロセスにおける公共事業の実施の程度。

それぞれの程度を、ＡＢＣの3段階で仮に評価して、これの組み合わせによる類型と、復興まちづくりプロセス、すなわち後読みのまちづくりシナリオの内容が対応するというのが、本論の仮説である。すなわち、「上記の3条件の組み合わせが、復興まちづくりのプロセスとシナリオを規定した」のであり、「今後の震災を想定したとき、同様の3条件の組み合わせが、その後の復興まちづくりの内容とシナリオを規定する」ので、「そのシナリオを前提として事前復興まちづくりを今から始めるべき」という一連の仮説である。

筆者はこの仮説には合理性があり、計画理論としても筋は通っていると考えている。もちろんこの3条件だけですべてが規定されるわけではないが、大きな筋書きはこの条件のもとで合理性を持つので、これを前提に様々な対処をそれぞれの地域で考えることが求められるのである。

以下、三つの軸と評価方法を示す。

(1) 事前のまちづくり活動とまちづくりシナリオの形成度合い

A：事前にまちづくり活動が活発で将来のまちづくりのイメージがまちづくり協議会などを通して地域に共有されていた。

B：まちづくり協議会などの活動はあったが、議論の途上にあった。

C：通常の自治会活動、地域活動以外、住環境整備などに関わるまちづくり活動がなかった。

(2) 復興プロセスにおける協働の体制の構築具合

A：まちづくり協議会が地域をまとめ、行政、専門家との協働の体制も強力に構築されてまちづくりが進行した。

B：行政と地域で、まちづくりの進め方で試行錯誤をしつつも、地域社会はほぼ一体となってまちづくりに向かった。

C：地域の中で対立が起き、様々な軋轢をかかえたまま、まちづくりが進行した。

(3) 公共事業の介入の強度

A：公共主導の再開発事業、区画整理事業によって事業が進行した。

B：区画整理を主に行ったが時間をかけて地元合意を図りつつ、まちづくりが進行した。

C：いわゆる灰色地域で住宅市街地総合整備事業など、事業誘導型の施策が当てはめられた。

もちろんこれらは相互に密接な関連があるが、現実には、様々なバリエーションがある。

●……復興まちづくりのシナリオと事前復興プログラム

以上を順に組み合わせて、阪神・淡路大震災の復興まちづくりを検討し、以下に示すような類型を抽出した。引用している地区名は仮に当てはめたもので、今後より精査してみる必要がある。また、それぞれの類型に続けて、↓以降の記述は、東京に直下型の震災が起き、阪神・淡路大震災同様に「まだら状の被災」がされた時を前提にしたとき、それぞれの類型に対応する復興まちづくりを想定したときの課題を検討したものである。

■改善型まちづくり継承型（AAB、BAB型）

事前に地区まちづくりに関する将来構想が合意を得て共有されていて、推進体制が整えられており、これを前提に改善型まちづくりを中心とする、復興まちづくりが公的計画として位置づけられた地区まちづくりである。

市街地火災を含む大きな被害を受け、被災後、土地区画整理事業が当てはめられたが、地元にきちんとした協議組織があったため、「まちづくりの手段」として区画整理事業を利用し、持続的なまちづくりを進めている。鷹取東地区、野田北部はAAB型、新長田駅北地区はBAB型の典型といえようか[*15]（図5）。自治会、および自治会連合会がしっかりと地域をまとめていて、一部であっても、まちづくり協議会がまちづくりの活動を活発に行っていれば、これが隣接地域に波及して、復興まちづくりを主導できるという教訓を読み取れる。

↓東京を想定したときに、跡地の買収などにより区画整理などの基盤整備が可能で、しかも、必要性の高い地区において、事業を前提にしたまちづくり協議会を立ち上げ、広域での組織化を行政が責任を持って進めることが想定できる。都の防災基本計画における重点地区において、十分な準備が進められればこのようなシナリオを進めることができよう。いずれにしても、明確なまちづくりの目標イメージを行政と地域が共有し、プログラムを想定し、体制を整え、さらに、被害を最小限に食い止めるためにも、十分なプログラムのもとで事前のまちづくりに進むことが求められる。

■事業・まちづくり協働型（BAA型）

大規模な基盤整備を含むまちづくり事業が長い時間をかけて準備をされていて、その過程で震災が起きた。事前のまちづくりの準備があったため、広大な地区の土地区画整理や改良事業という複雑で多重の事業が着々と進んだ。一つの自治体に一つのモデル的重点事業として、長いまちづくりの積み上げのなかで実現する復興まちづくりである。尼崎築地地区はその典型である（図6）。

↓まちづくりの歴史があり、行政、専門家、まちづくり組織などの多様な連携が組み立てられている地区では、地元と行政の協議が整えば、段階的な復興まちづくりへ迅速に移行できる可能性を持っている。東京の木造密集市街地では、グリッド状の街路基盤の整備を目指すのではなく、既存の街路パターンを踏襲する広い意味での区画整理の手法の適応などを事前に検討する必要がある。

図5　新長田北部区画整理

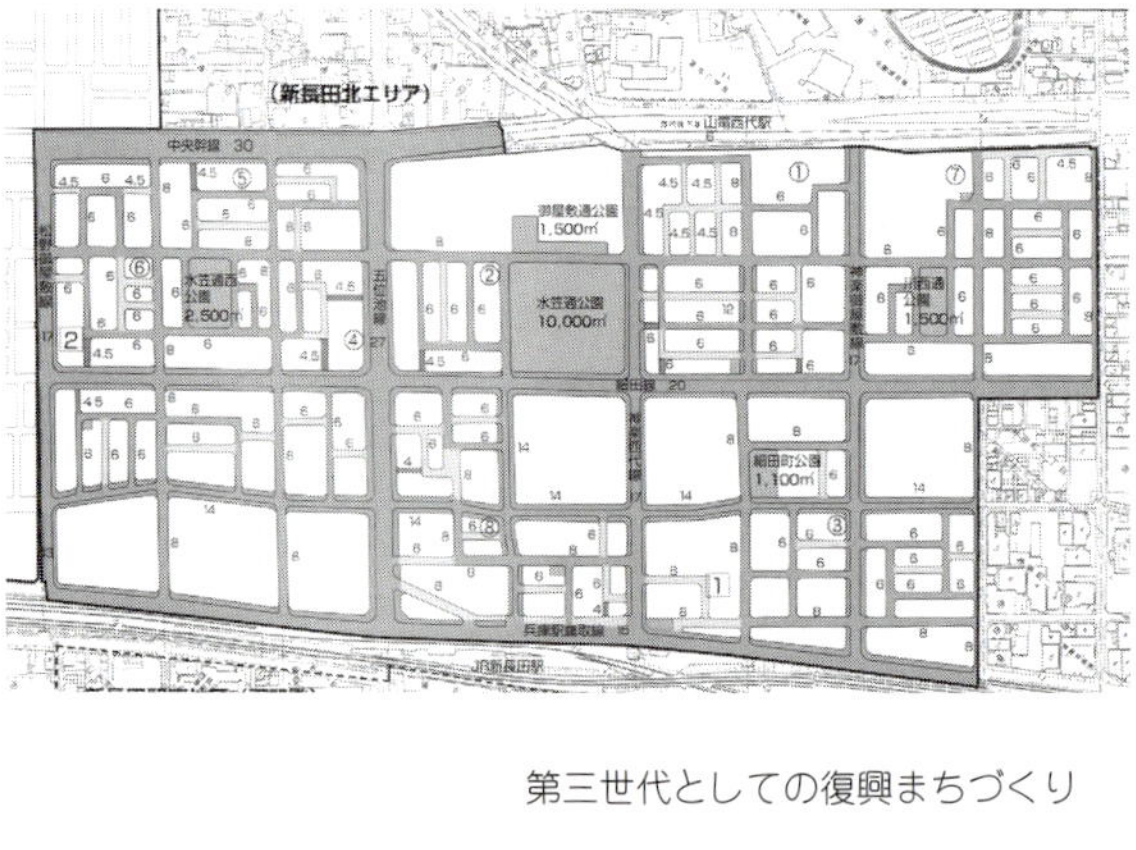

＊15　久保光弘『まちづくり協議会とまちづくり提案』（学芸出版社）に詳しい経緯が述べられている。

このようなことも含め、復興まちづくりのシミュレーションなどにより、事前復興まちづくりに着手し、復興まちづくりの拠点形成や、リーディングプロジェクトとしての役割を担うことが期待される。各市区町村に一地区程度、重点整備地域の中から位置づけておくことが必要であろう。

■地域主導・保全修復まちづくり型（AAC、ABC型）

事前のまちづくり活動が活発で、まちづくりの明確なイメージとシナリオが共有され、まちづくり協議会などが信頼を得ていた地区でのまちづくりである。このような事前に整備されていた体制が基盤となり、行政や専門家集団の協力を得て、まちづくり協議会中心に、自律的な復興まちづくりのプロセスが進められ、ほぼ被災以前の姿に復興している。公共投資が限られているため、被災以前と比べて物的な環境としては際だった変化がないように見えるが、改善が一段と進み、地域社会は安定している。

写真7　震災直後の築地地区

↓東京においては、直下型地震を想定すると、半壊以上の家屋が半数に満たないような被害が、多くの木造密集市街地で考えられる。このような地域においては、多額の公共投資は想定しにくく、地域での自力での再建を困難な中でも進めなければならず、以上の教訓は重要である。

既に、活発なまちづくり活動が展開されている地区で、被災後も安定的な地域社会運営が可能になる体制を整える必要がある。地域社会の内部に必然性のある複数の共同建替えなどの地権者主体のプロジェクトを企画し、これを計画的に年次を追って実現する選択的なプログラムを構築し、事前に着手・実施することが求められる。

まだまちづくりが手つかずで、密集の程度がさほどでない、一般の木造密集市街地地域においては、早急に、強力なまちづくりの体制を構築することが求められる。まちづくり協議会などの体

図6　築地地区計画図

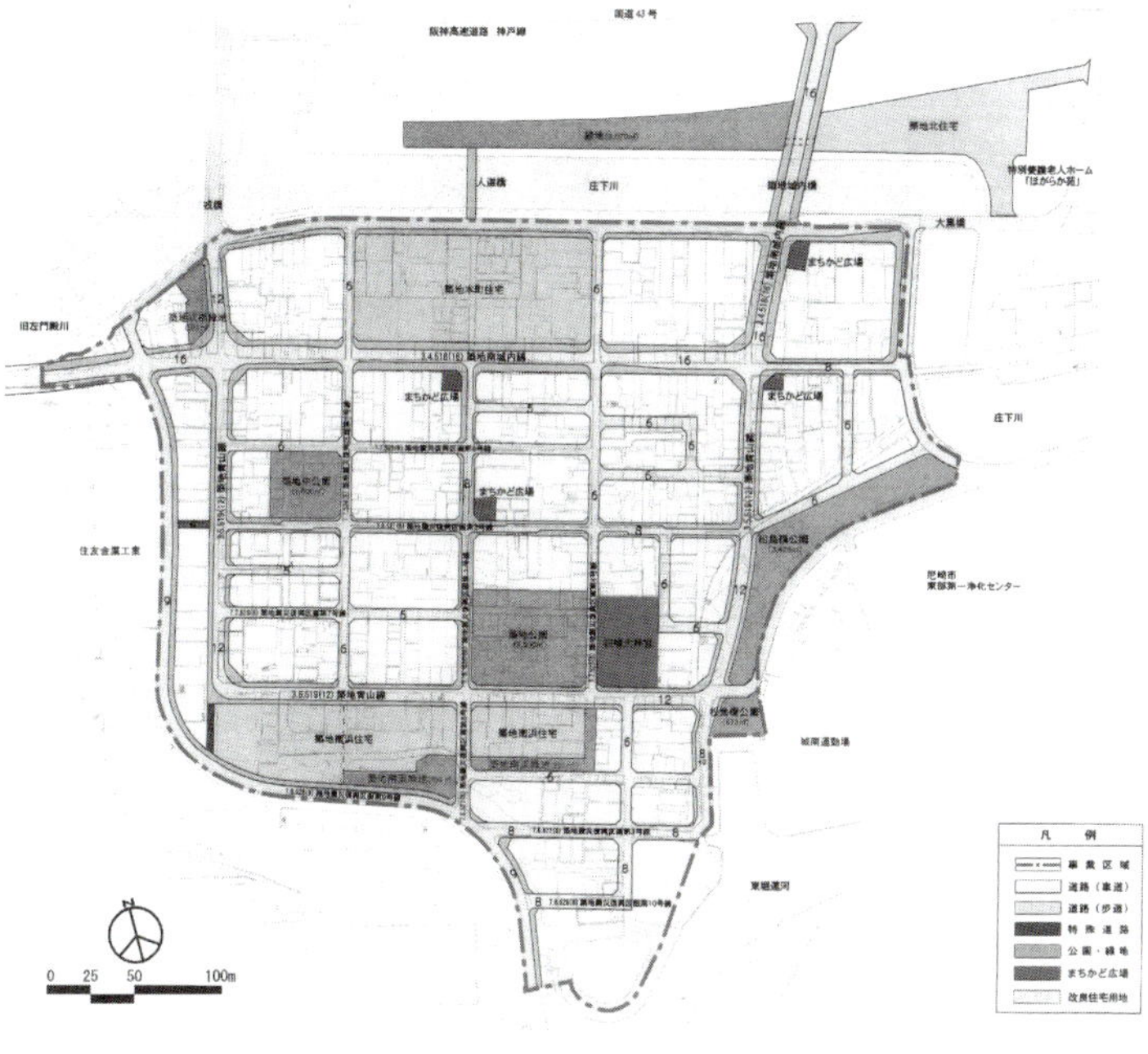

写真8　尼崎築地地区

写真9　尼崎築地地区

制が準備できなければ、被災後に不幸なシナリオを進むことになる。

■事業主導地域再生型（ＢＡＡ、ＣＡＡ型）

巨大な公共投資を伴う事業によって復興したが、地域社会は大きく変容した。地域のポテンシャルを一挙に吸い上げてしまって、周辺の段階的な復興へ波及するというよりも、阻害要因になっているともいえる。一人勝ちで民間が有利な条件で参入し、商業施設などは結局全国チェーンに席巻され地元経済の復興に結びついたか疑問である。よくも悪くも事業主義の典型であり、新長田南部再開発地区などがこの典型である（**図７**）。一部に自律的なまちづくり活動でヒューマンスケールな事業に組み替えるなどの成果もあったが[16]、地区内部においても地域経営の努力が必要とされている。

→山の手線の沿線地域、および、東京区部の私鉄沿線の駅周辺などでの鉄道立体化事業など、公共投資が将来担保されている地区において、相当な被害を受けた地区で想定されるシナリオである。明確な将来像の下で地区の事前復興まちづくりを推進することにより、地域性に適合した持続可能な事業とするように強力な準備体制をつくる必要がある。多様な地元組織を糾合して地域を代表しうる強力なまちづくり体制を組織し、行政、専門家、事業者などを含めたパートナーシップの体制を構築する。鉄道立体化事業などが予定されている、あるいは実施されている地域の駅周辺などでは、被災の程度により事業の内容の変更は当然予想されるが、複線的なプログラムのシミュレーションなどを含む事前の準備により、柔軟な対応が可能になると考えられる。

■単独事業主導型（ＣＣＡ型）

事前の準備がないところへ無理な法定事業が当てはめられ、混乱の中で事業が粛々と進行した。地域社会は総体としての自治能力を発揮できず、まちづくり活動には至っていない。行政には、いったん事業決定しても、事業の撤退、他の選択肢への移行など、撤退の方法を準備する必要があるというのが、大きな教訓である。現実に、別なまちづくり方法へ組み替えるべきであったという事例は散見される。いずれにしても多くの教訓を残したシナリオである。区画整理事業を巡って行政と激しく対立した森南地区などはこの類型と思われるし、北淡町の区画整理なども同様であろう。

→都市計画マスタープランなどに位置づけされながら全くまちづくり活動が進んでいない地区はこのようなシナリオを進む可能性がある。計画の位置づけがあり、公共性の高い地区、特に震災後の事業で重要な位置づけとなる可能性のある地区においては、一刻も早くまちづくりのフォーメーションを組み立てるべきである。事業の当てはめに関しては、必要性の論理からだけではなく地元との十分な意思疎通のもとで行うことが必要であるし、まちづくりの必要性のある地区ではまちづくりを想定した協議組織が必要である、との教訓である。

■まちづくり停滞型（ＣＢＣ型）

事前のまちづくりの準備もなくまた、被害の程度が大きくなかったために、目立った公共投資がなくまちづくりも進まず、相対的に落ち込んでいった。復興まちづくりという流れに乗り遅れた地区で激しい衰退が見られ、新たな課題地区となってしまっている。

→東京において、近い将来の被災を想定すると、このようなシナリオを進まざるをえない地区が、多数存在する。まちづくり協議会ではなくてもまちづくりを使命に掲げているＮＰＯや市民活動団体などのまちづくり活動を、地域のパートナーシップの体制の構築に併せて早急に起動させる必要がある。また、福祉関係の活動団体、介護サービス組織を基盤とする方法なども考えられる。いずれにしても、地域特性に応じた対応を、地元からの発意を待

図７　新長田南部再開発計画図

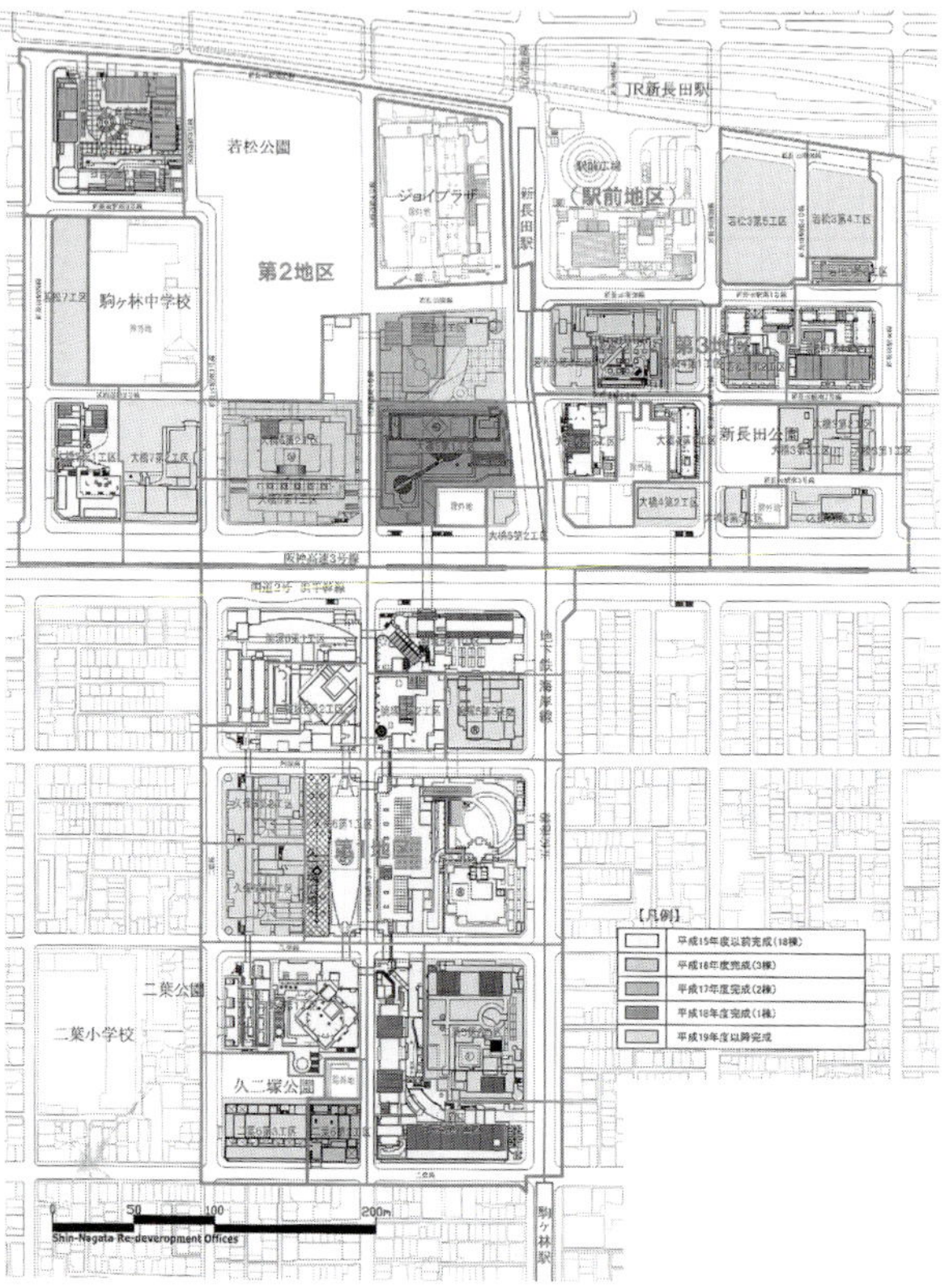

＊16　塩崎賢明『現代都市再開発の検証』（日本経済評論社、２００２年）に事例が紹介されている。

つばかりではなく、行政からしかけるなどして、まちづくり活動を起動させる必要がある。かつての防災生活圏モデル事業を復活させ、重点整備地域の全域で動きを創り上げることなども有力な方法であると考えられる。

■新生まちづくり布陣型（CAC型）

動きの全くなかった地区で、新たなまちづくり主体の形成により、実践的なまちづくりの布陣を組んで活発なまちづくり活動を進めたシナリオである。新たな復興まちづくり組織がNPO組織と組んでまちづくりをすすめ、最先端の動きを作り出し、復興まちづくりのスポークスマン役を果たした御蔵のマチネットなどの例もある。しかし、自治会等伝統的な地縁組織との関係が整理できていない場合などもあり、多様な組織の連携を通常から仕組んでいることの重要性、また、外部からの人材も含め新たなまちづくり組織を伝統的な地元組織が柔軟に受け入れることの重要性をこのシナリオは教訓として残している。

→現在はまちづくりNPOが隆盛で多くの可能性を秘めた組織が生まれ育ちつつある。伝統的な地域組織では対応できない多文化共生などの課題に答えるべく、副都心周辺のフリンジにおいては積極的に市民まちづくりNPOを育成し、地域の中で一定の発言権を確保することが必要である。

■まちづくりモデル推進型（CAB型）

全く事前の準備がなかったが法定事業を活用し、よりよいパートナーシップの関係の中でまちづくり事業を進めた。自治体がモデルとして集中し、専門家も協力して方向性を出せば、区画整理でも相当な質ができるという証明。芦屋西部などが典型（**写真10**）。

→このようなケースは事前には想定しにくいが郊外都市で密集度がさほどではなく、鉄道駅近傍で区画整理によるまちづくりが課題になっているような地区で、慎重な住民・地権者の参画と計画策定プロセスが必要であり、また集中的な公共投資も要請される。いずれにしても、新たな発想にも続く、知恵の集積と発信をする役割は、復興まちづくりでは必要になり、このような新しい活動団体への支援の必要性を教えている。

■まとめ　事前復興まちづくりの思想の共有

阪神・淡路大震災の復興まちづくりを検証してみると、あらためて震災以前からの地域まちづくりの重要性という、当然の結論に行き着く。復興まちづくりをとおして次の世代にどのようなまちを残すのか、このように考えたとき、地域には自ずと目標空間とそこに至るプロセスのイメージが共有される。

震災は東京をはじめ日本では不可避のことである。これまでは、どうせ災害で壊滅するのだからたいした投資をしない、という風潮があった。しかしこの震災を付与の条件として、新しいまちづくりに取り組む好機ととらえるしかない。そう考えれば、その好機に向けて被害を最小限に食い止めて、次の「恒久的なまちづくり」のために十分な準備をする、という、事前復興まちづくりの思想を共有することができよう。

●……復興まちづくりへ向かうために

最後に復興まちづくりに円滑に結びつけるために、今始めなければならない五つの事前の取組みを示してまとめとしたい。

まず第一に、小さな事業でも進めてみることである。小さな実験の積み重ねにより本格的なまちづくりのイメージが見えてくる。その過程で様々な関係主体のネットワークから、専門家・行政・地域の協働の体制の在り方、地域での意志決定組織など、様々な方向性が明らかになる。

ここで言う、小さな事業とは、

・道路や公共空間の改修、バリアフリー化
・コミュニティ道路（防災、活動スペース、延焼遮断）の計画・デザインと事業実施
・まちや住宅の点検、および耐震改修
・共同建替え、協調建替えの事業やその準備
・多様な組織が参画する地域イベント

等、さまざま存在する。

そして、第二が、これらの実践をとおして、地域まちづくりの布陣を再点検することである。まちづくり主体を連携させ、情報交換のためのネットワーク組織を整え、そのなかから協働して事業を行うパートナーシップ体制を整え地域社会の中で役割分担を明確にし、まちづくりの布陣を整えるのである。

写真10　芦屋西部地区

まちづくりに関わる具体的な事業に取り組む行政、多様な住民・市民組織と協働して、事業の体制を構築する。自治会・商店会や、NPO、既存の自治組織、コミュニティ組織の他にも、コミュニティビジネスなどまちづくりに関わる多数の組織が地域の中に存在する。これらの連携の形をどうとるかは、議論よりも具体的なまちづくり事業を進めることにより、明確になってくる。行政と市民の協働の方法は、具体的な事業をとおして役割を果たしてこそ、相互の信頼関係が生まれ、その後の展開につながる。

地域社会の内部で協働の体制を構築し、日常時から非常時に移るときのイメージもできあがっていることが望ましい。

さらに、外部のまちづくり組織とのネットワークの形成なども重要な課題である。

第三は、まちづくりビジョンの共有であり、大まかな合意を地域の中に進めてゆくことが重要である。これも小さくても良いから事業をともにすることで、目標空間イメージは共有されるであろう。まちづくりの話し合い、勉強会などを活発に進め、地区まちづくりの方向性に関して、大まかなイメージを共有する。このイメージの中には具体的な個別のまちづくりイメージも含まれる。個別のまちづくりを組み立ててビジョンがイメージできるのであり、総論と各論、ビジョンと具体的なイメージのフィードバックを積み重ねながら、徐々にビジョンは明確になって行く。

核となるリーダー層が状況を正確に把握し、身の丈にあったそして地域にとって最も望ましい将来ビジョンをある枠の中で合意し、地域に広めていくことが大切である。

そして第四に、事前復興まちづくりの本格展開である。イメージの共有とともに本格的な事前復興まちづくりが着手されればこれに越したことはない。延焼遮断機能を持ったコミュニティ道路など沿道の共同建替えとともに着手するなど、様々な事業展開がそれぞれの地区まちづくりで始められれば、たとえ被災し復興まちづくりに移行してもその方向は大きくぶれずにすみ、共有されたイメージの方向に早回りでまちづくりが進行することになる。

第五は、まちづくりのシミュレーションと検証である。まちづくりは試行錯誤が難しい。事前にシミュレーションして効果や影響を事前に検証することが重要である。これからのまちづくりは様々な事業が組み立てられて、大きな流れを創り出す編集作業のような過程を踏む。シナリオも可変的である一方、正確に将来の環境を予測するために、確実な技術を駆使して、事前に何が起きるかを検証する必要がある。

また、復興模擬訓練などは、ゲーミングのプロセスで被災時から復旧・復興へ至る過程を模擬的に体験することで様々な対処のイメージが共有される（**写真11**）。

繰り返すが、以上のように取り組まれるまちづくりは、震災が来ようと来まいと、平常時のまちづくりとしても、居住環境の質を地域協働の体制で向上させ、コミュニティを基盤にした新たな地域社会を運営する本来の意味でのまちづくりとなるのである。

そして、復興まちづくりの最前線に立つことになる専門家と行政は、事前復興まちづくりを進める中で地域社会との信頼関係を構築し、体制を整え、まちづくりに踏み出すことが必要なのである。その中で、住民も市民組織も、行政も専門家も育てあい、まちへの愛着を育み、何があっても方向のぶれないまちづくりを確立してゆかなければならない。阪神・淡路大震災の貴い犠牲を払って私たちに伝えてくれているメッセージを真摯に受け止めたい。

事前復興まちづくりのために

江戸期の大震災、大火災のあとは、基本的に江戸の拡大の在り方が方向付けられていて、全体を制御しながら量的な拡大を計画化することで足りていた。関東大震災は東京都市計画が決定されるなど、都市づくりの方向は定まっていた。戦災復興は、戦時中の都市の過大化を抑制する緑地計画などを踏襲する思想により計画化されたが、残念ながら、社会体制の大転換の中で総意が形成されないままに都市計画が決定され、結局実現することは全くできずに終わってしまった。

現在の東京は、巨大な都心の都市再生事業と地域でのまちづくりが、全く異なる位相で進行している。復興事業は一体どちらに軸足をおくことになるのであろうか。副都心周辺や郊外私鉄の拠点駅周辺が壊滅的な打撃を受ければ、神戸で進められた新長田駅

写真11　復興の模擬体験WS市川

南地区や六甲道南地区のような再開発事業が、当然、計画の組上に上がるであろうし、区画整理も被災の状況と立地条件に応じて計画されよう。

神戸のように耕地整理や戦災復興区画整理の基盤があった地区とは異なり、大きな被災が想定される木賃ベルト地帯は全くといっていいほど、街路などの都市基盤が脆弱である。復興事業の手がかりすらなく、しかもまだら状の被災となれば「地区まちづくり」に「おんぶにだっこ」となり、公共投資は手の付けやすい拠点型復興事業に大きくシフトせざるを得まい。[*17] そして、手のかかる「改善型まちづくり」は公共投資の対象から外される可能性が高い。

また、事業地区においても、もう一歩進んで再開発や区画整理のような単独事業手法をベースにするのではない、復興まちづくりが展開しよう。いわゆる一括交付金、現在のまちづくり交付金制度のさらに発展したようなものを基本に復興まちづくりが進められるであろうし、これは地域住民の多岐にわたる意向によるものになろう。

このようなまちづくりで復興を進めるためには、日常時からの方向付けが必須である。そして、事前にまちづくりに着手しているかどうかが大きく問われることになるのである。

復興まちづくりに公共投資を呼び込み、まともな都市づくりを推進するためにも、そして復興都市づくりによりいびつな都市をさらにいびつなものにしないためにも、事前復興まちづくりに取り組みながら、まちづくりの大まかな目標空間イメージの共有・確認は喫緊の課題なのである。

野田北部地区で町並み誘導型地区計画とあわせて町並み環境整備事業で細街路および沿道整備が事業予算をともなって進められたのは、地域の合意と受け皿があったからである。これが事前復興まちづくりの意味である。

東京において直下型地震が目前に迫り、東南海地震の大被害が予想され、さらにそう遠くない未来に巨大なプレート型地震が我が国の心臓部を確実に襲うことが、科学的に明らかにされている現在、事前に復興まちづくりに取り組むことは現代の市民の未来に向けた義務ともいえよう。

●………現代の復興まちづくりへの条件

さて、以上のことを勘案し、現代社会における復興まちづくりとは何であるか。事前にしろ事後にしろ、その原理を導き出し、それを日常的に展開できれば、被害のあるなしにかかわらず、「事前に」復興まちづくりの本質を始めることができるのである。復興まちづくりを進めるための条件は以下の三つである。

第一に、地域運営のための地域団体の総組織化、第二に、総合的な生活再建・福祉との連携、第三に、地域まちづくりのための事業プログラムの共有である。

■地域団体の総組織化による地域運営

まず、あらゆる地域のまちづくりに関わる団体が何らかの関係で連携し、まちづくりの布陣を組み地域運営を進めることである。ネットワークで情報のやりとりだけでもよいが、一つのアリーナを組んでその中で討議し、結論を得、地域協働の体制を作る。[*18] このような布陣を組むことが、復興まちづくりでは求められる。通常のまちづくりなら、地域の中に連携のない組織があったにせよ、何らかの形で成り立つのであるが、復興まちづくりではそうはいかない。地域独自のすべての地域組織を糾合する体制を整えなければならないのである。そして、そこに専門家や行政が関わることになる。まちづくり協議会という形で臨戦態勢の組織がこのような布陣の中から生まれてくれればそれに越したことは

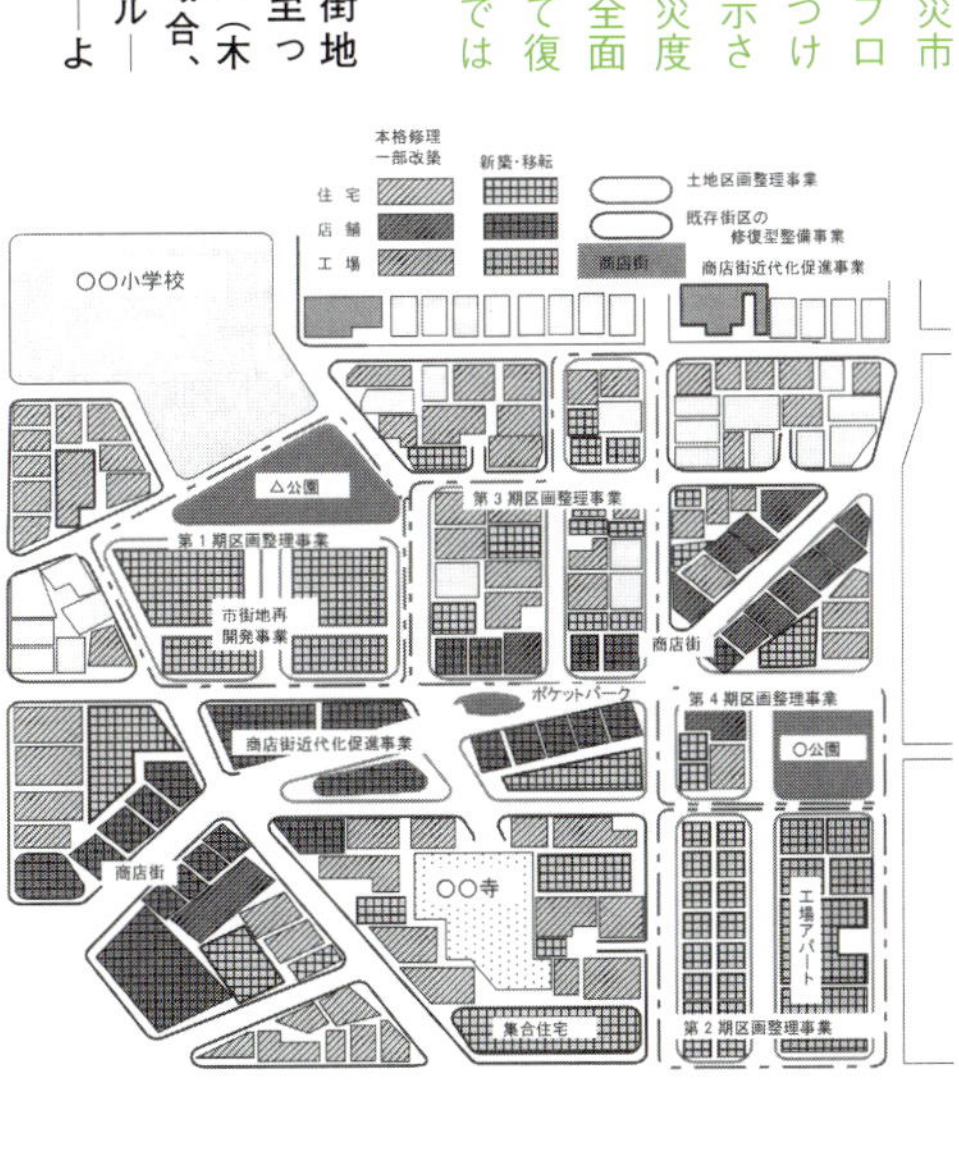

図8　時限的市街地から本格復興に至った状態を示した図（木造密集市街地の場合、震災復興マニュアル―復興プログラム編―より）

＊17　東京都の震災復興マニュアル―復興プログラム編―では、地域主導の地域復興協議会が、自ら「協働復興区」での復興まちづくりをすすめることを基本として示し、これを各区の条例で位置づけ、地域復興協議会が母体となった復興プロセスを示している。また、その中でも「時限的市街地づくり」を位置づけ、「時限的市街地とは、地域住民による復興地域づくりを進めるため、『暫定的な生活の場』を確保するもので、……都及び区市町村は、時限的市街地づくりを支援する」として、被災市街地復興の主要なプログラムとして位置づけている。明確には示されていないが、被災度が甚大であるが、全面的な公共事業として復興事業を行うものではなく、地域復興協議会を中心に地元が復興事業に積極的に取り組む協働復興区を認定し、時限的市街地から本格復興までを、優先的に行政が支援する地区である。あるいは、再開発や区画整理などの事業も、地域復興協議会が主導する時限的市街地から本格復興に至るプロセスを想定しているようにも見える。示されている図は、新長田北地区での段階的区画整理の方法ときわめて近いものであり、多様な事業を集中展開して復興の核とする地区である。

＊18　この布陣の組み方、連携の種類に関しては佐藤滋、早田宰他『地域協働の科学』（成文堂）を参考されたい。

ない。情報をやりとりするネットワーク、決定をするアリーナ、事業の体制を組むプラットフォーム、事業を実施するパートナーシップ等、様々な組織連携の形態が組み立てられて、地域まちづくりの布陣となる。

■地域福祉との連携

第二は総合的な生活再建とともにまちづくりを進めることである。とりわけ福祉のまちづくりとの連携が重要である。福祉との融合は復興まちづくりにおける生活再建の最も基本となる事項である。以上のような地域まちづくりの布陣は、超高齢化に向かう今後の20～30年間には復興まちづくりでなくとも確実に必要になっている。筆者の認識では、この時代の「まちづくりの第三世代」[＊19]は確実に総合的な地域運営が必要とされる時代であり、そのための準備は大きな流れとしては整っていると考えている。地域で福祉の体制を整える、これは、事前復興まちづくりよりはるかに地域住民にとっては説得力があり、福祉関連の市民組織は事業的展開をしたり関連した経験を持っているものが多い。

阪神・淡路大震災では介護保険制度がまだなく、ボランティアの経験も多くはない状態で、福祉との連携は困難を極めた。このときと比べると、現在は大きく状況が変化し、地域福祉が本格展開しつつある。[＊20]この二つは実は日常的には連携の橋渡しは簡単ではない。事前復興という名の下で福祉分野との連携を取り、被災復興時を想定して現在を照射することで、連携体制をとることは地域力の飛躍的な向上につながることになろう。

■まちづくり事業プログラムの共有

第三は、まちづくり事業プログラムの共有である。復興まちづくりでは、破壊された住宅や建築の再建はもとより公共施設の再生、あるいは新たな都市基盤の創造など、大小さまざまな事業が絡んでくる。法定事業区域からはずれても、必ず「事業」がからみ何らかの形で公的な支援を受けることになる。法定事業区域にでもならなければ、ほとんどこのような事業は行政と専門家に任されてしまう。しかし復興まちづくりでは様々なまちづくり事業が同時多発的に進行するし、進行しなければ復興からとり残されてしまうのである。

事業プログラムの共有は個々人の土地建物などの財産の処分に関わり、合意の形成やコーディネートは簡単ではない。しかし多くの木造密集市街地においては、このような権利関係に踏み込むことに躊躇していてはまちづくりは進行しない。復興まちづくりではいやでもこのことが迫られる。この権利関係の調整に踏み込み、地区まちづくりとしてのまちづくり事業プログラムの検討が進めば、事前であろうが事後であろうが復興まちづくりへの展開は容易である。そしてもちろん、この前提には地区まちづくりの将来像に関して、原則的な目標空間イメージの共有が必要なことは言うまでもない。

さて、座して被災後の「復興まちづくり」にかけるという愚は再び繰り返してはいけない。「復興成った」と言われる、あるいはあえて言ってしまう阪神・淡路大震災でさえ、深くいやしがたい傷は大きく残ってしまっている。これまでの量的拡大が方向付けられた時代だからこそ、復興まちづくりはそれなりの成果を上げたのだといえる。

ここに掲げた事前復興まちづくりの条件とは、大都市圏の木造密集市街地にしろ、地方都市の衰退する中心市街地にしろ、あるいは大都市のフリンジのいわゆる下町的な商業・業務・居住・生産のペンシルビルが密集する複合的用途からなる地域にしろ、まちづくりの条件としては最も基本的で、共通の原理なのである。都市のレベルにおいての都市づくりの方向性に関する大まかな合意、地域レベルでのまちづくりに関する総意を醸成しながら、前記の三条件を整えることは、成熟と高齢化、そして人口減少が進む今後の20～30年間において、地域まちづくりが直面する課題そのものなのである。

さらに、専門家・職能団体・行政の側にも「事前復興まちづくり」の体制づくりと活動を始めるべきであろう。東京などの大都市圏での次の復興まちづくりを想定したとき、これに関わるプレイヤーの体制づくりでは、相当な混乱をもたらしかねない。例えば、現在の特別都区制度のもとでは、ここに掲げたまちづくりの三条件、特に事業プログラムを綿密にまちづくりと連携させて構築することは困難と言わざるを得ない。地域社会だけではなく、行政、専門家にも、真の問題への対処が望まれている。

＊19　前掲拙著参照。

＊20　拙論「地域福祉の時代とまちづくり」『季刊まちづくり』創刊号（2003年）など。

PART Ⅱ

多様性を支える第三のフィールド形成

PART Ⅱでは、
神戸市の復興まちづくりの
成果を振り返り、
野田北部、御蔵、真野という
各地区での住民による
復興まちづくりについて
報告する。

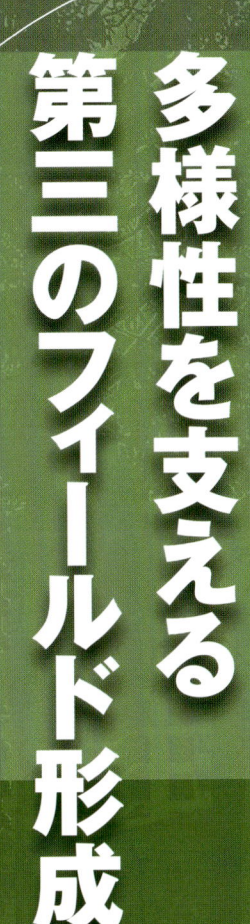

10年の復興からインヴィジブルなまちづくりの「場」と「すがた」を透視する

真野洋介［東京工業大学］

震災復興まちづくりの結果

●復興まちづくりの10年の経験が示すものは何か？

復興まちづくりの詳細なプロセスが本節でレポートされる野田北部地区、御蔵、真野に限らず、新たな事業手法の重ね合わせで復興まちづくりを展開した新長田駅北部、芦屋若宮、尼崎築地など、多くの地区の成果が集積された結果が復興まちづくりの姿である。これら数々の取組みの報告や研究の成果は、様々な既報で示された通りである。筆者も野田北部との関わりから、これまで様々な切り口でレポートしてきた*。

表1 ひょうご住宅復興3ヵ年計画に基づく公的供給住宅の建設事業進捗状況（戸）

		計画	着工
災害復興公営住宅等		31,100	31,337
	災害公営	25,100	25,421
	（うち借上）	(7,410)	(7,550)
	改良住宅等	3,000	2,553
	住市総・従前（公共）	3,000	3,363
災害復興準公営住宅（特優賃）		13,700	9,261
	（うち公社建設）	(1,206)	(1,447)
	（うち民間建設）	(12,494)	(7,814)
公団・公社住宅		19,200	14,734
	公団賃貸・分譲	15,200	11,482
	（うち賃貸）	(9,200)	(5,439)
	公社分譲	4,000	3,252
街づくり系住宅（民間）		13,000	12,730
合計		77,000	68,062

2001.4.1時点

その上で、10年以上が経過した今伝えるべきことは何か、もっとストレートに復興まちづくりの「結果」を伝えることはできないのかと考えて記すのが本稿である。「結果」という言葉にこだわるのは、まちづくりの理念や方法論、プロセスなどは他稿にゆずり、本稿では冷静に、まちの復興が持つ別の側面を示したいという気持ちからである。

●10年後のまちが示す復興の結果

それでは、震災から10年後のまちが示す復興まちづくりの結果として何を見るべきであろうか？

一つ目は、平常時に比し、早巻きにして変わったと言われたまちの姿であろう。変わったまちの姿の裏には、地域内の住宅ストックのバランスの大きな変化が隠れている。具体的には、インナーシティと呼ばれた住商工混在地域においても、長屋建て住宅や家賃の低廉な賃貸アパート、併用住宅などが減り、戸建てやマンション分譲によるまだらな開発が進んだことなどが挙げられよう。マクロな住宅政策と都市計画事業、個々の建設動向の結果によって、まちの「まだら模様」が発生したのである。

また、上記事業と協議会組織や専門家との協働により進めてきた地区ごとのコミュニティの再生プロセスとの乖離が、多くの公的住宅の供給にも関わらず、既成市街地に更地が残るというような市街地のいびつな構造を生み出している。

もう一つは、上記のような、10年の間に進められた復興都市計画事業と住宅供給の結果が、それぞれの復興まちづくりにどのようなインパクトをもたらしたかである。事業や制度がまちづくりにもたらした影響は計り知れない。しかし、これらの事業や様々な住宅供給が、震災前からそれぞれの営みを続けてきた各地域の「復興まちづくり」にとってどんなインパクトをもたらしたのかはわかりにくく、メカニズムを読み取ることは難しい。

復興都市計画に関して言えば、都市基盤の復興のために用いられた市街地再開発事業と土地区画整理事業ばかりに眼が行きがちであるし、またその中で道路幅員や公園の大きさ、減歩率、再開発住宅のボリュームに関する合意形成手続きの不明確さや妥当性の是非が問われてきたように思える。

しかしながら、これらは一方的に行政や市場の側から地域に降ってきたものばかりではない。現行制度・施策や市場のメカニズムと、地域の復興まちづくりの努力が対峙してもたらされた結果として判断すべきものである。また、こうした事業プロセスや開発の荒波が、かえって本来のまちづくりビジョンやまちのあり方を思い起こすきっかけともなったのである。

本稿では、上記の問題意識に基づき、以下の三つの視点からの論考を試みる。

(1) 震災復興の事業と住宅政策に基づき、具体的な住宅供給が、どのように復興まちづくりに取り組む各地区にもたらされたのか

(2) (1)と、各地区の復興まちづくりへの取組みの結果、地域コミュニティにどのような変化をもたらしたのか

(3) (1)(2)を受け止める、復興まちづくりの場としての展開はどのようなものであったのか

*：野田北部地区の復興プロセスレポートにおける参考文献を参照されたい。

図1　神戸市における震災復興事業区域とまちづくり地区（神戸市資料より作成）

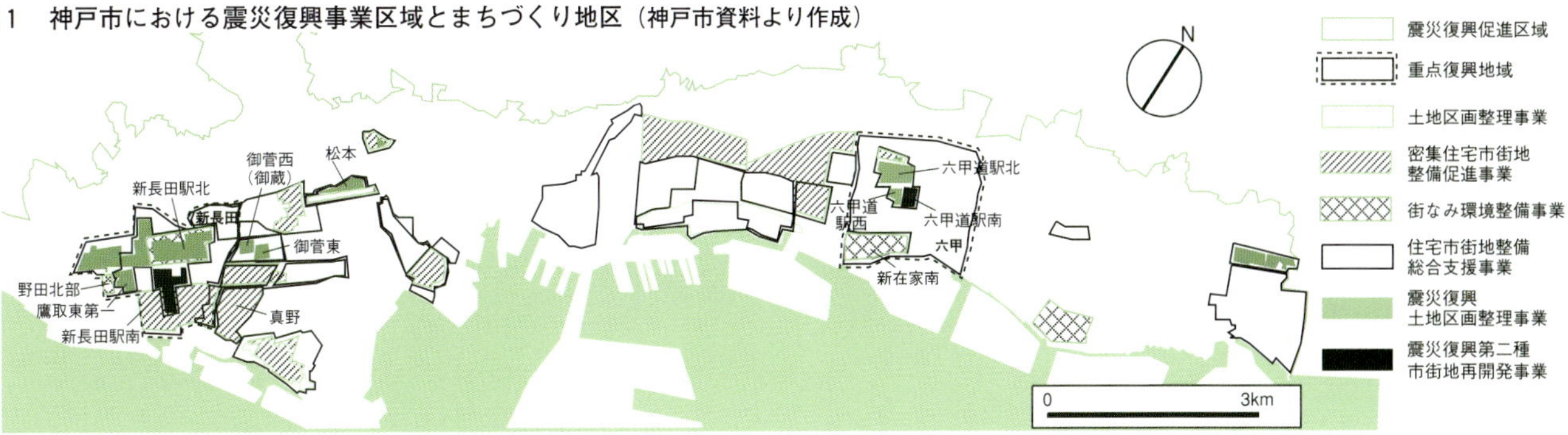

表2　住宅市街地整備総合支援事業計画（事業計画書より作成）

■新長田地区

住宅等の建築に関する事業	主要街区	事業手法	施行者	建設戸数
地区合計　約15,100戸 主要な街区　約9,300戸 その他街区　約5,800戸	新長田駅北	従前居住者用賃貸住宅等建設事業 市街地住宅等整備事業 公営住宅建設事業	神戸市 都市基盤整備公団 神戸市住宅供給公社 特定施行者	約9,300戸
	新長田駅南	従前居住者用賃貸住宅等建設事業 市街地住宅等整備事業 公営住宅建設事業 市街地再開発事業		
	大道地区	従前居住者用賃貸住宅等建設事業 市街地住宅等整備事業 公営住宅建設事業		
	大池東住宅	公営住宅建替事業		
	鷹取駅北	従前居住者用賃貸住宅等建設事業 市街地住宅等整備事業		

■六甲地区

住宅等の建築に関する事業		事業手法	施行者	建設戸数
地区合計　約18,000戸 主要な街区　約 5,300戸 その他街区　約12,700戸	六甲道駅北、西	従前居住者用賃貸住宅等建設事業 市街地住宅等整備事業	神戸市 都市基盤整備公団 神戸市住宅供給公社 特定施行者	約5,300戸
	六甲道駅南	従前居住者用賃貸住宅等建設事業 市街地再開発事業		
	新在家南町東部	従前居住者用賃貸住宅等建設事業 市街地住宅等整備事業 公営住宅建設事業 特定優良賃貸住宅供給促進事業		
	弓の木住宅	公営住宅建替事業		

計画は1999年時点のもの

震災復興事業による各地区への住宅供給

●マクロな住宅政策・住宅市場とミクロな住宅ニーズ

震災復興の一翼を担う公的住宅の供給は、1995年8月に兵庫県によって策定された「ひょうご住宅復興緊急3ヵ年計画」に基づいて計画された（**表1**）。

これに連動して神戸市をはじめとした各自治体での供給計画が策定された。

公的というのは公営住宅の直接供給に始まり、民間住宅の借り上げによる公営住宅化や、都市計画事業に関係する従前権利者を優先的に入居させるための通称「受け皿住宅」、特優賃と呼ばれる家賃補助住宅、公団・公社による賃貸住宅などが具体的な内容である。

これらは県、市、公社、公団、民間などの役割分担とバランスを示したマスタープランであった。表に示される通り、具体的な数値目標は県や市全体のマクロスケールで計画されている。住宅供給はこの計画に示された目標値に到達するまで進められた。

●都市基盤の整備と連動して住宅供給を支援するための事業

このような計画に基づき、復興のための基盤整備と連動して各地域で住宅供給を実践していくために用いられた主な手法が住宅市街地整備総合支援（通称住市総）事業であった。

住市総事業では、市街地再開発や土地区画整理事業地区を含む広い区域に事業の網をかけて、その中で公営住宅の建設や民間集合住宅の建設支援なども含め、トータルに支援していくことが最大の特徴である。また、再開発事業や区画整理事業など、都市計画事業に関わる従前居住者用賃貸住宅の建設手法としても用いられた。

このような事業手法を用いて、典型的なかたちで重点復興地域となったのが新長田地区と六甲地区の2地区である（**図1**）。新長田地区では住市総地区のほとんどの地域に再開発事業や区画整理事業、密集事業などの基盤整備事業の網もかかっているのに対し、六甲地区では、基盤整備を行う部分は絞り込まれており、民間による自力復興を支援する色が強い。

表2に示されるように、この事業は主要な工区（街区）での、住宅供給の量的確保の積み上げによって計画目標が設定されている反面、事業区域内の共同建替えによる調査設計費や施設整備費の補助、利子補給などにも対応した内容である。

●都市基盤の復興と地域の復興まちづくり

次に、復興のための基盤整備の事業手法として、地域の復興まちづくりに最も大きな影響を与えた土地区画整理事業について考察する。

地域の復興まちづくりを進める上で、区画整理事業は、区域内に換地を行う権利者以外に対

図２　若宮地区整備計画

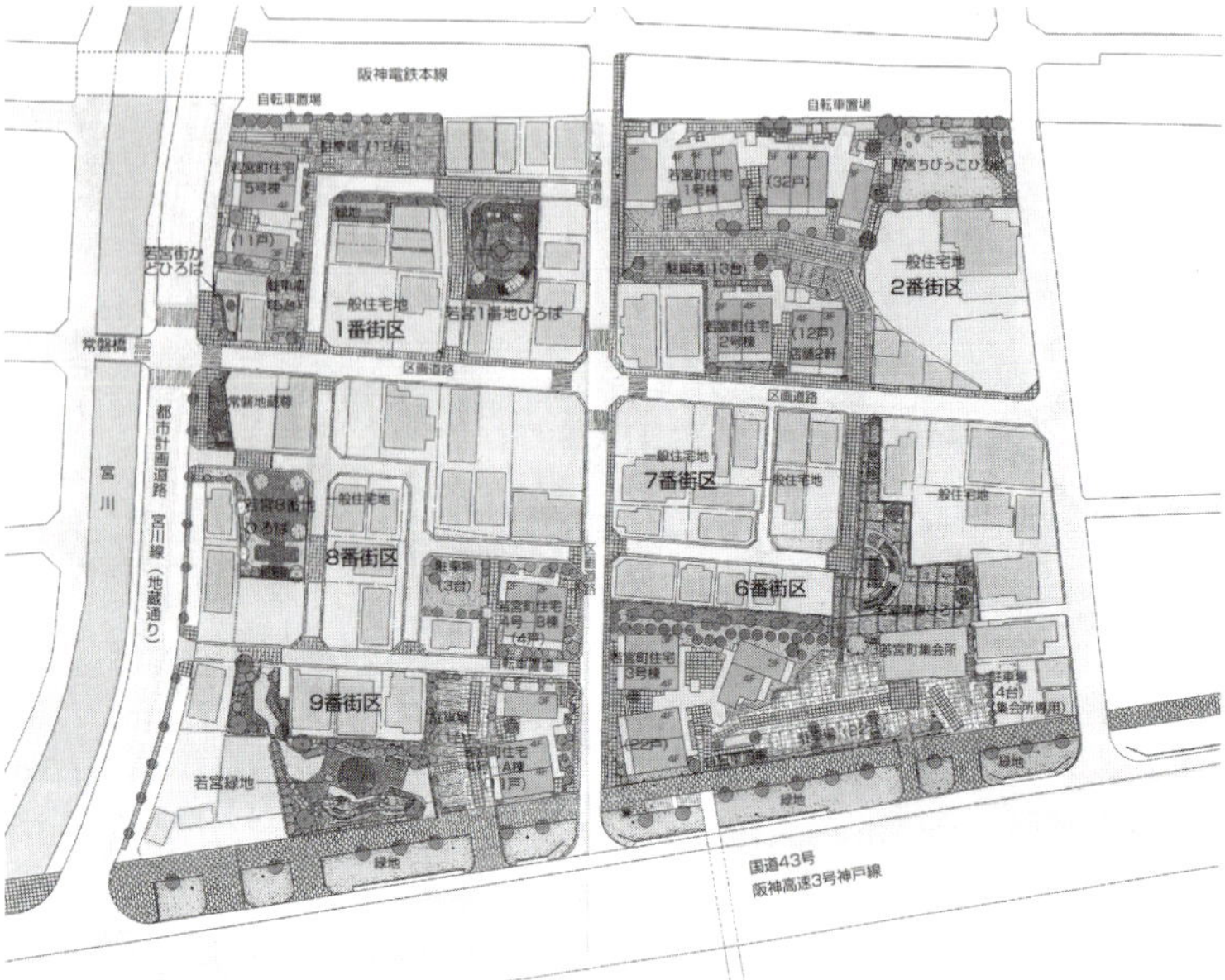

（出典：芦屋市／若宮地区まちづくり協議会
「復興まちづくりのあゆみ」）

写真１　若宮地区

写真２　若宮地区緑地

して、地域に残ることを希望する際の選択肢や支援メニューが少ないという欠点が存在する。特に震災からの復興という、非常時かつ個々の生活再建が重視される時には厳しい条件となった。

この状況に対し神戸市では、前述の住市総事業の網を、区画整理事業区域を含む広い範囲にかけることにより、従前居住者用賃貸住宅(通称・受け皿住宅)の建設や共同建て替えに対する補助や支援を行う仕組みとした。一方、尼崎市築地地区や芦屋市若宮地区では、区画整理事業や住環境整備事業に改良事業を重ねることで、財政の裏付けが確実な公的住宅の建設を確保した（写真１、２、図２）。

また、事業区域設定の大小による問題がある。区画整理の事業区域は、事業認可や都市全体の骨格形成の観点から決められる反面、地域の復興まちづくりの観点から見ると、事業区域が大きいほど合意形成に時間がかかるため、復興プロセスに制約を受ける。そのため、事業区域を第一、第二地区などに分割したケースも出た。新長田駅北地区は、事業区域が広いため、全体での調整に時間がかかることとなった。その一方、ＪＲ鷹取駅の操車場跡地を事業区域に加えたため、事業プロセスとして選択肢が拡がった面もあった。

●区画整理事業区域内での住宅供給の難しさ

区画整理事業区域では、事業そのものの合意形成が進んだ後に個別の再建事業の合意形成に入っていくため、この時間の開きが、共同建て替えの保留床や保留地等によって生まれる住宅のニーズの予測を難しくする。つまり、住宅が供給される頃には、従前のニーズとは異なる居住者が入居する可能性が高い。また、換地処分という一つの節目を経なければ保留地は処分できず、緊急時から平常時へと移行する際、従前権利者の再建が一段落した後に新たなニーズが発生しても、その段階では地域では対応できない可能性が高い。行政施行の区画整理事業は、保留地などまちづくりの資源の活用が地区のまちづくりとは無関係に行われる可能性が高いのである。

また、鷹取東第一地区で多く供給された、民間借り上げ公的賃貸（民借賃）住宅は、地主から見れば区画整理区域内の従前賃貸住宅再建の原動力として有効にはたらいている。しかし入居者の側から見ると、この住宅は公営住宅の区分となり、行政が一括公募を行うため、震災前から居住していた地区など、希望する地域に入居できるケースはまれである。言い換えれば、現行の公的住宅の募集から入居に至るまでのシステムでは、地区内にある公的な住宅ストックを地域の公共資源として活用しにくい。

さらに、住市総事業によって確保された従前居住者用住宅は供給時期にばらつきがあり、入居可能な時期まで待つ間に他の住宅を選択してしまうケースが多い。

●地域のまちづくりから見た区画整理事業

補償や減歩、事業費など、事業の仕組みとしての課題ではなく、地域のまちづくりにとっての「区画整理」にはどのような課題があるのか。

震災復興時における土地区画整理事業においては、その制度上、従前権利者の権利保障や換地・移転が優先されるため、保留地などを活用した新規事業への参入が早い時期に望みにくく、周辺の住宅や商業バランスが確定した後で更地や保留地が発生するため、まちに活気が出

表 3　各地区公的住宅一覧（神戸市資料より作成）

事業名	市・区	地区名	面積 (ha)	総事業費 (億円)	従前居住者用賃貸		災害復興／一般公営		民間借上賃貸		特優賃		共同建替*1		分譲*2		公団公社賃貸		備考
					棟	戸	棟	戸	棟	戸	棟	戸	棟	戸	棟	戸	棟	戸	
震災復興市街地再開発	神戸市長田区	新長田駅南*3	20.1	2,710	6	679									11	1,077	1	50	*3 2004年4月時点での着工戸数
	神戸市灘区	六甲道駅北	5.9	846	3	120									10	732	1	63	
震災復興土地区画整理	神戸市長田区	鷹取東第一	8.5	100	1	25			6	136			5	109	1	39			*1 民間借上賃貸住宅部分を除く
		御菅東	5.6	105	1	14							1	22					
		御菅西（御蔵）	4.6	102	2	94							1	11					
		新長田駅北*4	42.6	964	3	143	1	72					8	451					*4 鷹取北エリア（17ha）除く
	神戸市灘区	六甲道駅北	16.1	347	1	61							3	142					
		六甲道駅西	3.6	100	1	52									1	20			
	神戸市兵庫区	松本	8.9	249	2	40			1	5			1	3					
街なみ環境整備	神戸市長田区	野田北部	6.4								1	10	3	48					
	神戸市灘区	新在家南	30.4		2	302	3	356	2	37	1	16	3	78	1	18			
密集住宅市街地整備促進	神戸市長田区	真野	39.0		2	27	1	29	2	34	1	39	2	12	2	22			
住宅市街地整備総合支援	神戸市長田区	震災復興（新長田）	251.5		5	131	5	530	4	52	2	48	4	103					市街地再開発、土地区画整理、街なみ環境整備事業地区を除く
	神戸市灘区	震災復興（六甲）	296.7				5	237	6	107	30	583	5	44	1	145			

*2 再開発住宅、マンション再建など

再開発事業以外の住宅戸数は2001年4月1日時点のデータ

図 3　六甲地区での住宅供給

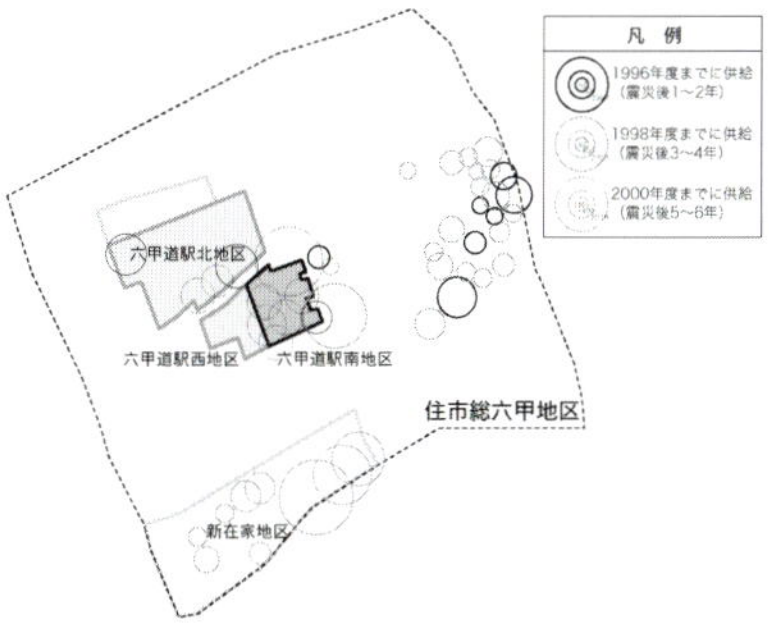

図 4　新長田地区での住宅供給

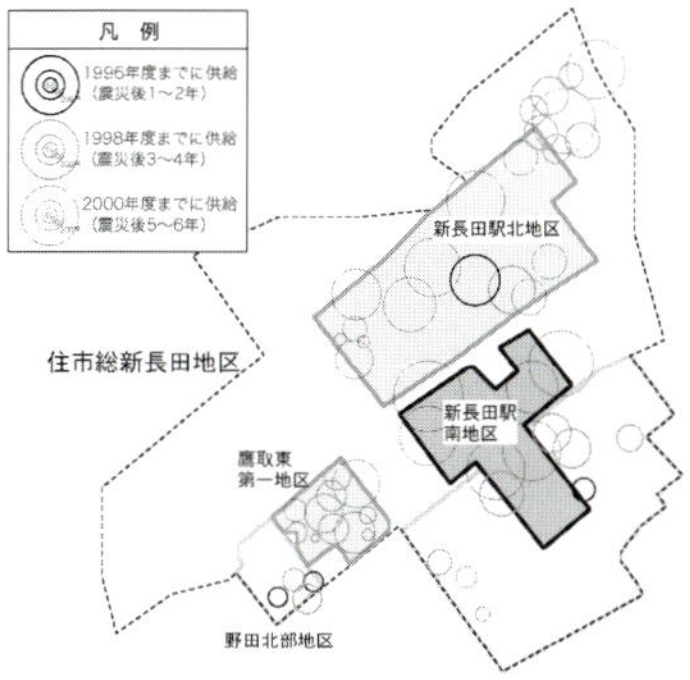

にくくなるという課題がある。

言い換えれば、まちが復興する途上で新たな活気を注入しない限り、従前のまちの活力を超えることはできない。また、民間新規住宅の供給がない限り地区の人口は減り、事業実施前に比べ高齢化が進むという現象が起こる可能性が高いのである。

また、網掛け（区域の固定）が地域の復興の方向性を一つの向きに縛り付ける恐れがある。事業の合意の過程においては、関係権利者が運命共同体で前に進むしか道がなくなってしまい、合意形成が遅れると元の住民が地域に戻れる可能性が下がる。

このように、5年から10年の間、まちの姿の方向性に縛りをかける区画整理事業は、地域の活力やコミュニティの維持、継承にも縛りをかける結果となることを意識してまちづくりに取り組むべきであろう。

そのため、戸建てで再建する住宅以外の住宅ストックや商店、事業所等に対する支援が欠かせないものとなる。新長田北部や鷹取東地区で多くの成果があらわれた、共同建替え事業によって生まれる保留床やダメージを受けたアパート経営地主の再建を支援し、公的に借り上げる小規模な民間共同住宅などが、地域にとって大きな公共性を持ち、地域コミュニティの循環を支える住宅ストックとして機能する。

都市計画事業、住宅供給と地域コミュニティの変化の関係

●都市計画事業と住宅供給の結果が地域に何をもたらしたのか？

住宅密集市街地の割合が高く、かつ復興事業が面的に行われた灘区、兵庫区、長田区の3区のうち、震災復興まちづくりが行われた代表的な12地区における2001年の時点での公的住宅供給のバランスを示したのが**表3**である。

この表から読み取れるのは、事業に規定される住宅供給とそうでないものがあるということと、地域特性が供給結果に反映されていることである。

例えば、再開発事業が行われた区域においては、住宅供給が分譲住宅と従前居住者用賃貸住宅に二極化される。区画整理事業区域においては、用地買収等に関係する権利者に配慮して一定の従前居住者用賃貸住宅が供給されるが、民間借り上げ賃貸住宅や共同建替え住宅は地域特性によってばらつきがある。また、緊急性を重視して供給される特優賃住宅や一般の公営住宅は、合意形成に時間のかかる再開発や区画整理事業区域ではほとんど供給されない。

マクロな住宅供給計画の落とし穴は、一刻を争う緊急時の場合、供給しやすい場所から量的に建設機会を確保していくことである。そのため、従前の住宅ストックのバランスや既成市街地の状況などは当面考慮されな

表4　地区別人口変遷

事業	地区名	地区面積(ha)	調査データ	世帯数	人口	人口回復率(%)	世帯人数	人口密度(人/ha)	世帯密度(世帯/ha)
復興市街地再開発	新長田駅南	20.1	1990年国調	1,818	4,375	100.0	2.4	217.7	90.4
			1995年国調	1,097	2,541	58.1	2.3	126.4	54.6
			2000年国調	1,306	2,458	56.2	1.9	122.3	65.0
			2005年台帳	2,259	4,026	92.0	1.8	200.3	112.4
	六甲道駅南	5.9	1990年国調	646	1,423	100.0	2.2	241.2	109.5
			1995年国調	291	651	45.7	2.2	110.3	49.3
			2000年国調	383	805	56.6	2.1	136.4	64.9
			2005年台帳	952	1,958	137.6	2.1	331.9	161.4
復興土地区画整理	鷹取東第一	8.5	1990年国調	877	2,274	100.0	2.6	267.5	103.2
			1995年国調	149	411	18.1	2.8	48.4	17.5
			2000年国調	604	1,380	60.7	2.3	162.4	71.1
			2005年台帳	765	1,595	70.1	2.1	187.6	90.0
	御菅西（御蔵）	4.6	1990年国調	314	735	100.0	2.3	159.8	68.3
			1995年国調	54	134	18.2	2.5	29.1	11.7
			2000年国調	140	330	44.9	2.4	71.7	30.4
			2005年台帳	230	408	55.5	1.8	88.7	50.0
	新長田駅北	42.6	1990年国調	3,042	7,829	100.0	2.6	183.8	71.4
			1995年国調	1,419	3,852	49.2	2.7	90.4	33.3
			2000年国調	2,069	4,901	62.6	2.4	115.0	48.6
			2005年台帳	2,893	6,029	77.0	2.1	141.5	67.9
	六甲道駅北	16.1	1990年国調	1,837	4,186	100.0	2.3	260.0	114.1
			1995年国調	979	2,251	53.8	2.3	139.8	60.8
			2000年国調	1,256	2,689	64.2	2.1	167.0	78.0
			2005年台帳	1,519	3,081	73.6	2.0	191.4	94.3
	松本	8.9	1990年国調	1,169	2,483	100.0	2.1	279.0	131.3
			1995年国調	428	1,021	41.1	2.4	114.7	48.1
			2000年国調	548	1,187	47.8	2.2	133.4	61.6
			2005年台帳	684	1,374	55.3	2.0	154.4	76.9
街なみ環境整備	野田北部	6.4	1990年国調	671	1,644	100.0	2.5	256.9	104.8
			1995年国調	288	780	47.4	2.7	121.9	45.0
			2000年国調	500	1,261	76.7	2.5	197.0	78.1
			2005年台帳	559	1,294	78.7	2.3	202.2	87.3
	新在家南	30.4	1990年国調	1,009	1,973	100.0	2.0	64.9	33.2
			1995年国調	341	745	37.8	2.2	24.5	11.2
			2000年国調	1,367	2,835	143.7	2.1	93.3	45.0
			2005年台帳	1,565	2,943	149.2	1.9	96.8	51.5
密集	真野	39.0	1990年国調	2,107	5,484	100.0	2.6	140.6	54.0
			1995年国調	1,714	4,313	78.6	2.5	110.6	43.9
			2000年国調	1,812	4,114	75.0	2.3	105.5	46.5
			2005年台帳	2,232	4,143	75.5	1.9	106.2	57.2
	灘区		1990年国調	54,809	129,578	100.0	2.4		
			1995年国調	41,977	97,473	75.2	2.3		
			2000年国調	56,560	120,518	93.0	2.1		
			2005年台帳	62,064	126,314	97.5	2.0		
	長田区		1990年国調	52,948	136,884	100.0	2.6		
			1995年国調	37,918	96,807	70.7	2.6		
			2000年国調	45,928	105,464	77.0	2.3		
			2005年台帳	53,442	107,512	78.5	2.0		

いで計画が進められる。また、市街地再開発や区画整理の事業区域では、まず先に権利者による事業の合意形成が必要なため、当面の供給場所から除外される。住宅政策の大きなフレームから見ると、個々の住宅ストックがどこの地区に立地しようが入居者の選定とは関係ないという位置づけである。

　その結果、復興の初期には、郊外や工業地域の未利用地中心に公営住宅が建設され、賃貸マンションのニーズの高い東部と西北部に特優賃住宅の供給が集中したのである。この傾向が住市総六甲地区では顕著であり、公営住宅の建設は地区南東部（新在家南東部街区）に集中し、特優賃住宅は地区の東部に集中した（**図3**、**4**）。これらの供給の後に再開発や区画整理事業地区での住宅供給が行われることとなった。

　しかしながら各地区の復興まちづくりにとって、こうした大きなエリアで見た住宅供給の傾向と、地区内での住宅ニーズのずれが、地域に住み続けることや地域のコミュニティのバランスに影響を及ぼすこととなった。特に区画整理や再開発事業などの面的な基盤整備を行った地域では顕著にあらわれることとなった。

●物的な環境変化と地域コミュニティの変容の関係

　復興まちづくりが進められた主な地域は、おおよそ、被災の度合いが高く、震災後の都市基盤や住宅ストックの構造変化が大きい地域である。すなわち、震災復興のために行われた基盤整備と住宅供給に関する施策と、それに追随して発生する民間住宅の供給の結果、地域コミュニティは外から大きな変化を迫られたのである。

　その一方で、公的住宅や民間住宅の供給を地域コミュニティの側が誘導するというケースは、地区内仮設住宅や共同化住宅など、ごくわずかであった。

　しかしながら、小規模な権利者の多い、区画整理や任意の事業地区では、地域住民の居住継承の意向と地域への民間投資が合致した形で、共同化住宅が一定のストックとなって地域に定着した（**前表**）。特に、地域における開発圧力が事業プロセスの中で一定期間制約される区画整理事業地区においては、鷹取東第一地区や新長田駅北地区など、世帯数に比して15％前後のストックを持つ地域も出ている。

●復興まちづくりがもたらす地域コミュニティの変容

一方、10年間にわたる、復興まちづくりの取組みは、地域コミュニティの変容（バランス）にどのように作用したのであろうか。

　復興まちづくりの初期の目標は、都市基盤の回復も含め、地域住民がいち早く生活再建できることと、地域外に出た住民をいかに早く地域に戻すことができるかであった。

　復興まちづくりが平時のまちづくりに移行する過程で、住宅建設や人口回復の流れがゆるやかになり、そこで初めて従前居住者と新規居住者のバランスや、世代別の人口バランスが見えてきた。前述の12地区における人口バランスの変化をまとめたものが**表4**、**図5**である。

　高密市街地を多く持つ灘区、兵庫区、長田区の震災前の人口回復率は、マクロな目で見ると、東部の灘区で98％、西部インナーシティである兵庫区で89％、長田区で79％と、それぞれで10ポイントの開きが見られる。

　しかし灘区の人口回復も、HAT（東部新都心）や新在家など、公的住宅が工場跡地に集中的に建設されたことによるものと、六甲道南市街地再開発事業による集中的建設の結果によるものである（**図1**）。復興まち

図5　各地区の人口バランス

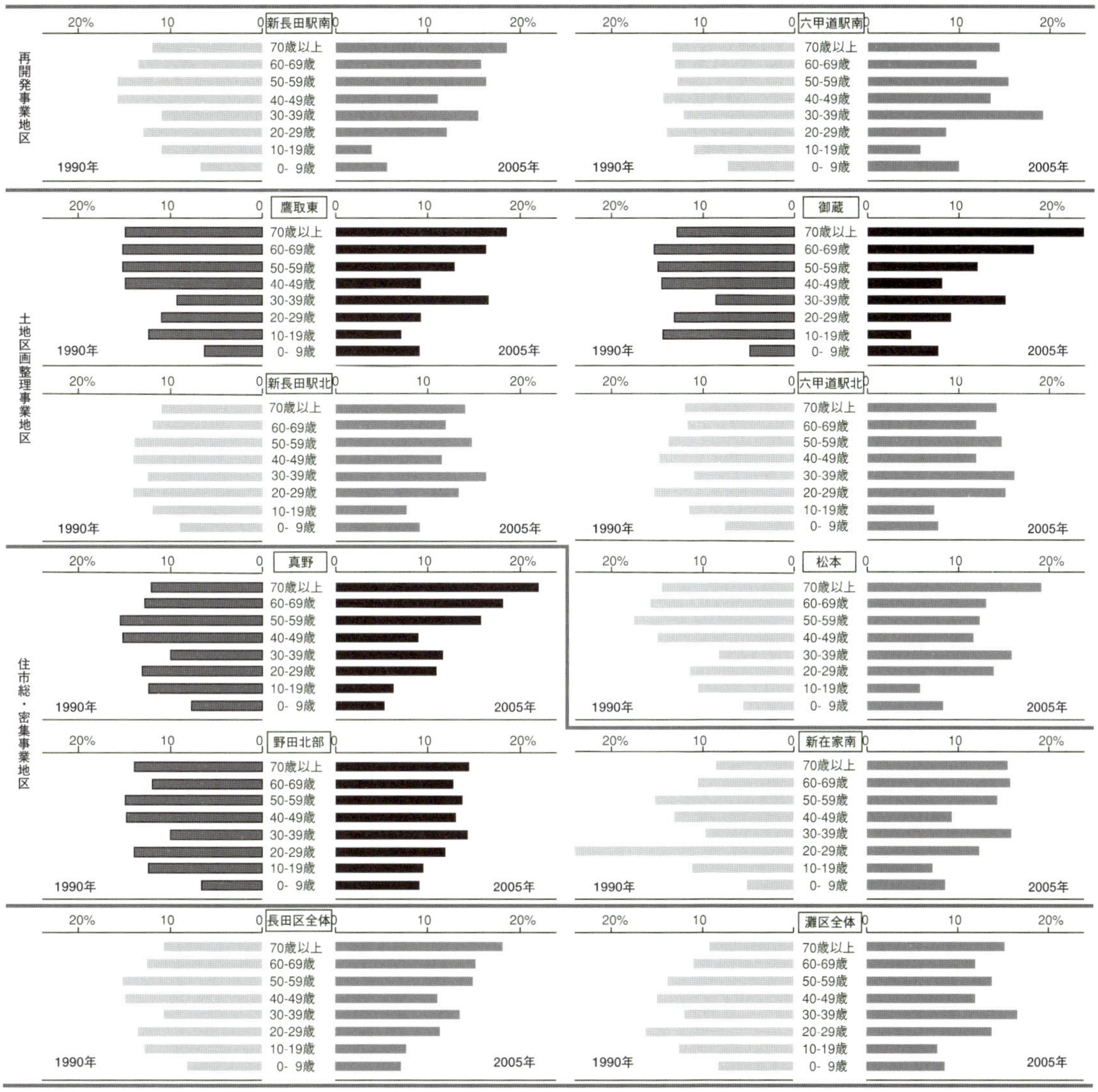

づくりの代表的な区画整理事業地区では7割程度の人口回復となっており、東西での格差はそれほど見られない。

復興まちづくりの代表的な地区は、震災以前の住環境として、ヘクタールあたり150から300人の間の高密度で、住商・住工の用途が混在し、高齢化率が2割前後で地域の平均より3から5ポイント高いという共通の特徴を持っていた。特に「市場」や「筋」という広がりのある商業地を持つ地区ではヘクタールあたり250人前後の高密度であった。

こうした高密度コミュニティは、震災復興の基盤整備によって変化を迫られたのである。

低層高密度の地区は解体され、再開発事業による垂直型高密度へ変化するか、低層のまま密度を下げるかの選択を迫られたことになる。

●人口バランスの変化と復興まちづくりの因果関係

表4をさらに詳しく分析してみると、各地区の人口バランスと復興まちづくりとの因果関係がおぼろげながら見えてくる。

例えば、街なみ誘導型地区計画と街なみ環境整備事業により、狭小宅地の再建基盤を整えた野田北部地区では、高齢者比率の増加と世帯あたり人数の減少が他地区に比べゆるやかになっている。特に長田区、兵庫区全体では高齢者比率が8～9%増加したことからみれば顕著な差が出ている。区画整理を行った六甲道駅北地区、新長田駅北地区、鷹取東第一地区、松本地区なども高齢者比率に関しては同様の傾向である。

一方、地区の世帯数の4割を超えるという、公的住宅の比率が高い新在家南地区や御蔵地区では、当然のことながら高齢者比率も急激に増加している。真野地区では高齢者比率が急増するとともに、世帯数の増加が見られ、高齢単身居住者の増加が際立っている。

このように見ると、真野地区でのコレクティブ・ハウジングなどの多様な高齢者居住への取組み、御蔵地区でのコミュニティ・スペースでの活動など、地域コミュニティの変化に直接はたらきかける取組みは、必須のものであると言えよう。

また、野田北部地区では大国公園や整備が行われた路地、集会スペースを使った様々なイベント群と、盛んな新規住宅の供給が数字に歯止めをかけたと言える。

復興まちづくりの「場」としての展開

●復興施策を地域で受け止める経験から地域運営へ展開した「復興まちづくり」

10年を踏まえた復興まちづくりのもう一つの側面は、10年間の住環境とコミュニティの変容とまちづくりの経験を経て、今後それぞれの地域が、地域運営の長期的視野や共通認識づくり、多様なプロジェクトの創出等の役割を、どのようなパートナーシップにより果たしていくのか、問いかけられていることである。

復興過程におけるまちづくりの経験が蓄積され、成熟した段階に入っている地域では、コミュニティを持続するために、まちづくり協議会で行ってきた個々の活動をベースとしつつも、新たなプロジェクトを生み出し、従来の体制では参加できなかった新しい人材や外部主体の参加によって、多様なテーマに向かったまちづくりを展開している。

その過程の中で、協議会組織やNPOなどの市民活動組織、個人、企業等をネットワークしていくための新たな場が設定され、地域のビジョンや課題について議論を戦わせ、共有することで、新たなプロジェクトや活動を起こしていく土台を築いている。

理念や形態だけが先行するのではなく、極めて現実的な実態としてのまちづくりの場が出現したのである。

その代表的な例が、本節で取り上げる3地区のまちづくりプロセスである。しかしながら、どの地区も多かれ少なかれ、このような復興まちづくりの展開過程における構造的な課題に直面してきたと考えられる。

以下、この展開の流れについて振り返ってみたい。

●震災復興まちづくりの「場」の初期設定

震災復興まちづくりの場の初期設定として多くの地区でもたらされたのは、都市基盤の復興方針の決定と計画内容の詳細な検討を分離させる2段階都市計画方式の協議の場としてのまちづくり協議会であった。

これは、１９８１年に制定された「神戸市地区計画及びまちづくり協定等に関する条例」に基づくまちづくり協議会のシステムが、特に、組織形態や手続きの面で弾力的に運用されたものと考えられる。

そのため、この仕組みの本来の持ち味である、まちづくり提案や協定など、目標とするまちのビジョンを明確にした上でまちづくりに取り組むというスタイルは、事業計画の集約物としての「まちづくり提案」に置き換わってしまった感がある。

その一方で、基盤整備や住宅建設の協議を進めつつ、まちのあるべき姿やまちづくりのあり方を模索し、非常時の協議体制から安定したまちづくりの場へと脱皮したケースが出てきたのである。

●新たな形態のまちづくりの場が模索されてきた背景

(1)復興施策のテーマごとの「時間差」と地域への展開の「時間差」

復興都市計画においては、基盤整備と住宅供給が先行し、福祉や産業が後を追うという形で施策が展開された。特に、地域という観点で各施策が展開されるまでに、緊急性等の理由により、前者と後者では時間差があった。これらの施策を受け入れる地域の側も、前者の影響が大きかった。

そのため、復興まちづくりの全体像が見えにくくなり、住宅、都市基盤と、町工場など地域産業の復興、商店街や市場のにぎわい、福祉などが復興の像としてうまく取り結べなかったのではないかと思われる。

(2)まちづくりの対象スケールの「ずれ」

また、様々な施策の対象となるスケールにもずれがあり、受け入れる地域の主体にとっての難しさがあった。

具体的には、先に述べた、１９９５年7月に策定された「神戸市震災復興住宅整備緊急3ヵ年計画」、翌年策定された「神戸の住まい復興プラン」の二つに代表される、全体での戸数確保に重点が置かれた住宅政策のマクロなスケールと、再開発、区画整理の両事業に代表される都市計画事業区域のスケール、そして自治会や学区など日常生活に根ざしたコミュニティのスケール、の三つのずれである。

地域の側からすれば、どのように個々の生活再建を進めながら、コミュニティの復興をはかっていくかということに重きがおかれていたにも関わらず、このずれと向き合わなければならなかった。

(3)地域内の活動組織の「多重化」

明確な空間像や協議の仕組みが必要とされたまちの基盤整備が一段落すると、福祉や防災など、復興過程で出てきた地域の課題に対する施策の多様化に対応した活動と組織群に拡散していく傾向があった。そのため、次の段階のまちづくりのビジョンや方向性を描きにくい構造があった。

１９９０年に制定された「神戸市ふれあいのまちづくり条例」によって展開された「ふれあいのまちづくり事業」は、復興の初動期には活動は停止していたが、96年6月の「人にやさしい福祉と安心のまちづくり指針」の策定、97年6月の「人にやさしい福祉と安全のまちづくり推進委員会」の結成等により、再びモデル地区での取組みなどがスタートした。その際、地域の事業主体となったのが小学校区を単位とした「ふれあいのまちづくり協議会」である。98年1月には、「神戸市民の安全の推進に関する条例」の施行により、「防災福祉コミュニティ」の組織化が進んだ。

また、復興過程におけるNPO、NGOや様々な活動組織の地域での活躍は、インターミディアリーや地域企業の新たな役

図１　場のモデル

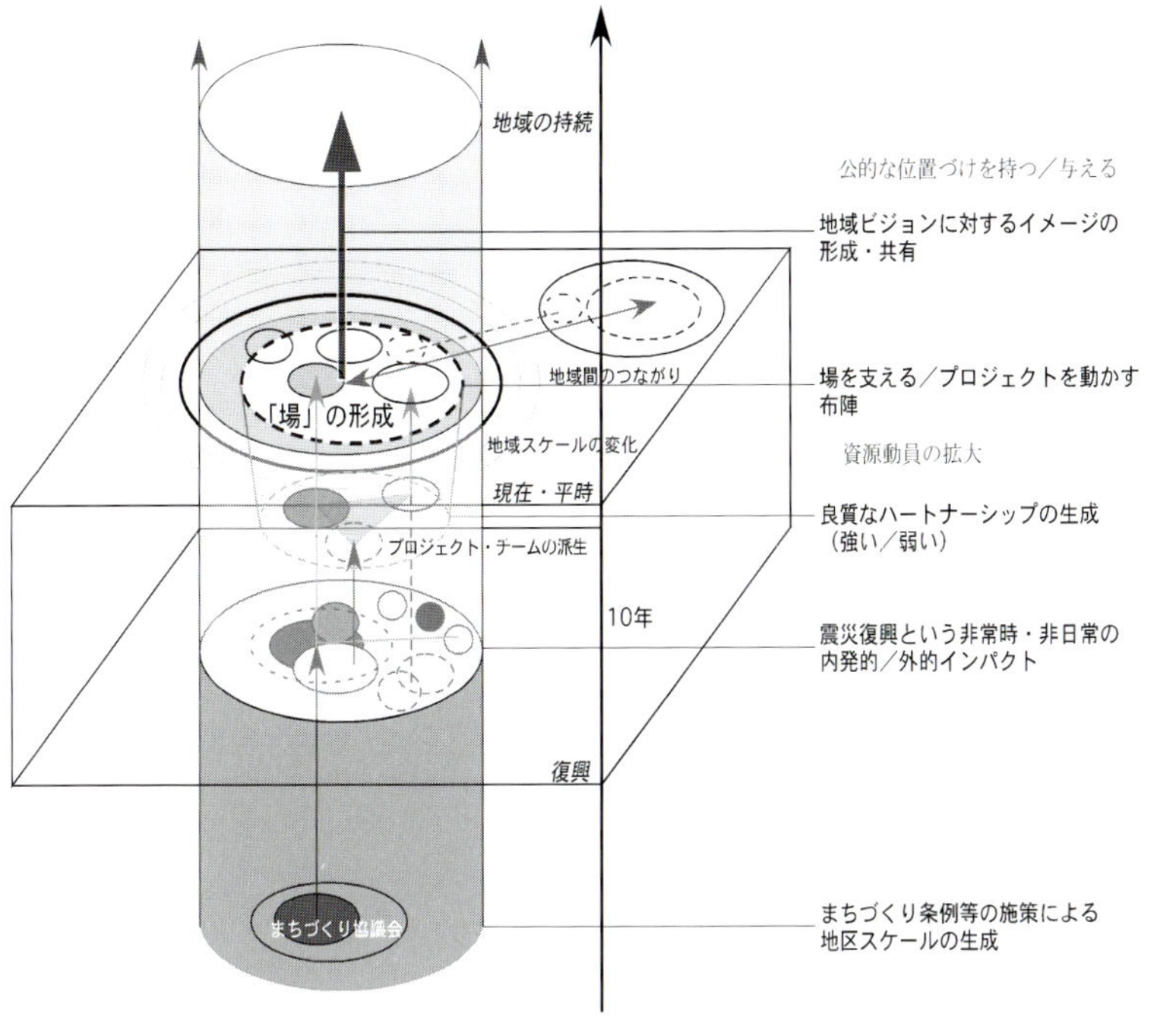

割や協働の形の実体化につながった。これらの成果を受け、地域における協働支援の施策が進められ、２００４年10月には「神戸市民による地域活動推進に関する条例」が施行された。

　このように、震災後段階的かつ重層的に地域に様々なチャンネルを通じて施策がおりてきた形となっている。そのため、地域内の活動の広がりと組織の多重化により、コアメンバーの疲労感や、活動ごとの住民意識のずれや温度差が課題として浮かび上がってきた。

　その一方で、震災復興まちづくりを支える新たな担い手として、まちづくり協議会を支える地域外からの人材や活動グループが登場し、理念先行ではない現実的なアプローチにより、地域のパートナーシップの一翼となる地区も出てきた。

　以上のような背景が重なり、地域における各活動をゆるやかに束ね、ネットワークする場が必要となってきたのである。

●活動をゆるやかに束ね、地域運営のビジョンに向き合う場

　復興まちづくりは、その時々の施策や地域の状況に応じた瞬時の判断に基づき、ダイナミックに展開することが大きな特徴である。まちづくりに関わる一人一人のモチベーションは相当高いが、それだけ多様なイメージが浮かんでいる。「まちはかくあるべし」という静かな思いにそれぞれが向き合っているのである。

　そのため、復興まちづくりを経た地域運営のビジョンは、まちづくり条例における「まちづくり提案」のような、20年後のまちを想起し具体的に描かれたゴールに向かっていく、「規範としてのビジョン」とは異なる。行政や建築家、プランナー等が事業の節目で描く「図としてのビジョン」も、プロセスの一場面における検討素材にすぎない。

　まちの「あり方としてのビジョン」をそれぞれが持ち、状況に応じてイメージを顕在化させ、重ね合わせていくような場と方法が求められている。

　このように、新たなネットワークに呼応したまちづくりの場においては、無形のビジョンが根底にあることを意識しなければならない。また、集積される様々なアイディアに基づいたコミュニティ・プロジェクトの種（シーズ）や、局面局面で集まった情報に基づき、イメージを顕在化させる技術が重要である。

●まちづくりの創造的原動力としての「パートナーシップ」の再考

　まちづくりの場を考える上で、もう一つ忘れてはならないのが、場に呼応した地域コミュニティの再認識と、まちづくりの創造的原動力としてのパートナーシップの再考である。

　地域における多様な主体による協働まちづくりは、力の均衡や利害の対立から、一歩間違えれば地域内住民と地域外ボランティア・専門家という安易な二元論に陥りやすい。地域に関わる様々な主体をすべて利害関係者（ステークホルダー）としてみなす見方も、地域運営のかたちを考える上で実態を見えにくくしているのではないだろうか。さらに、事業手続きや施策への対応などで、ややもすればまちづくりのプロセスは一元化を迫られる。これに合わせて人材や価値観、まちづくりのイメージまでも一元化がはかられると、まちづくりの硬直化につながる。

　そのため、まちや居住環境の持つ意味を大きく捉え、建前や形式としての住民ではなく、地域に関わる意思を持った総体をパートナーシップの担い手と見ることが重要である。

　具体的には、復興まちづくりにおいては、震災後の過程で地区外への移転を余儀なくされたものの、元の居住地域とのつながりを持つ住民のネットワークや企業、復興まちづくりに関わった様々な人材を含んだ、新たなかたちに変化したコミュニティの認識が欠かせない。

　特に、区画整理事業や公的住宅の大量建設等で大きな構造変化が起きた地区では、まちづくりの原主体としての住民は非常に小さな位置づけとなってしまうため、「地域」や「住民」の持つ意味の再構築が必要である。このような認識を早く持って、プロジェクトベースの実験の中でパートナーシップをとらえ直し、徐々に組み替えながら復興まちづくりを展開させたのが、御蔵や野田北部のまちづくりであった。

●参考文献
真野洋介「多主体協働まちづくりのプロセスデザイン」、佐藤滋・早田宰編『地域協働の科学』、成文堂、２００５年、１６０－１７５頁

多主体連携により生み出される第3のフィールド
……10年の経験から……

真野洋介［東京工業大学］

はじめに

長田区野田北部地区の復興まちづくりの10年は、まちづくりの原点・原型としての真野地区や、独創的なコミュニティ・プロジェクトにより一足早くコミュニティ・ベースの開発のあり方を示した御蔵地区と比べて、まちづくり協議会での協議と合意形成を軸に、極めてオーソドックスなかたちで展開してきたと言えよう。

しかしながら、以下の二つの点において、どこよりも早く次世代のまちづくりの展望を切り開いたひな形と見ることができる。

一つは、まちづくりの体制が、まちづくり協議会でのしっかりとした経験を核として展開されていく過程である。地域の高齢化や商店街の活力低下、地域の基盤整備などに取り組むため、まちづくり協議会の活動を始めた矢先に震災が発生したため、できたての体制を下敷きにして、敏速に復興まちづくりへの体制の組み替えが行われ、実働的な協議の場が機能した。また、復興事業に取り組む過程で神戸市の施策や仕組み、地域のNPOの状況の変化に呼応し、パートナーシップを組みやすい地域の体制へと展開した。これらの過程における様々な試行錯誤によって、大きなうすい網（ネット）とネットワークの中で情報や人材、資金の集積を行い、身近な生活環境の向上とまちづくりに関する雇用の創出を両輪とするまちづくりのかたちに漕ぎ着けたのである。

これらの過程には、復興まちづくりの直接の担い手に加え、映像によるドキュメンタリー撮影チーム、ボランティア・グループ、全国各地の個人的支援者、神戸内外の都市計画・建築・防災等の専門家、大学の研究室の有志グループなど、野田北部の復興まちづくりを応援する様々なネットワークもひとつのアクターとして含まれている。[＊1]

二つ目は、地区の7割が全半壊し、2カ町が全焼したまちが、復興まちづくりにおいて地区計画や共同建替え、細街路整備などに丁寧に取り組んだ結果としての住宅地の変貌の姿である。それは伝統的建造物の町並み保存や新規の大規模開発プロジェクトに比べて極めて地味な姿であるが、木造住宅密集市街地の住環境に関するサステイナブル・デベロップメントの一つの姿と見ることができよう。前稿で述べた通り、住宅密集市街地での復興は、人口や地域産業の回復などに眼が行きがちであり、空き地化や開発がまだらに進んだ後の、さらに長期のまちの姿の展望については議論されにくい。

＊1　復興まちづくりの現場最前線での支援ではなく、地区外、神戸外からの支援を側面支援、後方支援と呼び、それぞれの応援団やネットワークが結成された。

写真1　野田北部地区の中心、大国公園で催される夏祭りのひとコマ

「第三の眼」を通してみた野田北部の10年

筆者は上記過程の一コマで野田北部に関わり、復興まちづくりを直接的、間接的に経験することとなったが、10年の長きにわたり常に同じスタンスで関わってきたわけではない。一言で言えば、震災後早い時期における「まちづくり協議会を直接応援する立場」と、復興の目処が一応立ってきた時期より後の「復興まちづくりを客観視する立場」が入り交じった状態で関わってきたように思える。

おおざっぱに区分すると、前者は、長野大学から早稲田大学に引き継がれた復興まちづくり支援チーム「野田北部復興フロンティア」の一員としてまちづくり協議会のサポートをした1995年6月から1996年9月までの期間であり、後者はそれ以降と言うことができる。

前者の時期は、刻々と動いていく復興まちづくりの展開の中で、いかに具体的なインパクトを与えられるよう行動するかということであり、後者の時期は、積み重ねられた復興まちづくりのプロセスをどのように読み、場面の展開や方法につながる部分を純化したかたちで再構成し、伝えることができるかということに関心を持って動いていた。本稿では、こうした二つの視点から、野田北部の10年を述べる。

以下に記述するものは、復興まちづくりを担う当事者の眼でも、復興まちづくりの直接的影響を受ける地域住民の眼でもない「第三の眼」を通してみた10年である。

真野地区や御蔵地区でも同様であるが、この眼が、私以外にも多様にあったのが野田北部の復興まちづくりのもう一つの特徴であるとも言えよう。

復興まちづくり支援の方法

復興まちづくりに対して第3の主体に何ができるか

●復興まちづくりのふたつの流れ

前稿で再三述べているように、地域での復興まちづくりは、神戸という都市機能を復興させるという視点から組み立てられた復興都市計画事業・諸施策が地域におりてくるという側面と、個々の生活や生業、まち場（コミュニティ）の持つ力を回復するために地域の中から動きを起こすという側面があり、まちづくり協議会を中心とした場において、この二つの側面がどのように重ね合わされるかによって復興まちづくりのあり方が決まった。その中で、復興まちづくりへの支援のあり方が模索されたのである（**図1**）。

土地区画整理をはじめとする事業に関する合意形成は、住民

図1　復興まちづくりの二つの側面と復興まちづくり支援の位置づけ

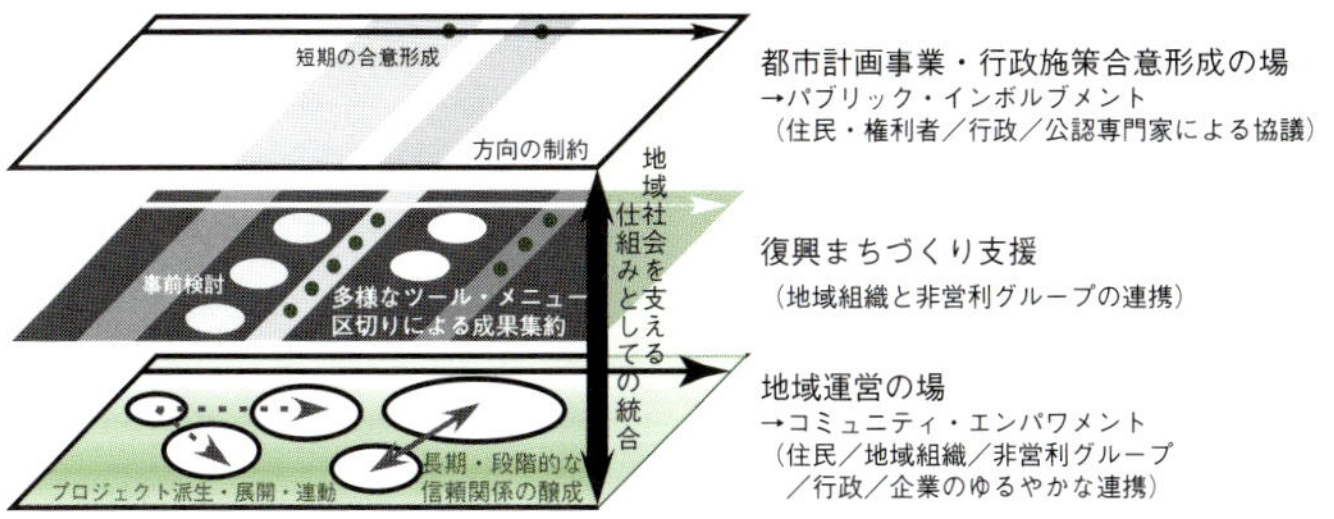

表1　復興初期のまちづくりプロセスと各主体の関わり

年月	日	事柄（白地太文字：協議会／グレー地明朝体：大学による主な支援活動）	関係主体：野田北部まちづくり協議会	鷹取東まちづくり協議会	行政による支援及び手続き	専門家による支援	大学による支援※
1993年 1月	18日	野田北部まちづくり協議会発足	●				
1994年 1月	18日	大国公園・コミュニティ道路完成式典	●			●	
1995年 1月	17日	阪神・淡路大震災発生（午前5時46分）　復興対策本部設置（午後4時）	●				
	19日	復興対策本部委員の人選	●				
	26日	**野田北部まちづくり協議会開催「被災建物について」**	●			●	
	26日	復興課題の整理・手順案検討				●	
2月	2日	商店街経営者復興意識調査	●			●	
	5日	長田区まちづくり推進課職員、野田北部地区に支援開始			●		
	10日	**第１回野田北部まちづくり協議会役員会　復興活動開始**	●		●	●	●
	10日	野田北部住民避難先調査開始	●				●
	10日	今後のまちづくりへの方針提案				●	
	10～14日	住まいを失った方への意識調査	●			●	●
	17日	**第２回まちづくり協議会役員会開催/協議会を復興対策委員会と改名**	●				
	17日	まちづくり方針案提示（地区計画、権利、融資、共同、協調等）	●			●	●
	17日	震災後のまちづくりニュース第１号発行	●				●
	25日	ボランティアによる意識・商店街意向調査開始	●				●
	28日	都市計画案の縦覧開始			●		
3月	1日	倒壊家屋・補修家屋調査	●			●	●
	6日	野田北部まちづくりビジョン－鷹取東区画整理案作成開始				●	
	17日	**第６回復興対策委員会/野田北部のまちづくりマスタープラン案の発表**	●			●	
	25日	**第７回野田北部復興対策委員会/すまいの再建、共同化等の提案**	●		●	●	
	25日	海運町2、3丁目住民へのヒアリング調査				●	
4月	2日	本庄町４丁目住宅再建相談・説明会	●			●	
	4日	野田北部/土地区画整理、各町土地・建物意向調査				●	
	27日	**第10回野田北部復興対策委員会/まちなみ誘導型地区計画勉強会開始**	●		●	●	●
	8日	野田北部/海運２・３権利者相談（モデル換地案作成資料収集）				●	
5月	9～11日	本庄町２～４の各町毎、建築基準法等再建勉強会開催	●		●	●	●
	18日～	まちの復興過程　定点観測開始					●
	25日	野田北部/ 海運町２、3丁目会合/ 関係権利者へモデル換地案提案	●		●	●	
6月	1日	野田北部/区画整理地域内個別意向相談会	●			●	
	11日	**第12回野田北部復興対策委員会/共同、協調化による住宅再建について**	●		●	●	●
		まちつくり通信　創刊（～96年6月、第６号まで）					●
7月	2日	鷹取東まちづくり協議会設立総会	●	●	●	●	●
8月	5日～	地区のまちづくり意向と生活実態についてのアンケート調査（～9月中旬）	●			●	●
9月	上旬～	「大国公園をつつむ地区のまちづくり」提案発表会・小冊子製作	●		●	●	●
11月	28日	**第15回野田北部復興対策委員会/地区計画パンフ（第１号）配布**	●			●	
	30日	鷹取東第一地区土地区画整理事業の事業計画決定			●		
12月	12日	本庄町２～４丁目、地区計画に住民合意（長楽町13日）	●		●	●	
1996年 2月	26日	**復興対策委員会をまちづくり協議会役員会の名称に戻す**	●		●	●	●
	27日～	被災状況、生活復旧、今後の意向についてのヒアリング調査（～3月17日）					●
5月	8日	区画整理区域の仮換地のプレヒアリング始まる			●		
		密集事業を用いたコミュニティ道路＋住環境整備提案	●		●		●
6月	3日	地区計画説明会/街並み誘導型（案）概要/本庄町	●		●	●	●
8月	28日	震災復興区画整理事業海運町3丁目仮換地調印（30日　海運町２丁目）	●		●		
9月	13日	鷹取東第一地区区画整理事業の工事着手	●	●	●		
		「生活とまち　復興の記録」「人と人をつなぐ　まちづくりの提案」報告会	●		●	●	●
11月	2日	私道中心線についての協議/本庄町	●		●	●	
	5日	野田北部地区「街並み誘導型地区計画」告示			●		
1997年 1月	6日	野田北部地区「街並み誘導型地区計画」条例化			●		
6月	20日	野田北部地区　街並み環境整備事業大臣承認を受ける			●		
	22日	本庄町４丁目北共同化住宅（地区内共同化第1号）竣工	●			●	
7月	2日	まちなみ協定承認			●		

※　95年4月までの薄いグレー印は長野大学支援チームによる活動を表す
95年5月以降のグレー印は早稲田大学支援チームによる活動を表す

野田北部まちづくり協議会「野田北部の記憶」、各種資料より作成

（権利者）、行政、専門家の三者により、まちづくり協議会を主たる場として進められてきた。我々支援チームはこれらの合意形成に対しては、直接関与するのではなく、議事録やニュースレター、住民の連絡先名簿の作成補助など、協議会の日常的な活動を支援することで、情報の収集やストックを行っていく立場として関わった。

一方、復興まちづくりの基底を支える、まちづくりのシナリオや空間のイメージについては、積極的な提案を試みた。特に、個々の住民の多様な再建イメージに合致できるような再建フローを作成することと、段階的な住環境整備の空間像とプログラムを組み立てられることの2点を重視して提案した。これに平行して、これらのシナリオの根拠となる、住民の生活再建過程と今後の居住意向について、アンケートとインタビューをもとにまとめた（**表1**）。

以上の経験から、まちづくりの推進力につながる復興まちづくりのパートナーとして第3の主体が位置づけられるならば、次の二つのテーマでまちづくり支援の方法が考えられる。

テーマ1：属人・属地からまちづくりのシナリオを考える

復興都市計画をローカルな現場で進めるにあたって、行政は、防災性や都市機能の向上を事業目的とし、区画整理における公園や街路の配置、その公共用地の確保に必要な減歩率から計画を説明するという流れをつくる。住宅供給は世帯階層をもとに、市街地整備は被災度や都市整備戦略に基づいてプログラムが立てられる。一方的な施策の流れに乗ると、地域では断片化やひずみを産んでしまう可能性が高くなる。

一方、住民は自分の家がどこに移るのか、減歩をどれくらいされるのか、移転に際して補償がどれくらい出るのかといった、生活再建に必要な情報からまちづくりの流れを考える。この二つの正反対の流れが相互不信やストレスを生み、事業における合意形成の大きな阻害要因になる。

さらに、大規模な高層住宅が建ち並ぶ再開発事業を除いて、事業と連動した地域の空間像のイメージが見えない場合が多く、特に土地区画整理事業では、財産補償の観点から、減歩や補償費、事業に関する数値が一人歩きする場合が多かった。そのため、個人の生活再建と連動し、かつまちづくりの推進力となるような事業手法や空間像のイメージが乏しく、合意形成を含め復興に向けられた膨大なエネルギーが地域の環境に定着しないのではないかという危機感が我々にはあった。

そこで、復興まちづくりの計画のスタートが、都市機能の回復から始まるのか、地区が抱える課題から始まるのか、世帯階層の住宅問題から始まるのかという議論ではなく、一つの土地における再建可能性、一世帯・一個人の生活再建意向から空間像を組み立てる方法、すなわち属人・属地から考える復興まちづくりのシナリオが合意形成を下支えする仕掛けとして必要であると我々のチームは考えたのである。（**図2**）

〈事業スケジュールとまちづくりのシナリオ検討の関係〉

前稿でも述べたように、実際に土地区画整理の事業スケジュールに入ってしまうと、合意形成の混乱を巻き起こす恐れが強くなることから、後戻りはできないし、空間像やまちづくりのシナリオを検討する時間は機会として与えられない。まちづくり協議会での事業協議の仕組みの中で、「まちづくり提案」を行う場面が設けられているが、この段階での合意形成に手順通

図2　属人・属地から考えるまちづくりのシナリオ提案

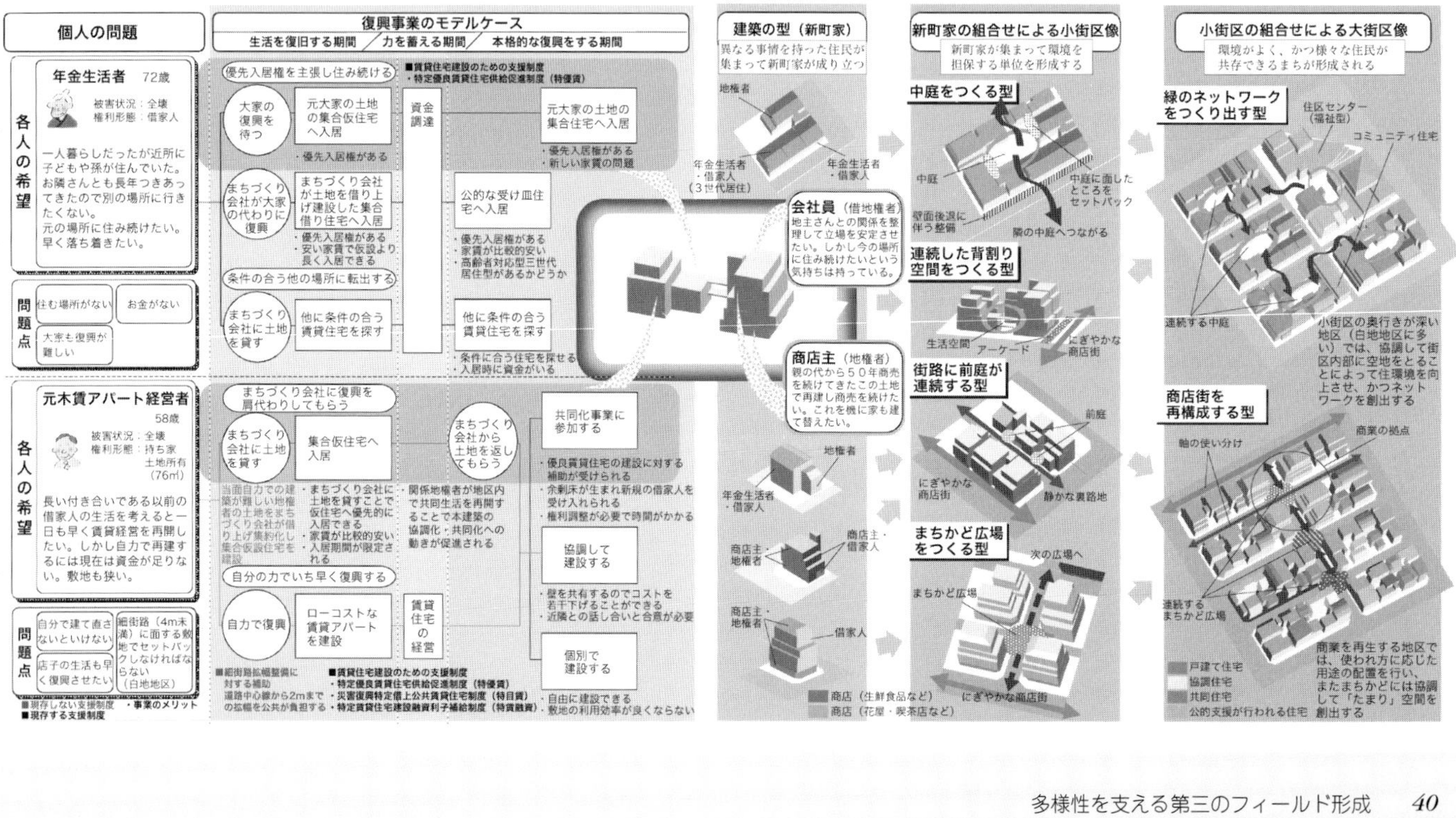

り時間をかけると、事業が進まなくなり、地域に戻れる住民の数が激減してしまう。

また、この場面になってから、アドボカシー・プランナーの描くオルタナティブ・プランを検討しても、まちづくりの質が向上するのかどうかという問題もある。

こうした問題の中にあって、野田北部では、協議会中心にまちづくりの大まかなシナリオ検討は、区画整理事業の都市計画決定（１９９５年３月17日）以前の極めて早期に行われていたし、我々の提案も含めた様々な検討についても、常に事業スケジュールより先に行われていた（**表1**）。

その結果、区画整理の事業スケジュールの中では「まちづくり提案」という手順を踏むことなく、事業スケジュールのずれや事業と生活再建のギャップを最小限にくいとめたと考えられる。

テーマ2：復興まちづくりのプロセス・アーカイブから事前復興まちづくり支援を組み立てる――広域連携の創出に向けたシナリオ編集へ

以上のことから、日常的なまちづくりのシナリオ検討が「事前復興まちづくり」として非常に重要となってくる。野田北部での経験は、ＰＡＲＴ１にも示されているように、事前復興まちづくり支援の原型と見なすこともできる。

ここで言う事前復興とは、真っ白な市街地に震災後をイメージした新しい地域像を描き出すというよりも、今までのまちづくりの成果を起点にして、地域のビジョンとそれに向けた段階的なシナリオを編集し、長期を見据えた広域の連携を創出することと捉えている。

前述の「属人・属地」に基づくプランニングの過程で見えてきた課題は、まちの復興過程、個々の世帯の生活再建過程、まちづくりのシナリオの展開と主体間のパートナーシップ形成過程などをどのように可視化し、まちづくりのアーカイブを事前復興まちづくりの方法に転化し共有できるようにするかということであった。本稿の後半部分はこうしたことを意識してまとめたものである。

もうひとつ、復興まちづくりで課題として見えたのは、事業ベースの地区、生活圏・コミュニティ・ベースの地区に関わらず「地区型まちづくり」の限界であり、まちづくりの対象を地区単位から地域のスケールに広げていく中で、地域における様々な活動主体の関係を再編し、地域運営を行うための新しい連携のかたちをつくっていく方法が必要であるということである。これらの連携によって、どのような広域のビジョンが検討できるのかが、今後の社会実験等で問われているのである。

復興まちづくりのプロセスをどのように読み取るか

●野田北部のコミュニティ・ビジョン――野田北流まちづくりの方法論

野田北部のまちづくり10年の取組みを振り返って、私が最近になって気づかされたのは、コミュニティのビジョンというものに対する誤った見方であった。これまでの数々のメンバーへのインタビューの中で、各々が野田北部のまちのビジョンをどのように思い描いているのか、幾度となく聞き出し、議論してきたように思う。しかし、まちづくり協議会の主要メンバーにおいても、住民間や主体間の地域での一体感を最重要視するメンバーもいれば、地区の住環境が徐々に改善されることを日々考えて行動するメンバーもいる。外部のネットワークを広げることに心血を注ぐメンバーもいる。

このように、誰もが大きな展望を常日ごろ明確に持って行動しているわけではなく、重なりにくい各々の小さなイメージを持ってまちづくりに向き合っているのである。これらの見えないビジョンの集積が固いコアとなって、復興まちづくりを推し進めてきたように思える。

震災復興期においては、まちづくりのビジョンは物理的にも心情的にも描きやすい。また「地域のいち早い復興」という錦の御旗があるため、多くの葛藤や対立項があっても軸はブレずに前に進めることができる。しかし、平常時のまちづくりへの移行の中で、非常時のエネルギーを収縮するという方針転換を余儀なくされる。

そこで漠然とした長期展望を議論すれば、復興時のような力学は作用せず、まちのあるべき像の百花繚乱もしくは多重化が足かせとなり、まちづくりのプロセスが停滞する危険性を持っている。合わせて、復興まちづくりの過程で蓄積してきた経験は風化し、課題や知恵の継承が行われない恐れがある。

しかし、このような議論の中で、たとえ不協和音が起きたとしても、無難な結論に行き着くことを良しとしない力をはたらかせ、常に新しい展開を見せたのが野田北部のまちづくりの局面局面での決断であった。例えば、まちづくり協議会と自治会の役割分担についての議論や、復興をどこで一段落させるかという議論、「ふるさとネット」に至るまちづくり体制についての試行錯誤、鉄道の南北自由通路や駅舎建設の議論、指定管理者制度による駐輪場管理に向けての議論など、復興都市計画事業以外にも大きく揺れ動く局面が数多く存在した。この難しい議論を経て、大なり小なり、新たなまちづくりのかたちが生み出されているのである。

また、復興まちづくりへの真剣な取組みの中で、まちはどうあるべきかという根源的な問題に必ずぶつかる瞬間が出てくる。しかし理念先行でコミュニティ・ベースを考えても実際の取組みとの乖離がつきまとい、まちづくりから離れていくきっかけとなってしまう。そのため、小さなプロジェクト・ベースで取組みを重ねていく「実践型コミュニティ・ベース」とでも呼ぶべきスタンスが重要なのである。これを試行する場が、佐藤原稿でも指摘されている数多くのイベントであった。これらのプロセスを経て、野田北部地区では、震災直後の一丸体制から、違う価値観が共存する方向への展開が図られているし、個々のテーマで議論し尽くした上で、後は個々に動く体制で進めるという活動ポリシーもできあがっている。

●復興への取組みから、まちづくりの場が開かれていくプロセス

復興まちづくりにおいては、まちづくり協議会における協議の対象としては、都市基盤や住宅の再建や整備だけを俎上にのせるが、まちづくりに方向性を持たせ、活きた動きにしていくためには、日常的な議論とやりとりの中で浮上する、多くのテーマやイメージが大切になってくる。

野田北部の場合、95年の夏祭りと区画整理事業の合意形成、96年秋に開催された世界鷹取祭と街並み誘導型地区計画の施行、コミュニティFMでの番組づくりと街なみ環境整備事業による細街路の整備、99年春のコミュニティ祭の開催といった具合に、住環境整備とコミュニティ・プロジェクトが互い違いにつながる一連のプロセスとして流れてきた（**表2**）。

野田北部の復興まちづくりのプロセスは、受け皿住宅の完成に至る区画整理事業の一連の流れに区切りがついた99年3月をひとつの境にして、以下の四つの局面に分けられる。まちづくりを進める体制はこの局面に合わせて変化してきた。

(1) 第1局面：復興まちづくりの骨格の共有（1995年1月〜1996年1月）

震災前に発足したまちづくり協議会においては、他地区よりいち早く進んでいた高齢化や商店街衰退への対策、オープンスペースの整備の構想が練られ、大国公園とコミュニティ道路の一体的整備や給食サービスの実施などが実現していた。長屋建て住宅の老朽化や狭隘路地、居住者の高齢化など根本的な問題に対しては未着手であった。

震災直後は復興対策本部（95年1月）の設置に始まり、復興対策委員会が復興の大まかな方向性（多くの住民がいち早くまちに戻る／商店街などまちの活動を早期再開する）を協議する場として機能し、合わせて、区画整理事業とまちなみ誘導型地区計画を用いた空間イメージ（公共空間の骨格／土地利用／住宅再建）の合意形成が進められていった。ここでは、まちの復興の根幹に関わる計画が共有されたと見ることができよう。

(2) 第2局面：ハード面の具体的な合意形成（1996年2月〜1999年3月）

96年2月以降、復興対策委員会はまちづくり協議会に名称を戻し、地区計画、区画整理ともに町丁目ごとでの説明会や合意形成を進めていった。協議会は、96年8月の仮換地指定、96年11月の地区計画告示、97年6月の街なみ環境整備事業の認可と、翌月のまちなみ協定の締結へとつなげ、街区単位、路地単位での合意形成を進めていった。街なみ誘導型地区計画区域内における、現在に至る段階的な環境整備の枠組みはここでつくられた。

これと合わせて、地域のまちづくりのモチベーションの持続に、世界鷹取祭（96年11月開催）や路地祭等のイベントが役割を果たした。また、外部の専門家や大学、ボランティアグループ、ドキュメンタリー撮影チームなどが専門性を活かした側面支援の役割を担った。

(3) 第3局面：まちづくりのビジョンと体制の再構築（1999年秋〜2003年夏）

復興コミュニティ祭や復興住宅の完成など、初期の復興まちづくりが一段落した99年3月以

表2　まちづくりプロセスと地域組織、コミュニティ・イベントの関係

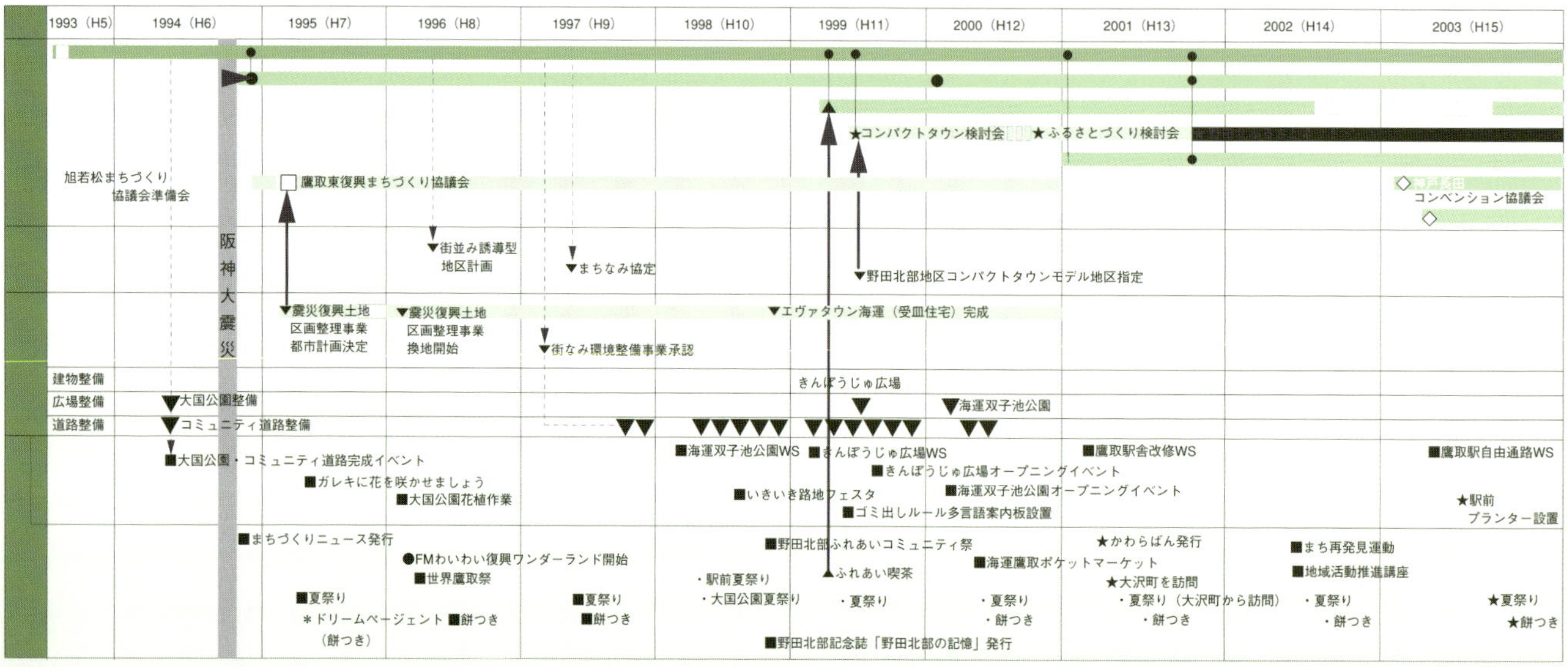

図3　野田北ふるさとネットを核としたまちづくりのネットワーク

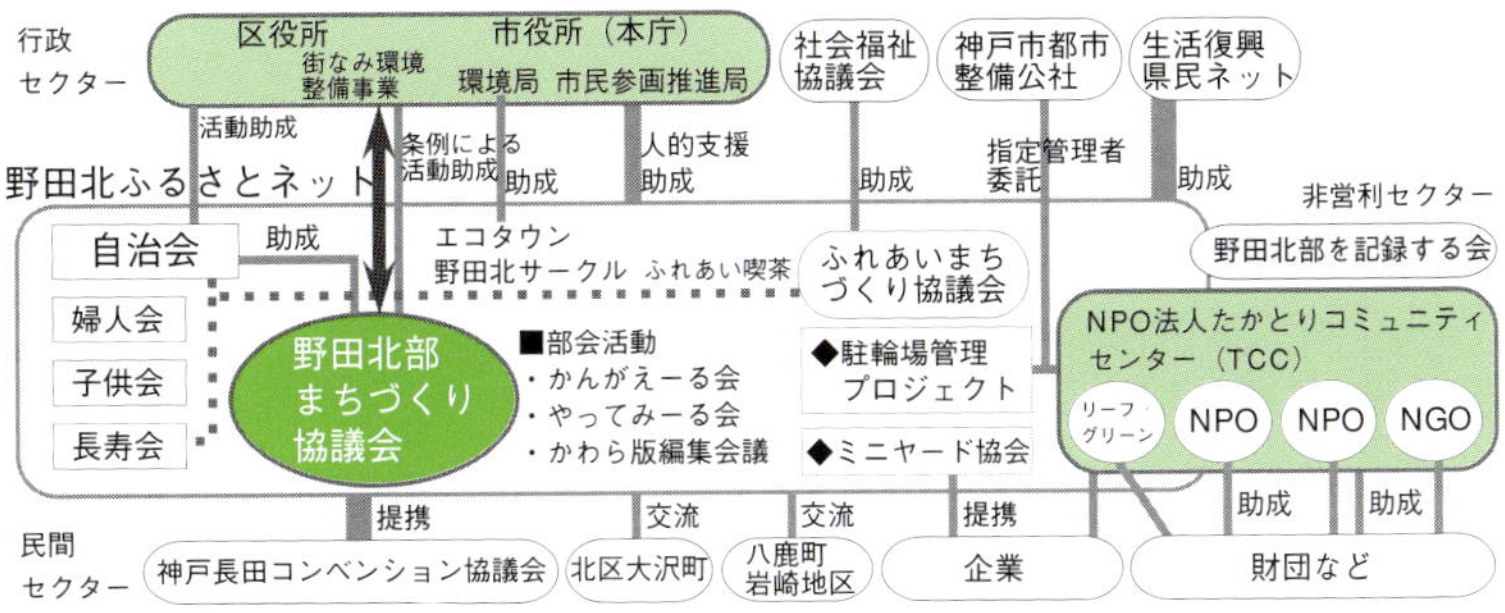

写真2　2001年10月に行われたJR鷹取駅舎・自由通路ワークショップの様子（写真提供：野田北ふるさとネット）

降、復興という大きなテーマのもとにつながっていた協議会、自治会ほか各組織の役割分担を再考する時期となった。このことは平常期のまちづくりへの転換のために必要不可欠なことであったが、まちのビジョンや個人のモチベーションの乖離につながり、各活動は活発なものの、まちづくり全体としてはやや閉塞感が生まれていた。また、プロジェクトや行政施策に対応した組織やグループが乱立し、以前から形だけ存在していた地域組織の再編や行政の組織改編と相まって、地域運営を創造的に進めていくには非常に複雑な体制となっていた。

　これらの課題に対し、神戸市の新たな施策として打ち出された「コンパクトタウン」検討のモデル地区に指定された99年秋以降、行政のキーマンの呼びかけにより始められた検討会議「ふるさとづくり検討会」に再び各組織のメンバーが結集し、今後のまちづくりの方向性を検討する場となった。特にまちづくりの理念と、持続的にまちづくりを進めていくために、多様な力を結集できる体制についての議論が多くなされた。この「ふるさとづくり」という総合的なテーマが、各組織をゆるやかに包み込み、参加メンバーが時間をかけて議論や情報交換を進めていく「野田北ふるさとネット」という場の誕生につながった。ここでは、テーマやプロジェクトごとに参加者を募る形をとっている（写真2）。ふるさとネットは、これまでの数々のイベントの経験を活かし、地元企業等と連携したコミュニティビジネスを育む場ともなっている。（図3中の◆が該当するプロジェクト）

(4) 第4局面：「美しいまち」からの展開（２００３年秋〜）

　新たに生まれたふるさとネットの定例会の議論で出てきたのが、駅周辺の違法駐輪やゴミの問題、公園でのペットの糞の始末など、個別の課題に地域で対処するための方法である。

　この課題の行政パートナーとなったのが、新しい市長が市民との協働という公約に基づき設置した市民参画推進局における「美しいまち推進のための協働プロジェクト」のプロジェクトチームであった。このプロジェクトは、様々な課題に取り組む地域と、担当セクションが横断的に連携した行政のチームによって、美しいまち実現のための協働プロジェクトを展開し、社会実験と検証を行うというものであった。野田北部地区は、六甲アイランド、三宮と並びモデル地区として位置づけられ、活動支援が進められた。

　２００３年9月から、ふるさとネットでは、「野田北部『美しいまち』への取組みを考える」連続ワークショップが開催された。ワークショップでは、ゴミ問題や迷惑駐輪、ペットの問題など地域生活のルールについて取り上げ、意識調査アンケートや課題整理のためのまちあるきも合わせて行われた。これらにより、地域の課題の再発見と、これまでの体制で進めてきたまちづくりの客観的位置づけが明確になった。特にアンケートは、ふるさとネットが発行するニュースレターや新しくできた組織の認知度、パブリックコメントの募集など、普段特に積極的にまちづくりの活動に参加していない地域住民の支持度合いや潜在的ニーズを再確認する作業であった。

　駐輪問題への取組みは、地域のインターミディアリー「ＴＣＣ[*2]（たかとりコミュニティセンター）」を介した、駅前駐輪場の指定管理者としての活動に展開し、地域の高齢者の雇用や若手スタッフの発掘につながっている。

＊2　たかとりコミュニティセンターは、震災後カトリック鷹取協会（通称鷹取救援基地）で生まれた様々なボランティア活動がＮＰＯ組織に展開し、ネットワーク化された特定非営利活動法人である。

●多様な活動を支えるパートナー

　以上のように、野田北ふるさとネットの多彩な活動を支援するパートナーのチャンネルが多いことも特徴である。行政では、震災復興の時期に住宅局住環境整備課に所属していたメンバーを中心として様々な支援を行ってきたが、区役所への担当窓口の移行や部局の再編を機に、キーパーソンが企画セクションや区役所、新設の市民参画推進局等へ分散し、そこでの新たな施策の実験を行うパートナーとして、実績のある野田北部地区を選んだという側面もあった。

　先述の協働・参画条例検討のパートナーとなった、野田北部を含む市内のコンパクトタウン検討モデル地区での経験をもとに、２００２年度からは、各地域でのコミュニティ・プロジェクトを支援する「パートナーシップ活動助成」もスタートしている。これらの経験を大きく受けるかたちで、２００４年10月

1日からは「神戸市民による地域活動の推進に関する条例」もスタートした。

ここで定義される「パートナーシップ」とは、市民と行政が互いに役割を尊重し、共に地域の課題解決に取り組む関係であるとしている。市民というくくりの中に、地域組織だけでなく、各地域が経験してきたまちづくりのテーマの広がりで生まれた組織やNPO、事業所等が含まれたかたちになっている。また、支援の中身についても、人材支援、財政的支援、活動の場の整備に分かれ、より実質的な内容となっている。

これらの制度や実験的な取組みに支えられて、さまざまなイメージの顕在化やアイディアとしての集積を専門的に支援するプランナーや、現場に常駐する専門的なスタッフなどの明確な役割も生まれてきた。こうしてプロジェクト指向のパートナーシップが形成されつつある。

2005年8月から始まった指定管理者制度による駐輪場管理プロジェクトのマネジメントに関しては、ふるさとネットの河合節二氏、プランナー松原永季氏（本書66頁原稿の筆者）と前述の地域活動推進条例により専門的スタッフ（地域活動推進サポーター）として派遣された寺沢正敏氏による「プレ経営会議」が行われ、様々な資金や人材をやりくりするだけでなく、新たなプロジェクトのアイディアなどについても話し合われるようになってきている。

●大きなうすい網（ネット）とネットワークが持つ力――野田北ふるさとネットの役割

以上のような野田北部内外の人や動きを、大きな網ですくいとったような形が「野田北ふるさとネット」を取り巻くまちづくりのネットワークである。各主体が野田北ふるさとネットという網へとすくいとられていく過程において、個々の活動グループの活動力は弱まっているかに見える。この網の中ではたらく力は、まちづくり協議会が強力に推し進めてきた復興まちづくりの力とは随分異なり、結合力は弱いものである。しかし、ふるさとネットというまとまりで見てみると、各組織が単独では実行できないコミュニティ・プロジェクトを生み出す力が実質的に増大している。また、指定管理者や協働支援条例などの施策を活用する中で、まちづくりとの現実的なつながりを作り出している。

野田北ふるさとネットの活動そのものは月に一度開催される定例会と、ニュースレター「野田北ふるさとかわらばん」の発行という、極めて地味な内容が中核をなしている。

しかしながら、地域への安定した情報の発信主体、常に地域の内外に開かれたまちづくりの窓口という二つの役割が、ふるさとネットにとって最も重要な役割となっている。

理念やミッション、広域的活動を重視するNPOと、長年培われたコミュニティの論理で物事を進める地縁組織、プロジェクトの遂行を第一に考える市民活動グループなどはそれぞれ、そのままでは組むことができないし、お互いの土俵に割り込んで議論しづらい。そのため、広い視野での地域運営に関して、それぞれの組織の立場から一歩出た、市民の立場で参加し、創造的な議論ができる場の設定が重要となる。また、定期的な議論の場であれこれ考えていく中で、まちづくりの方向性を見出していくことが望まれる。

また、ふるさとネットの活動の中で、地域の空間と活動の接点を日常的につくり出すことも大きな役割である。野田北部地区では、大国公園、双子池公園という二つの公園に代表される、地域内の公共空間を介して実施されるイベントやプロジェクトが、地域内の活動組織とNPOを結ぶ接点になっている。

個々の主体だけでは、プロジェクトを生み出す力には自ずと限界がある。ふるさとネットでの議論で生まれたプロジェクトが、企業や財団、他地域の主体等、パートナーを探し当て、協力することによって、自立的な資金調達や人材支援を得ることを可能にしている。

「野田北ふるさとネット」のようなオープンなまちづくりの場が、個人と組織の関係を解きほぐし、まちづくりのビジョンを共有できる安定した仕組みとして機能し、しっかりとした地域運営を持続的に可能にするまちづくり組織の可能性を持っている。

●まちの変容と地域の住環境

こうした一連のまちづくりのプロセスと対になるのが地域の住環境の変容である。

(1) 野田北部地区の復興住環境の変容

野田北部地区では、大国公園を境として東側の、区画整理事業地区に指定された2ヵ町と、西側の、街並み誘導型地区計画と街なみ環境整備事業により住環境整備を進めた6ヵ町が、通称白地地区の住環境の整合性をどのようにとるかということに腐心し、まちづくり協議会の中で数え切れない協議を進めてきた。

住環境の変容は、これらの事業と協議の下支えによる結果と見ることができよう。物理的な側面で言えば、長屋建ての住宅と木造アパートが建ち並ぶまちなみが、経済力のあった元の居住者の再建努力と、建売住宅の供給に代表される住宅市場の力によって戸建て住宅の建ち並ぶ住宅地に変貌した。

しかし、こうした変貌によって、地域のコミュニティバランスや世代構成の安定がはかられつつあるという別の側面も持っている。特に住環境整備地区である本庄町、長楽町では、戸数にして30戸以上の戸建て住宅の供給が行われた。これは世帯数に比して7～8％程度の割合であるが、世代の若返りや新規居住者の受け皿となっている。また、23路線に及ぶ細街路の整備と外構への助成によって、住環境の質的向上がはかられた。

(2) 復興住環境の節目と骨格
（図4、写真3、4）

区画整理事業区域では、19

写真3　街なみ環境整備事業による細街路整備（げっけいじゅ通り）

写真4　同（モッコク通り）

図4　野田北部地区、住環境の変容

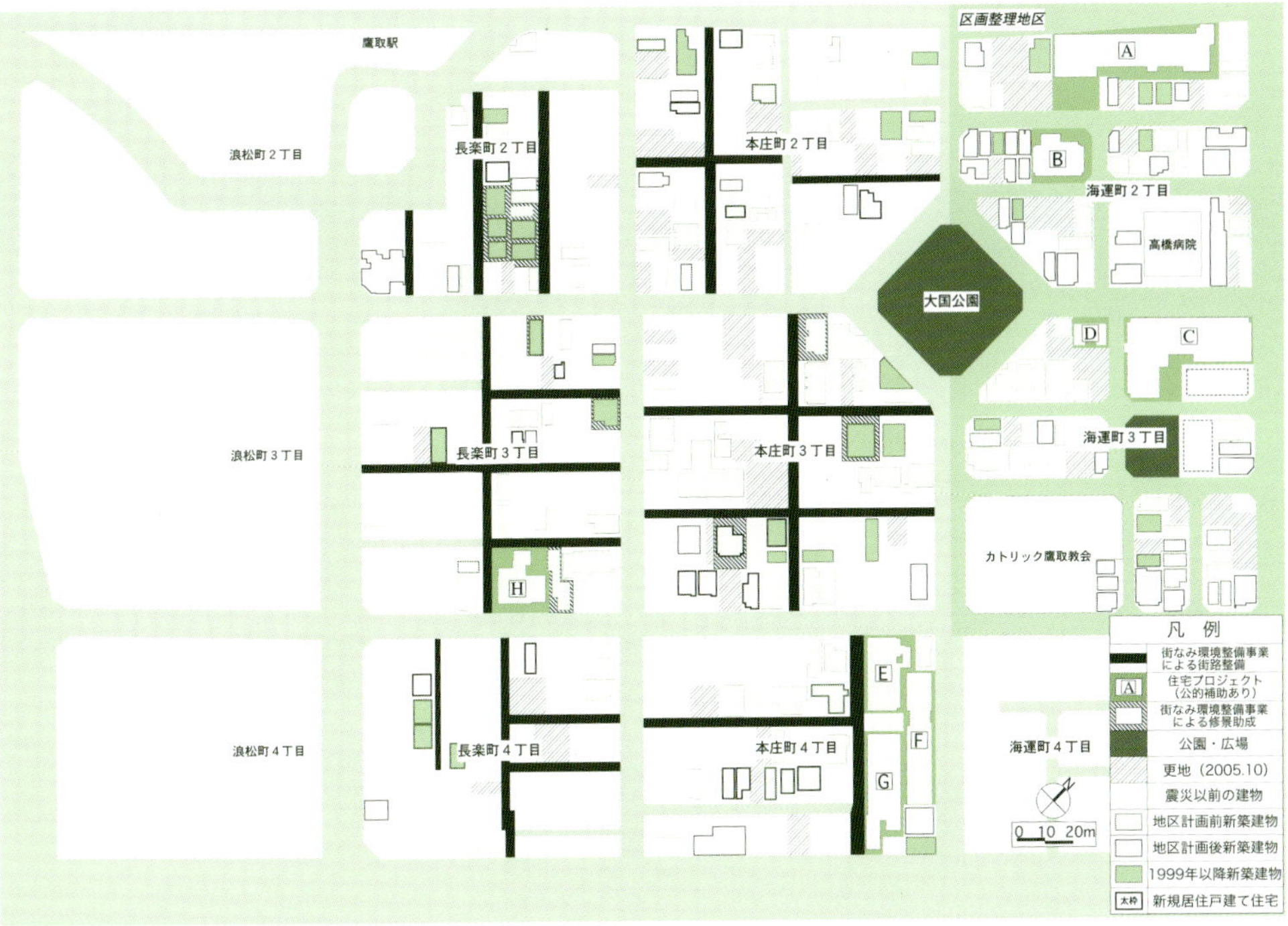

96年8月末の仮換地指定と11月の地区計画決定、1999年3月の受け皿賃貸住宅の完成、2001年2月末の換地処分が事業に関する節目となった。白地地区では、1996年11月の街なみ誘導型地区計画の告示、1997年6月の街なみ環境整備事業の認可と、その後のまちなみ協定の締結による路地単位での合意形成が事業の節目であった。これらの物的な復興を土台として、1999年3月のコミュニティ宣言により復興まちづくりに一定の節目をつけた。これらの節目が個別の住宅再建の変曲点となったという見方もできよう。

本庄町、長楽町では、元の場所で再建するか、更地のまま残しておくかの決着は、多くの場合、街並み誘導型地区計画の施行以前についてしまった感がある。この状況に危機感を持った協議会が、個々の再建を終えた住民をもう一度まちづくりの話し合いの場や地域コミュニティの表舞台に引き上げる仕掛けが、街なみ環境整備事業による個々の路地整備に関する協議であった。

この地区計画や細街路整備などの環境整備が、節目以降の持続的な戸建て住宅の供給に一役買っていることが、復興住環境のもう一つの側面である。地区計画での話し合いでは、20年先のまちづくりを見据えた動きであるという説明も当初なされたが、細街路の整備の仕掛けは約10年のスパンで終わりを迎えようとしている。10年単位での区切りで物的な住環境を見直すことも必要かもしれない。

これらのトータルな結果が、浅山会長をはじめとする野田北部のまちづくり協議会の中心メンバーが目論んだ復興まちづくりの長期的なビジョンであったと言えよう。

●注

本稿は、文献①に加筆し、再構成したものである。

本稿執筆にあたって、主に以下のインタビューをもとにしている。その他多くの方々へのインタビューをさせていただき、全員書ききれないが、以下に記して感謝する。

河合節二さん：2005年11月30日
（インタビュアー：真野洋介）
2005年6月28日
（インタビュアー：真野洋介）
2004年1月29日
（インタビュアー：中伏香織）
2003年12月12日
（インタビュアー：真野洋介、中伏香織）

浅山三郎さん：1997年9月10日
（インタビュアー：平岩正行）
1998年8月12日
（インタビュアー：真野洋介）

石井　修さん：2004年11月12日
（インタビュアー：真野洋介、目黒正太郎）
1998年8月12日
（インタビュアー：真野洋介）

狩野裕行さん：2004年12月2日
（インタビュアー：真野洋介、目黒正太郎）

焼山昇二さん、林博司さん、福田道夫さん、小野義明さん、太田幸司さん

●参考文献

①真野洋介「協議会組織から開かれたまちづくりのアリーナへの展開」『季刊まちづくり』第5号、2004年、29－34頁

②中伏香織、真野洋介、佐藤滋「密集市街地における地域運営のアリーナ形成と展開プロセスに関する研究」第39回日本都市計画学会学術研究論文集、2004年、325－330頁

③真野洋介「神戸市野田北部地区のまちづくり」日本建築学会編『まちづくりの方法』丸善、2004年、66－69頁

④真野洋介、佐藤滋「野田北部地区のまちづくり」日本都市計画学会防災・復興問題特別研究委員会編著『安全と再生の都市づくり』学芸出版社、1999年、220－228頁

⑤真野洋介、平岩正行「密集市街地再生の検証―神戸市長田区野田北部地区のまちづくり」『造景』32号、建築資料研究社、2001年、92－96頁

⑥国土交通省都市・地域整備局「京阪神における多様な主体の参加による新たな連携方策検討調査報告書」2003年

⑦神戸市役所「コンパクトタウンづくりに関する地域活動調査業務報告書」2001年

⑧神戸市復興・活性化推進懇話会「コンパクトシティ構想調査報告書」1999年

住民とボランティアが担った御蔵地区のまちづくり

宮定章［まち・コミュニケーション］

震災前の御蔵通5・6丁目地区の暮らし

御蔵通5・6丁目地区は長田区の南東部に位置する約4・6haの区域である。戦前よりケミカル産業、金属・機械産業が栄えていた。工員のための長屋住宅も供給され、当該地区は典型的な住商工混在地として市街化した。

第二次世界大戦後、戦災復興土地区画整理事業が施行され、約１００ｍ間隔で幅員6ｍの道路が整備されたが、各家の前の道路などはほとんどが幅員約２・７ｍ程度の私道であった。また、新たな住宅を建築する際に、もともとの長屋の敷地が狭いため、敷地面積いっぱいに建設するものや、私道にまで進出して建設されるものなどが出現し、地区内で建て詰まりが進んだ。また、戦災による被害を受けなかった建物も存在し、長屋建ての住居を中心に住宅の老朽化が目立っていた。

被災前から若年層の流出による高齢化や、産業衰退の傾向がみられた典型的なインナーシティである。

１９９５年1月17日、阪神・淡路大震災により、多数の家屋が倒壊すると共に、直後に発生した火災は同地区内を縦横無尽に駆け巡り、地区面積の8割を全焼に至らしめた。地区内における犠牲者も27人を数える。

「下駄履きで歩けるまちづくり」を目指して

荒れ果てたまちの中で皆が明日の展望をもてないでいた。そんな状況にあって、神戸市は震災から2ヵ月後、１９９５年3月17日の都市計画決定により、御蔵通5・6丁目地区を震災復興土地区画整理事業地区に指定した。当時瓦礫は風雨にさらされ、住民の多くは各避難所に離散していた。自治会は役員の老齢化のために機能していない。「このままでは我々のまちが好き勝手に作りかえられてしまうのではないか?」役所のやり方に疑問をもった地区住民の有志によって、復興まちづくりに住民意見を反映させるため「御蔵通5・6丁目町づくり協議会」（以下、協議会）が１９９５年4月に結成された。

御蔵通5・6丁目地区では、焼失面積が広く、多くの住民が避難先・仮住まいとして地区外へ転出していたため、地区内の人を再び呼び戻すことが最大の課題となっていた。したがって、公営住宅の供給を求める声が大きく、１９９５年6月18日、協議会により「耐震公営住宅の早期建設に関する要望書」が提出された。

さらに協議会では、１９９５年8月にまちの再建を目指して従前居住者・家主・地主に再建に関するアンケートやヒアリング調査を行った。住宅、事業所等、様々な項目でその再建についての意向を調査したが、いずれにおいても、地域に戻って再建したいという回答が7割を割ることはなかった。

再建意向アンケートの結果をふまえ、まちづくり手法や共同再建に関する勉強会といったプロセスを経て、協議会は「まちづくり提案」を作成し、神戸市に提出している。そのスローガンは「住まいと工場が共存する下駄履きで歩ける街〝御蔵〟」であった。

生活再建へ向けて

御蔵5・6丁目地区で共同再建の話が協議会にのぼったのは、震災から丸1年を経た頃であった。同地区で行われる都市計画は土地区画整理事業であり、この事業の権利者は土地所有者と借地権者に限られる。従前居住者の7割を占める借家人による地区内再建の希望は、非現実的なものでしかなかった。協議会はこうした状況に危機感を抱き、震災後から地区を訪れるようになった近畿大学教授で建築家の小島孜氏に、借家人の生活再建を考慮した共同建替え

共同再建住宅1Fにある、まち・コミュニケーションの事務所

御蔵公園の楠。復興の象徴となった震災を耐え抜いた大木だ。「御菅カルタ」は「類焼とめて尚生き残る楠の大木」と讃えている

案の作成を依頼した。

１９９６年4月には、協議会が発行するニュース「ひこばえ」に「わたしたちが作る共同化による住宅再建案！」と題したプランが登場する。地区面積の四分の一にあたる御蔵通6丁目の北ブロック全体を敷地とした壮大な計画案である。これには、地主はもちろん借地・借家人も権利者の一人として関われるような計画や、神戸市に権利者として参加してもらうことで、共同化の一部を公営住宅として扱ってもらうという計画が盛り込まれている。この共同再建プランは区画整理事業のイメージから除外されかねない借家人が、地権者と共に立場の違いを超えて歩めるビジョンを提示しようとしたものであったと言える。

田中保三氏

しかしながら、この計画案は当初作成していた「まちづくり提案」の「まちの将来像案」の大幅な変更を迫るものであった。さらにこの計画案を実現するためには実に膨大な権利調整をしなければならないことが容易に予想された。

共同化のイメージはその理想の壮大さゆえに神戸市やコンサルタントには実現不可能なプランとしか受け取られなかった。地域住民もリスクの伴う事業に安易に参加を表明することはできない。事業の実現可能性が低い段階では、借地権者や借家の人たちに参加を呼びかけることは事実上不可能であり、現実問題として土地所有者しか相手にできないという状況であった。

まち・コミュニケーションの設立と共同再建への準備

協議会の活動初期より支援活動を行ったボランティアらが、１９９６年4月にボランティア団体「阪神・淡路大震災まち支援グループ　まち・コミュニケーション」（以下まち・コミ）を設立した。「まちの復興なくして復興はありえない」と、素人集団によるまちへの支援を行った。震災当初、地区内に2割の住民しかいない中でのマンパワーを補うためや、区画整理などわかりにくい復興事業の情報を取ってきてもらうために必要であった。多くのボランティア団体が仮設住宅の支援に向かう中、まちの支援を行っているまち・コミは、外部からは理解してもらえないことがあったが、信念を持って活動を続けた。

まち・コミは、共同再建に関して圧倒的な情報不足を憂慮していた。そのため小島氏との連携を図り、協議会が調査主体になるというかたちをとって、住民の実態調査を実施することになった。同時期、早稲田大学教授の浦野正樹氏が率いる研究グループもヒアリング調査に加わっている。

ヒアリング調査により被災状況、仕事や家族、住まいの諸状況、従前の権利状況等が確認されていった。調査と同時に、より具体的な建物のイメージを描けるように、共同化による集合住宅の写真を用意して共同化の仕組みを説明し、調査対象者に参加を呼びかけている。

まち・コミは協議会や〝我が街の会（地域の婦人が中心となった組織）〟と連携して、区画整理だけでは地域の活性化や復興に必要なことはまかなえないと、慰霊祭、盆踊り、餅つき等の地域イベントを震災以降継続して企画・開催している。このことは郊外仮設に移った人々を一時でも呼び戻すと共に、住民と外部ボランティアの信頼関係を築き、まちづくりの力を強めていった。１９９６年12月には御蔵5・6丁目地区の仮設集会所開所1周年の記念行事として餅つき大会が開かれている。同日、名城大学教授（当時）の延藤安弘氏を招いて「幻灯会」（スライド上映会）が行われた。ここでは、先進的なコーポラティブ住宅の事例が紹介されている。共同再建に関して、住宅という建物だけでなく「住まい方」のイメージを提案することで興味を持ってもらおうという趣旨であった。このほかにも、共同再建の説明をイベントと平行して行うことで、住民が参加しやすいシチュエーションを用意した。

１９９７年5月には、延藤氏による共同再建に関するワークショップが開催された。ここでは共同再建による実質的な利益を学んでいくような一般的な勉強会と異なり、集合住宅における楽しい住まい方を考え、住民の希望を引き出すことで、「あつまって住むのは楽しい」というイメージを定着させることに主眼がおかれている。

共同再建事業の始動

１９９７年6月には、事業への参加を表明した数世帯によって、「共同再建準備会」が結成されている。彼らは「共同化という住まい方に魅力を感じた」あるいは「（狭小な敷地面積等の理由で）再建への道は共同化にしか残されていなかった」と語っている。

さらに当初の候補地であった6丁目の北ブロックでは、権利関係に関する交渉が難航しており、事業の敷地もなかなか確定しなかった。プロジェクトへの意欲を高めるため、準備会の会合、コーポラティブの先進事例の見学会等が重ねられている。しかしながら共同化を実現するにはさらなる参加者を募らなければならないため、プロジェクト自体の推進力はなかなかつかない。こうした状況を憂えた小島氏は、5丁目の北ブロックに土地を持つ地元企業社長田中保三氏に事業への参加を要請した。田中氏は協議会の相談役であり、また共同化を推進するまち・コミの顧問でもあった。

10月に入ると権利者と設計者とのあいだで基本設計について

のやり取りが始まる。設計者は小島氏から神戸の建築家である武田則明氏にバトンタッチされていた。また、当初から共同再建の実現に向けて活動を続けていたまち・コミが、権利者と専門家、権利者間の調整を図り、事業全体を見守るコーディネーターの役割を担った。神戸の被災地では、共同再建事業が数多く行われた。建築に関して「素人集団」であったボランティア団体がコーディネートをつとめたおそらく唯一の事例だろう。結果、11世帯による共同再建住宅「みくら５」は２０００年１月に完成式を迎えた。

（詳細は、『共同建替事業の記録「みくら５」の完成まで』〈お申し込みはまち・コミまで〉を参照されたい）

被災者を悼む鎮魂のモニュメント

従前地域に戻るのは困難

各々住宅再建や公営住宅２棟（94世帯）や共同再建住宅みくら５（11世帯）が建設されたが、戻って来ることができた従前居住者は、約１／３（１００戸）にしか満たない。

焼失面積が大きく、地域外での生活を余儀なくされた当地域の現状である。一度地域外に出てしまうと、住宅の方は、度重なる引っ越し、近隣関係者とのコミュニティが変わることへの困難や不安、子供の学校の関係等、事業所の方は、多額の引越費用、顧客や取引先との関係などにより、時間が経てば経つほど、地域に戻れる可能性が乏しくなる。

一度地域外に再建し、戻ってきた事業所は皆無に等しい。公営住宅には、新しく他の地区からの住民が入居した。

２００２年頃には、ほぼ地域の建築事業も建設できるところはしてしまい、これ以上元の住民が戻ってこない現実を知らされた。地震が原因とはいえ、各自の生活復興に、復興まちづくりや事業施策が追いつかない現実に、協議会執行部とまち・コミは、やり場のない苦い想いを感じた。本当にこんな復興まちづくり事業で良かったのかと。

震災5年後からのまちづくりのコンセプト

(1) 人と人のつながりを大切に

震災当初、日常生活もままならない中で生きていく力になったのが、助け合いの心。お互いのことを思いやる気持ちがまちづくりのパワーになった。その教訓を生かし、イベントや地域活動に取り組んでいる。

(2) 自分たちでできるところは自分たちで

御蔵北公園にある御菅地区の慰霊碑は、できるところは関わろうと、基礎からコンクリート打ちまでを住民の力を使って行い、完成した。２００２年１月には、住民とコンサルタントの協議により設計された「御蔵北公園」が、慰霊碑と同様、芝張りなどが住民の手で整備された。後述する集会所づくりまで手作りで行われた。

(3) 教訓を次世代に伝えること

震災で得た教訓を伝える取組みとして、協議会とまち・コミで、全国からの修学旅行生の受け入れを行っている。中学生を中心に、年間２千人ほどが当地区を訪れ、住民の話に耳を傾けている。

また、２００３年には、地域住民による地域カルタ「御菅（みすが）カルタ」を作った。句や絵の作成に関わったのは地域内外の１３３人。町のいいところや震災に対する思いが一つのカルタに込められた（ご希望の方は、まち・コミまで）。

ほか、阪神・淡路大震災以降、各地で起こった台湾集集地震や、台風23号の被災地の一つ出石町鳥居地区、新潟中越地震の被災者との交流活動を行っている。

いつでも気軽に集まれる場の確保「プラザ5」

１９９９年９月、地元企業でまち・コミ顧問の田中氏の提供により、共同再建住宅「みくら５」の一階をコミュニティスペースにする話し合いが行われ始める。地元住民・ボランティアが一緒になり「支え合い、響き合う」地域福祉を担おうという拠点である。今までも地域で行事をしてきたが、どうしても単発的になってしまい、いつでも気軽に集える場の必要性を感じていた。

２００１年１月の建物完成後、具体的な準備が始まり、４月には正式に地域のコミュニティスペース「プラザ５」がオープンする。ここでは新旧住民の交流や、公営住宅に入った高齢者らの外出の機会を増やすのを目的に、ふれあい喫茶やミニデイサービス（生きがい対応型デイサービス）、パソコン教室等が、地域内外のボランティアで企画・開催されている。その時々にプラザ５は内外の支援者を寛容に受け入れ、またその皆がプラザ５を中心に御蔵のまちづくりを支えている。

プラザ５の活動の中では、それぞれの興味や想い、技術がまちの中で活かされていて、各自役割がある。まち・コミおよびプラザ５の運営委員はこのつながりを、今後のまちづくりにより有効に活かせるような仕組みづくりを構想している。生活の中で時には先生になり、時には

プラザ５

生徒になるような関係を築いていった。

２００５年３月末でプラザ５は活動を終え、地域の福祉に取り組む「ＮＰＯ法人まごころみくら」に形を変え、活動を継続している。

自治会の再建

２００１年６月、新自治会がスタートした。震災後住民には急にできた協議会と自治会との役割の違いが曖昧であり、なぜ自治会が必要か、もしくはなぜ協議会が必要か議論し、６年目にしてやっと必要性を実感することができる機会となった。

また、協議会とは違う、新しい住民組織ができることで、高齢化を防ぐ世代交代を計り、そして新しい議論を始めることができるようになった。

復興まちづくりのソフト面の成果

●まち・コミの大事にしてきたこと

(1) 住民と、一緒に居ること。

時限的な専門家には難しい、個人のニーズの把握ができる可能性がある。

協議会や自治会の会議では、議論のテーマが限られているが、住民の意識の中には会議の議題には上がらない、まちに関する大小様々な問題がある。会議の場で全部のテーマを話し合うことは不可能である。まち・コミスタッフは素人で、一定のテーマに縛られる専門家ではない。しかし町の中に事務所を構え、常駐しており、多くの住民と知り合いになることで、些細な生活に密着したニーズを少しずつ解決することで信頼を得ることができる。また、個々のまちづくりへのイメージを創るモチベーションを助ける可能性がある。

ある住民は言う「難しい復興課題に取り組む時、まず欲しいのは、専門知識よりもそばに居て一緒に悩んでくれる人（ボランティア）である」と。

(2) 外部支援者の想い・力・知恵を、できる限り積極的に受け入れること

10年にわたり、専門家等多くの応援団の方に支えていただいた。各自が、職場など各持ち場ではどうしてもしがらみにとらわれがちだが、若者を育てる意味でも、この御蔵には誠心誠意の姿で正直に接してくださった。まるでなんでも心配しあえる友人のようになれるよう、繋がりづくりに取り組んでいる。また、若く元気な学生も経験や調査研究のためとはいえ、十分に御蔵のまちを支え、まちづくりの原動力となってくれた。若者の姿を見て、技術や知識がなくても誰でもまちづくりに参加できる雰囲気が生まれ、元気をもらった住民も多い。

(3) 合意形成について

地域には、多かれ少なかれしがらみがある。まち・コミの存在が緩和剤になることもある。自治会活動の中で、各々住民の立場（居住歴・地域活動に割ける時間等）によって、会議の場で改善したいことがあっても、個人的には発言しにくい。まち・コミが一緒に会議に出ることで、時には干渉役になり、時には仲間になり、案件を改善する可能性がある。

復興まちづくりは、選択肢が少なくなっていく中での、葛藤と妥協であった。妥協するのは簡単だが、振り返ってみると御蔵地区で行われた合意形成の基本は、楽をする方に傾く合意形成ではなく、選択肢が少なくなった中でも住民ができること、できる可能性があることを見つけようと努力し、行動や苦労を共にすることの合意に向けて取り組んだ。それは震災の時には、頼れるのは隣近所の人の力しかないというのを痛く実感したからである。

合意形成の最初の段階や一緒にしようという気持ちになるところまでは、理屈ではないところも多い。苦しいことを共に乗り切り、共感できる仲間をどれだけつくれるかということであり、地域住民同士が友達になるということである。友達でなければお互いのことを心底心配応援ができないからである。普段の会話ではわからなくても、行動すると思いもよらぬ力を発揮する人がでてくる。信頼関係の見直しのチャンスである。議論だけで信頼関係を築くのは難しい。言葉で話し合っても、理解に食い違いが生じることがある。議論するためにも、実践・行動を共にする必要がある。そこから、本当のまちづくりの議論ができるようになると思う。

住民参加・参画が叫ばれるまちづくりにとって、まずは行動するということは、重要なことであることを実感した。各自が人とまちが大事だと感じることができるようになるだろう。

●まち・コミの課題

これからのまち・コミの御蔵地区における課題は、「日常に戻る中、多くの課題が出てきている。その中で目標を明確にし取り組むこと」「未だ多く残る空き地」「まちづくりが必要だと感じるまちづくり人の勧誘と、多くの課題に対する事業の選択」である。住民と密接に関わりながら、素人でもできることを模索しながら進めていく。この町を良くしたいという人が増え、一人でも多くの住民が、この町に住んでよかったと思える町をつくるため、お手伝いをしていきたい。時には皆を支え、時には皆に支えられながら、人の心技体の力を実感し、これからもまちづくりに取り組んでいきたい。

協議会の田中会長が好きな言葉からは、人を大切にする心が感じられる。

人に接する時は、春の様な暖かい心で
仕事に取り組む時は、夏の様な燃える心で
物事を考える時は、秋の様な澄んだ心で
己を責める時は、冬の様な厳しい心で

御蔵地区の古民家移築集会所

住民とボランティアによる共同作業のまちづくり

地域住民とまち・コミは今まで、お互いの能力を生かし協力し合って、御蔵のまちづくりを進めてきた。その一つの事例として、築130年の古民家を移築して作った集会所を紹介する。

●集会所建設に向けての経緯

震災当初から被災地では、地域住民が集い復興まちづくりについて話し合うための「場所」に苦労した。当地区は火災で延焼したため特に苦労した。当初は各地区それぞれ民間で対応策を講じた。震災10年を迎え、個人の住宅再建が一段落する中、まちの集会所をつくろうと2001年10月に話があがった。そこで土地を神戸市から無償賃貸してもらい、建設費用は、財団法人阪神・淡路大震災復興基金「被災地域コミュニティプラザ設置運営事業補助」を利用しようと試みた。協議会は、月2回の勉強会、見学会も行った。

●「古民家移築」集会所建設に至った経緯と想い

震災で地域の人のつながりが一度は失われ、また震災から10年を迎え震災当時の人の有難さが薄れる中、現代版「結い」を再現し、参加者の想いを紡ぐことを試みた。

まちづくりをしている多くの地区で苦労していることだが、まちづくりの活動は目に見えにくく、誤解を招くことがある。そこで、御蔵地区では、共同住宅、公園、慰霊モニュメント建設では、話し合いだけでなく施工過程においても積極的に参加してきた。それは短期的なものだったので、集会所建設という長期施工においては、できるだけ見えやすく地域の理解を得られるようなものであればなお良いと思った。

地域の婦人を中心としたグループ〝我が街の会〟が季節の行事等、人が集いやすいイベントを行ってきた。御蔵地区ではこの会を中心として、「非常時に最も頼りになるのは隣人である」という被災時の教訓をもとに、コミュニティの強化を図り、「人と人との繋がり」を大切にした活動が行われていった。季節の行事等をする上で、日本の古民家は当然ながら非常に似合う。

古民家移築集会所の内部。佐藤滋教授に説明する田中保三氏

●外部支援者の力と想いの連鎖

1 準備段階

【知恵・モノ】

古民家移築にしようと決定したが、最初の問題は、まずそのようなものがあるのかという問題である。当地区の顧問的存在であり、全国のまちづくり人とつながりを持つ宮西悠司氏に相談し、兵庫県養父市にある工務店を紹介され兵庫県香住町（現・香美町）で取り壊す予定のあった古民家に出会うことができた。

【人】

生活再建もあり、また大部分の人がサラリーで暮らす都市生活において、「結い」の再現は、地域住民だけではできない。そこで、建築を志す若者を中心に声をかけようと、各大学等に出向き参加者を募った。特に学校として認知してくれた大阪工業技術専門学校からは、先生も含め60名を超える学生が参加した。この学校では、現場で如何にして学ぼうかと試みており、その後も実物の建物にさわる機会を学生に与えている。地元の神戸大学、神戸高専、明石高専等も参加した。彼らは、解体現場に来るまでに、彼らの想いで、この事業の趣旨を親や友人等に説明、説得し、遠く離れた香住の地での危険を伴う作業に参加した。

【資金】

ある工務店は、今回の移築事業を6千万円と見積もった。事業主体である御蔵通5・6・7丁目自治会には、申請する補助金と地元で蓄えをあわせて、約4千万円しか資金がなかった。そこで、地元住民と建設ボランティアが汗を流し、資金の不足分を労力で提供し、それでも足りない分は、募金を募ることにした。さらに今回の補助金は完成払いであった。そこで、地元とまち・コミ関係者等、全国から運転資金（無利子）を募ることにした。

古民家を移築した集会所（敷地／393㎡（借地）、延床面積／220㎡、建築面積／190㎡）

2 解体作業取組み段階

2002年の夏、解体工事を行った。学生建設ボランティアが参加しやすい夏休みを利用し、村の体育館を借りて2週間の合宿を行い、解体作業に従事した。調度品の引っ越しから始まり、畳上げ、再生へ向けて部材へ番号付け、そして解体。建設ボランティアの活躍に居ても立ってもおれず御蔵地区からご婦人方が駆けつけ、食事面等のサポートを行った。

始めはいぶかしげに見、素人の解体作業に不安を覚えていた現場周辺の住民も、学生のがんばりを見ることで共感し、励ましの声かけや自分の畑で採れた野菜等の差

図1　建設課程の枠組

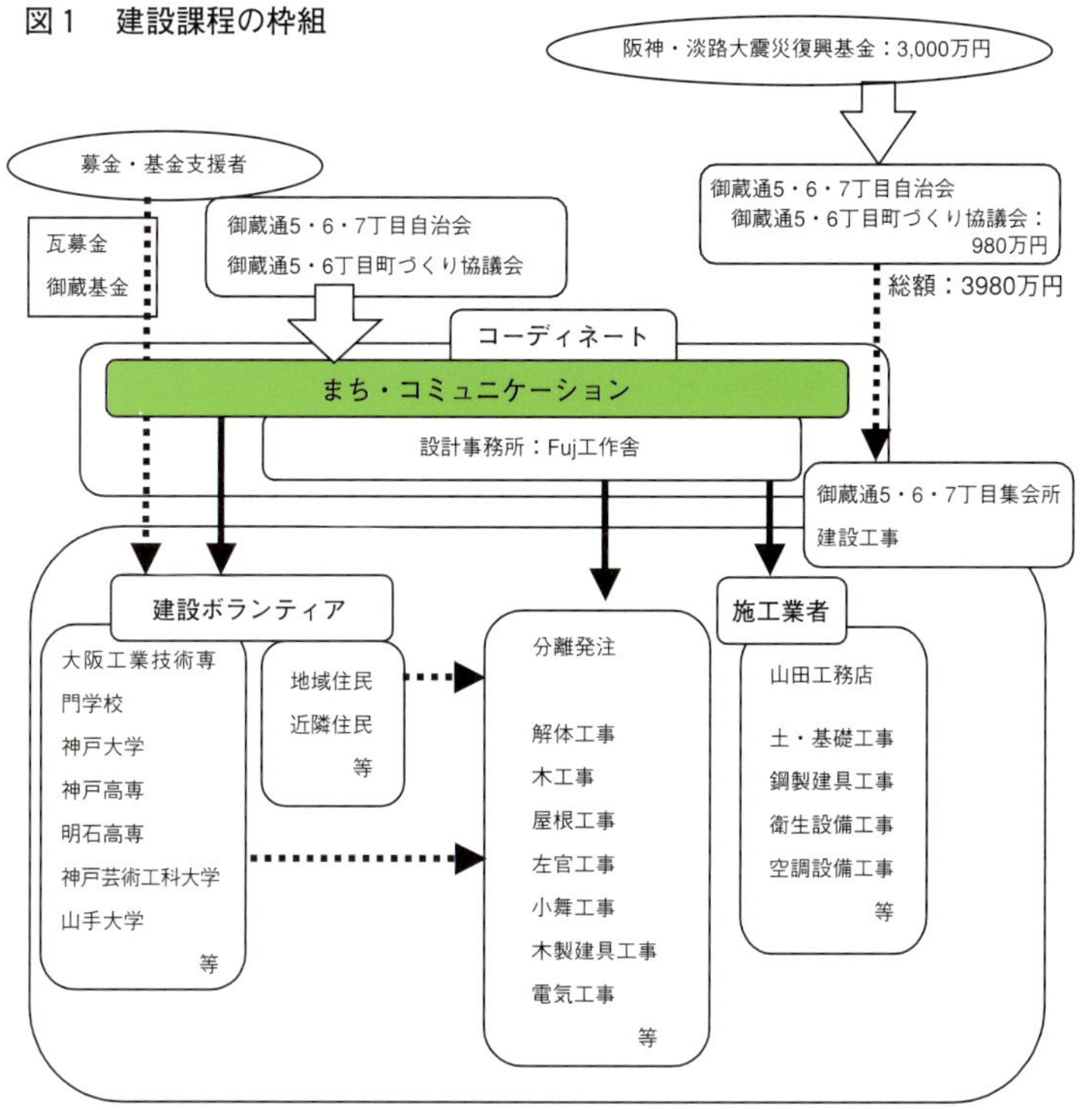

し入れで応援してくれるまでになった。中間日には、但馬建築組合連絡協議会会長が学生を励ましに来てくれた。最終日には、建物としての民家の移築だけでなく香住の地域文化も移築しようと地方の民謡をテーマにふれあいコンサートが催された。嫁入りの歌が歌われ、民家を嫁に出すように今後も地域間交流をしようと誓い合った。そして最後には、御蔵の地元ご婦人がつくった長田名物のそば飯で香住町と御蔵地区の住民交流を行った。30世帯ほどの安木村で、約100人ほどが参加する楽しい宴になった。

3 建設工事までの段階

　2002年秋、土地提供する市より、木造民家の壁の延焼線と建坪率関係で、最小限に土地の大きさを納めるため、民家の建設仕様を変えてほしいと申し出があった。持ち主と現状復旧を約束した義務があるという事情の説明だけでは通らなかった。持ち主や役員等執行部だけでなく、地域住民が現状復旧を望んでいるため、地域住民と市も含め3度会議を行い、説得する努力をした。土地を狭くしたときのイメージの悪さ等を回避しただけでなく、皆が古民家集会所へのイメージをふくらませ、建設に向けて気を引き締めなおした。

　解体した15tトラック4台分の資材の運搬も御蔵地区内の地元業者もボランティアで関わった。木舞の竹や、追加の木材の伐採、加工まで自ら行った。また、建設工事に向けて、壁土を練る時期でもあった。壁土はすべて、再利用することにしていた。御蔵地区に壁土を練るためのプールをつくり、老若男女で冬の冷たい中、足を入れ練り込んだ。当初、左官の専門家には、これは使用できない可能性があると言われていたが、5月頃には粘り気が出てきて、使用できるくらいになった。

4 建設作業取組み段階

　2003年5月、御蔵地区で建設工事に着工した。夏休みではなかったので、学生建設ボランティアは土日を利用し参加した。熱心な学生には、放課後を利用して参加するものもいた。地元に戻ってからの建設工事ということで、働き手の地域住民も、休みの日を利用して参加することができた。下町ということで特殊技術を持った人も多く、各自ボランティアとしてだけでなく、自分の職能として持っている配線や金属の加工等の技術を、地元住民に披露する場にもなった。

　震災により新しく当地区の復興公営住宅に越してきた人も、木舞編みや壁塗り等、建設作業に参加することができ、被災地で問題になっている新旧住民の融合にも大きく貢献した。

　こうして延べ約3000人の建設ボランティアが参加した。

●想いの連鎖と仕組みの効果の課題

　建設課程でいろいろな人が関わったことで、完成後も様々な想いが活きて運営されている。今まで行ってきた、お年寄りのミニデイサービス等の事業はもちろんのこと、古民家の空間を活かした、唱歌や童謡を歌う会や、文化講演会を開催し、地域内外の多くの人が集う場をつくっている。

　解体作業時、参加した学生には学校から単位をつけてもらおうと考えていたが、学生自身の、単位のためにやったのではないという意志により、単位取得もなくなった。また彼らは交通費等の実費も取らなかった。志高くすべて実践勉強と見たようだ。今後の学生によるまちづくりを継続するためには、考えるところが多かった。建設費用見積もり6000万円から4200万円への費用圧縮は、住民も学生も自信がついた。心底大工や左官の親方に惚れ込み、関係した親方に3人の学生が見習いに入った。

　また、施工の専門家だけが加わるのではなく、学生が積極的に気持ちよく参加したことにより、地域住民も施工作業に加わりやすくなった。下は小学生から、80歳の女性まで壁土づくり等に取り組んだ。

　身体を動かせる者は工具をもち、工事に携わる人に食事を用意できる者はそれを作り、生活の都合で日中手伝うのが難しいものは応援しながら募金を集めた。皆が一つのものをつくるために汗をかく中で、日頃は見えにくい人の良さを感じた。総勢2000人を超える人が何らかの形で集会所建設に関わり、「この建物は建設工事の段階から、集会所になっているのではないか」との声もあった。被災から9年目にあたる2004年1月に、地域のシンボルとして、古民家移築による集会所が完成した。

　想いの力は驚くほど強く、現在は継続して多くの学生・専門家等外部支援者により、被災地台湾へ、水上勉氏の父が建てた福井県大飯町にある民家を同じように解体し、台日交流古民家移築事業が着々と進んでいる。ほか、シアトルからも日本の古民家を移築して欲しいという話がある。

●参考文献
田中貢「神戸被災地『御蔵地区』における『よそ者（若者）』が支援するまちづくり―神戸市長田区御蔵通5・6・7丁目地区を事例として―」『住まい・まち学習』実践報告・論文集4

外部復興支援体制の試み
……神戸市真野地区を例に……

柴山直子［柴山建築研究所］

後方支援機構

地震発生の翌日、1月18日に宮西悠司さんは真野地区に足を踏み入れた。宮西さんは1970年以来、真野まちづくりの相談役として長く関わってきた人である。その日、地区内16自治会の自治会長と自然発生的にでてきた16ヵ所の避難所の代表者が真野小学校に集まり、宮西さんを加えて代表者会議が行われ、その場で災害対策本部を結成。岸野賢治さんを事務局長に選び、雅一さんを事務局長に選び、校区で区役所に救援物資を取りに行き、自治会、避難所ごとに物資を公平に分配する体制を作り、住民が必要としていることを吸い上げ、神戸市に伝えるしくみを作り上げていった。

翌19日の夜、地震後初めて自宅に戻った宮西さんの元に、計画技術研究所所長で玉川まちづくりハウスの林泰義さんから電話が入った。その夜、林さんは東京の世田谷区役所で「せたがやまちづくりフォーラム定例会」があり、世田谷区太子堂地区まちづくり協議会の梅津政之輔さん、大久手計画工房の伊藤雅春さん、望月南穂さんと一緒だった。区役所の有志は真野地区の義援金呼びかけのチラシを配った。定例会終了後、林さん、望月さんは飲み屋で伊藤さんからカードボード・パーティション・プロジェクト（CPP）構想、ビルダーズヤード・真野（BYM）構想等の提案を聞く。CPP構想とは、避難所生活の長期化に対して、少しでも日常的で人間的な生活ができるように、間仕切り、家具をカードボードで自力で避難している人自らが製作。自力で避難生活の改善を実現することを目的とした構想で、BYM構想は、被災地復興のための住民発案と実践による住まいの修復再建の地区再建拠点を設立する構想だった。一同大いに賛同し、深夜タクシーで玉川まちづくりハウスへ、そしてそこから宮西さんに一本の電話が入った。

宮西さんは林さんに、震災直後の混乱の中、東尻池町7丁目で発生した火災を地域住民らで消し止めた様子、倒れた建物を中心に2、3名のスタッフががれきの中から人々が救出された様子、そして、いち早く災害対策本部が整ったことなどを話した。何が必要かと聞かれた宮西さんは、「人と知恵と2千万円のお金が欲しい」と言った。お金はすぐに用意できないが、連絡を密に取るためにまず宮西さんに携帯電話を贈ることが決まった。携帯にかかる料金は玉川まちづくりハウスが負担することになる。さらにその場で支援のためのしくみ、「真野地区蘇生まちづくり後方支援機構（仮称）」が構想され、翌20日に上京中の熊本大学教授（当時）の延藤安弘先生をホテルで待ち伏せし、アピール文の作成が依頼された。

後方支援機構の呼びかけ人は、梅津さん、延藤先生、林さんに加え、東京都立大学の高見沢邦郎先生、京都府立大学学長（当時）の広原盛明先生の5名、建築士会や各学会、自治体、政府の支援活動の輪が広がっていくが、林さんは、真野地区支援の活動について「意識的に、被災地の住民と直接結びついて活動する方式を選んだ」と述懐されている。

京都グループ

1月26日、関西空港に降り立ち、フェリーで神戸のポートアイランド、そしてメリケンパークにたどり着いた延藤先生は、タクシー（京都のタクシー会社のボランティア）で迎えに来た宮西さん、京都建築事務所（当時）の乾亨さんと合流、真野に向かった。手元には、1月23日に京都で林さんたちから託された携帯電話があった。アピール文には、真野地区蘇生まちづくり後方支援機構（仮称）設立のアピールと協力のお願い」と書かれたアピール文と、前日、東京で林さんたちから託された携帯電話があった。アピール文には、真野地区蘇生まちづくりのために、活動資金ファンドの出資依頼、住民自らが協働的に住宅建設、環境整備を求める

事務局は「真野支援基金事務局」という名で伊藤さんの事務所に置かれ、2月18日には望月さんを中心に2、3名のスタッフが編集にあたり、阪神復興支援NPOニュース「人町花（じんちょうげ）」が発行された。呼びかけに賛同した人は出資金（後に真野支援基金）1口1万円を振り込み、その後、月に1回発行された「人町花」で真野地区復興の様子や後方支援機構の活動を知る。

支援金は、多くの個人、企業から、さらには後述の全国を縦断した支援コンサートに集まった人々から1千8百万円近く集まり、支援のための経費を除いた約1千6百万円弱が真野支援基金活用事務局に送られ、金活用事務局に送られ、百万円弱が阪神大震災復興市民まちづくり支援ネットワークに送られた。真野支援基金事務局は翌年5月でひとまず閉じることとなり、「人町花」も第10号で終わった。

甚大な被害を前に、その後、協働的に住宅建設、環境整備を行うための知恵の提供を求める

図1　外部復興支援チャート

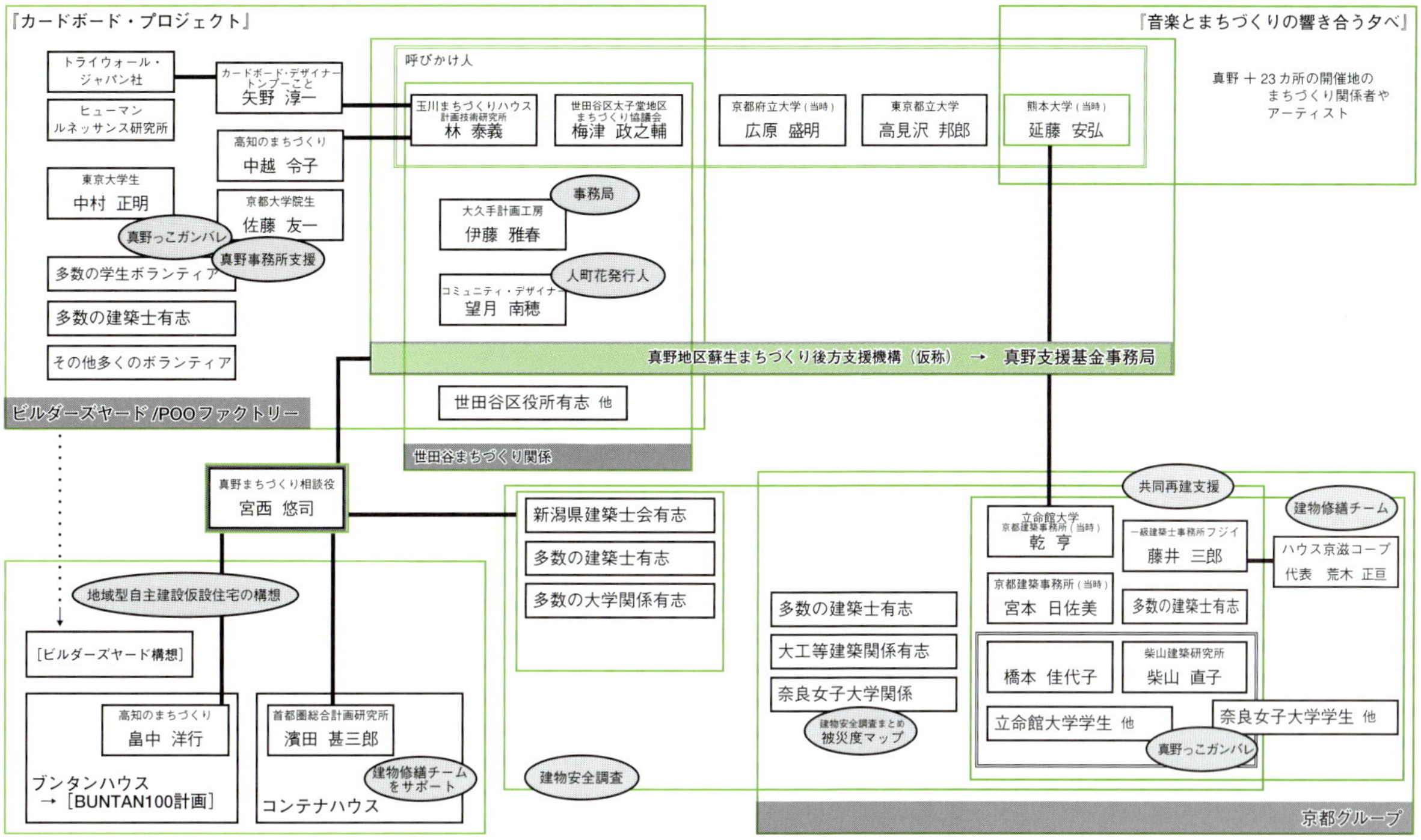

内容が、そして支援機構の会員となり、「状況を開く展望への大いなる英知と大いなる洞察と大いなる寸志」を寄せて欲しいと書かれていた。

このアピール文に乾さんの添削を残したまま、「緊急アピール〈（仮称）神戸真野地区復興まちづくり支援ネットワーク〉への参加の呼び掛け」というチラシとともに、同じ事務所にいた宮本日佐美さんの手で知人にファックスされた。私の手元に送られてきたのが2月2日。

文面には、緊急に真野地区が必要としている支援として、①住宅の安全判定、修理の可能性の判断、②被災者の不安に対しての法律相談、③住宅再建の相談・技術援助、そして、これらのための専門家の参加、事務局的機能を支える人を求めていると書かれていた。そして、第1回目の現地入りを2月4、5日の土日にかけて行うことを知らせていた。乾さん、宮本さんから連絡を受けた人のうち何人かは、中継呼び掛け責任者として、さらに自分たちのネットワークを利用して参加者を募った。そして、交通アクセスが不便なため、2日間の現地入りは宿泊が生じ、被災地に負担をかけてしまうことを考慮し、最終的に第1回目の現地入りは2月5日のみとした。この日、通称「京都グループ」は、大阪駅からJR福知山線で三田を経由し、神戸電鉄と北神急行で新神戸に行き、そこから徒歩と電車を交互に乗り継いで京都から約3時間半かけて真野入りした。

初日集まったメンバーは、建築士や大工などの建築施工者など総勢25名。宮西さんと顔合わせし、街区を傍観した後、全員で打合せをして約2500戸ある住宅の被災度チェックを実施することを決めた。本震後の余震におびえる被災者は多く、中には安全な住宅であってもそのことがわからずに避難所にいる人もいた。より安全な住宅であれば、安全であることを伝えて、家に帰ってもらう、また、ちょっとの修理で済むならそのことを伝えて家に戻ってもらう、それが住宅における復興まちづくりの第一歩と位置付けたわけである。

住宅復興の流れ

建物の被災度チェック、建物安全調査は、2月11日から本格的に始まり、乾さんらの呼びかけに応じて集まった京都、大阪、奈良、姫路の建築士、大工、先生、学生など52名が、1街区約150戸の調査をした。この52名の中には、新潟県建築士会上越支部の建築士9名や福井県建築士会のメンバーも含まれていた。当初、宮西さんは地元の兵庫県や大阪府建築士会に調査を頼んだが、既に行政と連携して活動していた士会は対応できる状況ではなく断られた。そのため、3年前に講演に行った直江津の高校の先生に連絡を取り、協力を依頼。その結果、遠く新潟県建築士会が被災地からの要請に動いてくれた。

乾さんが2月14日付で京都グループに送信した「京都・まちづくり支援チームニュース」（後に「ネットワーク通信」）によると、この夜、宮西さん、延藤先生、乾さんらで「調査後」が話し合われ、①使える住宅は仮に直して住む…応急処置住宅、②テント村や小学校を住みごこちのよい避難所とする…安心避難所づくり、の方向を目指すことが決められた。

第2回目の調査が行われた19日には、地区の3分の2が完了し、25、26日に初の1泊調査が行われ、延べ330人による約2700戸の建物安全調査は4日間で完了した。3月3日付ネットワーク通信には、当面の活動方針として、①調査結果を被災度マップと個別台帳にまとめて住民＝災害対策本部に渡す、②災害対策本部に建物安全相談の窓口を設置し個別案件ごとの対応をする、③災害対策本部が発行するまちづくりニュース「真野っこガンバレ!!」の編集サポート、④焼失した街区の計画づくり、があげられている。

①の被災度マップづくりは奈良女子大学の多治見左近先生が中心となり学生がまとめ、貴重なデータとなった。

②の建物安全相談は、メンバーのうち約10数名が手分けして相談員として真野小学校で応対し、3月11日、12日を皮切りに4月まで約10回行われた。相談数は76件に上り、相談の中で要望のあった屋根の雨漏り対策については、真野の同志会が中心となった住民ボランティア約10名で建物レスキュー隊が結成され、3月から5月の週末、約10日間にわたり、約45件の屋根にブルーシートを張った。

当時、悪徳修繕業者が横行しており、住民が安心して建物修繕などの仕事を依頼できるようにするため、災害対策本部を窓口として、建築士の藤井三郎さんを中心とした全京都建設協同組合のグループ「ハウスコープ京滋（代表・荒木正亘）」に引き受けてもらった。建築士と数社の工務店が建物修繕チームとして6月から見積もり相談を受け付け、7月初旬から修繕工事が始まった。職人さんらは交代で後述する尻池街園のコンテナハウスで寝泊まりしながら、翌年6月までに、見積もりまでの相談を37件、修理20件、新築3件を手がけた。

③のニュースは私の大学の同級生だった橋本佳代子さんと私が、編集長である清水光久さんの原稿をマッキントッシュのパソコンで編集し、3月6日に第1号を発行。以後、毎週月曜日に発行し、地区内２２００戸に配布した。編集スタッフとして後述の東京大学学生の中村さんら複数のボランティアが関わり、4月から立命館大学助教授となった乾さんのゼミ生に翌年からは全面的に引き継がれた。いち早く地域住民に身近な情報を発信した「真野っこガンバレ!!」と編集長の清水さんは多くのボランティアにより支えられ、発行にかかる経費は、編集者でもある真野の中末薫さんの尽力で集められた商店や企業の広告費でまかなわれた。地震からちょうど2年目に１００号を迎え、それ以降隔週の発行となり、１７６号を最後に経済的な理由から廃刊された。

④の焼失した街区づくりについては小林大祐さんや学生ボランティアが、宮西さんや東尻池町7丁目の自治会長（当時）の村瀬敏明さんとともに関係者のヒアリングを行った。その後7月に、乾さん、藤井さん、私などが加わり、宮西さんを代表とした東尻池町7丁目立江地区共同再建支援チームが結成され、復興住宅のもうひとつの流れ、共同再建住宅、「東尻池コート」が生まれた。

支援コンサート「音楽とまちづくりの響き合う夕べ」

3月25日夜、真野小学校講堂で第1回目となる「まちづくり幻燈ピアノコンサート」が行われた。ジャズピアニスト河野康宏さんの演奏と延藤先生の幻燈＝スライドと語りで、真野地区の10年以上も前の懐かしい人たちの姿や町の様子が映し出された。真野地区の自主的なまちづくりのすばらしさとまちの復興に向けてがんばっている人々の心を全国に伝えようと、延藤先生が発案。真野からスタートした全国縦断支援コンサートは、開催地のアーティストと延藤先生のコラボレートで、真野地区やまちづくり教祖・延藤先生と関わりのある人がそれぞれの地域で主催した。翌年2月まで23カ所、初回の真野を入れて24回開催されたが、どの開催地にも真野ファンがいたことは事実であり、開催地ごとに個性豊かなコンサートであった。このコンサートで広い地域から多くの支援金が集まり、真野支援基金に大きく貢献した。

カードボード・プロジェクト

通称トンプーさん、矢野淳一さんは、いてもたってもいられない気持ちでいた中、1月26日

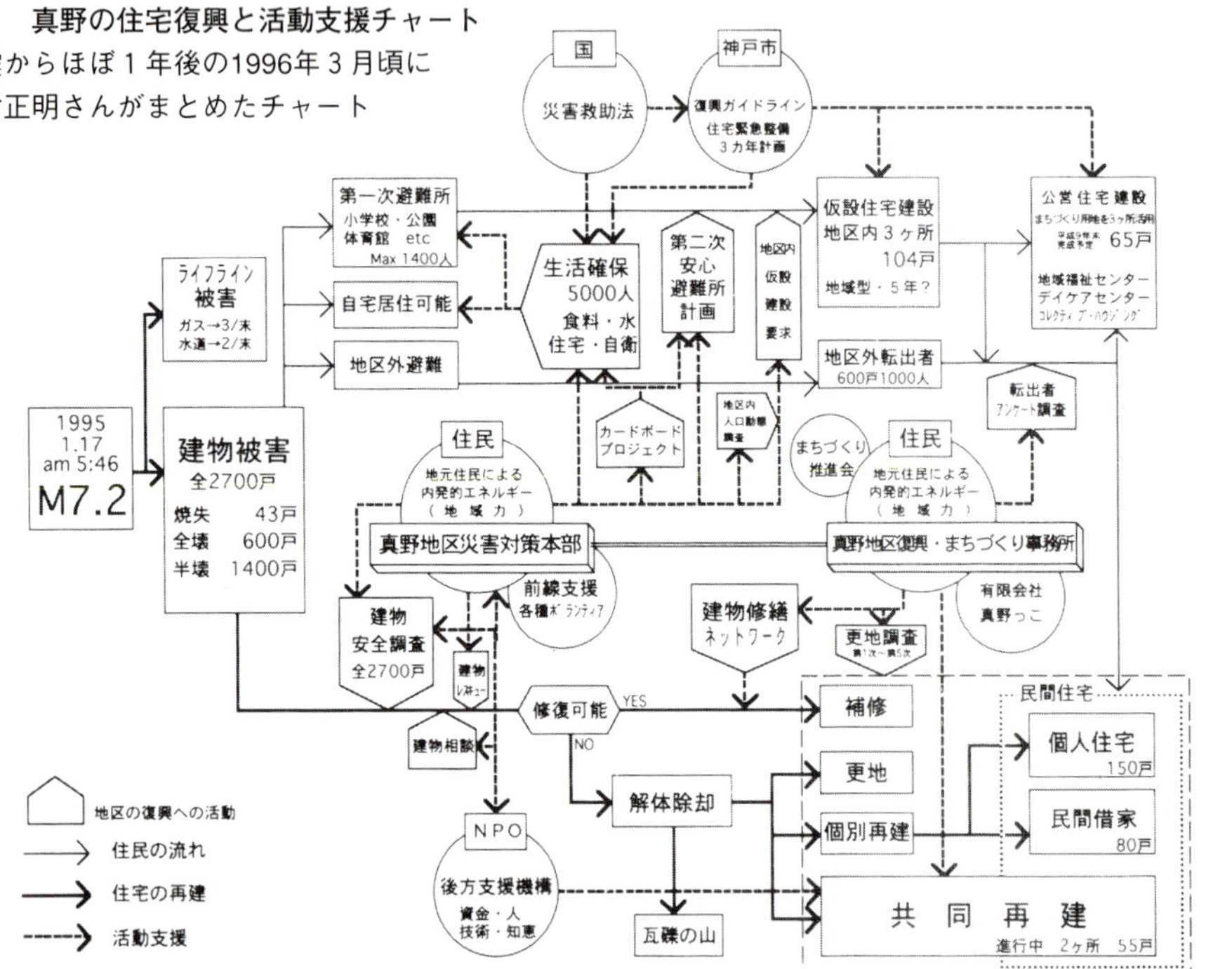

図2　真野の住宅復興と活動支援チャート
地震からほぼ1年後の1996年3月頃に
中村正明さんがまとめたチャート

震災10年を記念したシンポジウムに一堂に会した外部支援者たち。左から、林泰義、延藤安弘、牧里毎治、今野裕昭、宮西悠司、矢野淳一の各氏

に真野にいた延藤先生から電話がはいった。その前日、東京のホテルにいた延藤先生と打合せをしていた林さん、伊藤さん、望月さんの中で、避難所の大空間の間仕切りをカードボードで作る話が出て、トンプーさんが脚光を浴びる。シンシナティからコミュニティ・デザイナーのデュレイド・ダースさんも呼ぼうということになり、その話を伝えるために延藤先生から電話が入った。トンプーさんは、㈱トライウォール・ジャパン社の顧問をしており、会社の取り扱い製品であるカードボード（三層構造15㎜厚の強化ダンボール）デザイナーである。

その会社から2000㎡分のカードボードの提供を受け、オムロンの関係会社ヒューマンルネッサンス研究所から資金の援助を受け、カードボード・プロジェクトは動き出した。2月17日、トンプーさんが延藤先生、林さんに伴われ真野地区に初めて訪れた。さらに関西空港で千葉大学の木下勇先生の出迎えを受けたデュレイドさんもやってきた。翌18、19日、カードボード加工経験者として派遣要請を受け工具を持ってやってきた世田谷区児童館職員2名、神戸市職員の援軍も加わり、真野小学校前の角地に、この日到着した資材で工房が作られた。完成したカードボード工房、真野ビルダーズヤードは林さんにより「POOファクトリー」と名付けられた。

カードボード・プロジェクトは後方支援機構の最初の支援プログラムとして、避難所で生活する人たちのプライバシーを確保する生活環境改善として始まったが、物を製作するという創造的行為が被災者の心に充足感をもたらしたと言われている。また、その工房は大学生、若者を中心とする滞在型ボランティアの居場所ともなり、延べ1200名が宿泊した。そして地区内の避難所が解消した8月22日に工房は撤収され、滞在型ボランティアも引き上げた。

地震の前年、高知県で開催されたわくわくワークショップの仕掛け人、高知のまちづくりを考える会の代表・畠中智子さんと一緒にそのワークショップに参加した中越令子さんは、その時知り合った林さんが真野へ入ることを聞き、2月17日に真野に来た。そして、工房に寝泊まりしながらトンプーさんを助け、新しくやってくるボランティアと地区住民とのつなぎ役的存在となった。

また、被災地でボランティア活動をしようと神戸まちづくりセンターに行った東京大学学生の中村正明さんは、そこで真野を紹介され、3月1日に真野入りし、工房生活者となる。さらに真野の復興を体験したいと1年休学して、災害対策本部から発展解消し10月1日に復興・まちづくり事務所となった事務所に常駐、夜は山花さんの仮設住宅などに寝泊まりしながら、清水さんをサポートし、地震直後からの真野の復興の動きを整理。翌3月に復学し、真野をテーマにした卒業論文を仕上げた。

京都大学大学院生の佐藤友一さんはわくわくワークショップで知り合った中越さんに誘われ2月19日に真野に入った。4月に大学院生となってから1週間単位で工房に滞在。8月の工房撤収後、一時中断した後、96年2月に再訪。中村さんの後を引き継ぐ形で、復興・まちづくり事務所に半ば常駐しながら、事務所をサポートした。

他にも建物安全調査から参加した奈良女子大学卒業生の深谷朋子さん、学生の大石恵美子さんは工房を拠点に滞在しながら、カードボード・プロジェクトだけでなく、「真野っこガンバレ!!」の編集、建物修繕、共同再建にいたるまでボランティア活動を続けた。

地震時、明石に勤めていた建築士の石川春乃さんは新聞で真野を支援する伊藤さんの記事を見て真野に入った。

このように被災者の生活環境改善支援のカードボード・プロジェクトのための工房が、結果的に多くのボランティアを受け入れ、被災者とともに活動できる場を与えた。

震災直後を想起した炊き出しの再演

コンテナ・ハウスとブンタンハウス

震災直後、行政の建設する仮設住宅は被災者の多い市街地に建設される見込みがなく、危機感から地元で仮設住宅を建設しようという模索がなされていた。宮西さんの要請を受けた首都圏総合計画研究所の濱田甚三郎さんが中心となり、3月には40フィートと20フィートのコンテナが持ち込まれ、コンテナ・ビレッジ・ワークショップとして、コンテナ・ハウスが尻池街園に完成したが、敷地・道路が狭い真野では活用が難しいということで、その後の展開にはつながらず、先述の建物修繕チームの職人の宿泊施設として活用された。

3月25日、高知の畠中洋行さんの仲介で、高知の工務店の和田さんから高知の材木を用いた八畳一間の木造パネル式工法の住宅がモデルとして持ち込まれ、高知の代表的な果物、ブンタンにちなみ、ブンタンハウスと名付けられた。災害対策本部では5月初めに第2次避難所(仮設住宅)を地区内に建設することを決定し、ブンタンハウス１００棟を安く手早く建てる企画「ＢＵＮＴＡＮ１００計画」や、ＰＯＯファクトリーからは、カードボードで仮設住宅を建てる「ビルダーズ・ヤード構想」が提案されていた。

しかし、公共空間である公園などに自主建設する仕組みであることや、資金確保の難しさ、さらにこの頃、行政が郊外の大規模仮設住宅建設から地域内に小規模単位で仮設住宅を建設する案を検討し始めたことから、自主建設仮設住宅の構想は断念することとなった。

真野の復興支援

真野の復興支援体制は、震災以前より熱烈な真野ファンであった延藤先生をはじめとする専門家のネットワークが、地区を代表する災害対策本部の緊急性のある要望と近い将来の対応を的確に分析した真野まちづくりの相談役である宮西さんを介して、それぞれに能力を有する人を様々な角度と複数の手段で送り込み、有機的に機能したように思われる。まさに、宮西さんが林さんに欲しいものとして伝えた「人と知恵」が直接被災地真野とつながり、それらを支える「金」がさらにネットワークの広がりから集まった。

また、昭和57年より真野とつながりを持つ宇都宮大学の今野裕昭先生は、2月17日に真野に入り、夏頃まで数回、2～5日間滞在して、地震直後から50日間の真野の動きを調査し、整理して、文献で紹介した。

当時、大阪自治体研究所の西堀喜久夫さんは、身内の家が全壊したため、手助けに行っていたが、その生活の目途が付いた頃、以前世話になった真野にボランティアとして何かできないかと考え、2月5日に真野に入った。真野小学校の放送室に寝泊まりしながら、災害対策本部の会議や地域の動きを観察し、地震直後の住民のことを聞き取り、詳細な記録を取られ、地震後5ヵ月後の6月に「真野まちづくりと震災からの復興」を刊行した。

今野先生や西堀さんの当時の記録は、被災してから復興への動きを冷静に整理したもので、被災地からの正確な情報発信としてだけでなく、その後も貴重な資料となった。

「真野まちづくりは震災にも強かった」と言われるが、地区の人と人とのつながりが重要だったことは当然のこととして、長いまちづくりの歴史の中で培われてきた地区外の専門家との強固なつながりが、さらに派生して複数の外部支援者とのつながりを生み出し、復興支援のかたちが自然に形作られていったように思う。つながりを持った外部支援者はそれぞれの持つ有形無形の能力を発揮した。その能力、個性を適切に見極め、適材適所に配したのは宮西さんであった。そして、個性豊かな外部支援者に拒否反応を示さず受け入れることができた真野地区住民の懐の深さが、支援者一人ひとりの力を最大限引き出し、復興への原動力の一端を担った。

●参考文献

①「真野っこガンバレ!!」縮刷版『震災の記憶と復興への歩み』有限会社真野っこ

②「真野のまちづくりと震災からの復興」自治体研究所

③林泰義「復興まちづくり活動からＮＰＯへの展開」月刊『地域開発』95年5月号、㈶日本地域開発センター

④「日本最長・真野まちづくり　震災10年を記念して」真野地区まちづくり推進会

⑤『人町花』VOL.1～10，真野支援基金事務局

コラム

復興・まちづくり事務所

編集部

●復興まちづくりの動的プロセス

真野地区の復興まちづくりは、住民の主体的な活動において、地域に生じる対立を克服するプロセスとして展開された。制度に則った静的なプロセスではなく、事態に積極的に対応した動的プロセスとして展開されたところに最大の特徴がある。

真野におけるまちづくりの主要メンバー清水光久さんは、一時、まちづくり活動から離れていたが、震災を機に、災害対策本部に復帰。本部解消後は、復興・まちづくり事務所を開設し（1995年9月）、住民における復興活動の中核的な役割を果たすことになる。真野地区が他の地区と歴然と異なるのは、この復興・まちづくり事務所の主体的な活動である。

復興・まちづくり事務所は、震災直後から真野小学校に開設された災害対策本部の活動を引き継いだものである。災害対策本部が緊急事態に対処し、炊き出しや、救援物資の配布など、救援救命活動を主体としたのに対し、復興まちづくり事務所は建築被害診断や情報誌の発行、生活支援など、被災住民が地域に生活するための多様な支援活動を、まちづくり推進会やふれあいのまちづくり推進会、婦人会、自治会など、既存の住民組織を結びつける仲介組織として復興まちづくりの拠点となった。

震災直後の救援救命活動が一段落した後、真野地区が直面したのはどのような復興を実現すべきかであった。真野地区には、すでにまちづくり推進会によってまとめられた「20年後をめざす将来像の提案」があった。これは細街路の拡幅や老朽化した住宅の共同建替を主な目的とした地区計画であった。震災を機にこの構想を推し進めようとする意見がまちづくり推進会を中心に浮上した。これに対し、高齢者などの弱者の立場に立ち、コミュニティを再生しようとする考え方が真っ向から対立する。

まちづくり推進会は、神戸における「まちづくり協議会」の原点となったまちづくり組織である。真野地区の独自性があるとすれば、自治会、その他の住民組織のほかに、まちづくりを横断的に支援する組織として地域の壮年層により「真野同志会」が結成され、まちづくり推進会活動の実質的な活動の核となったことだ。その結果、まちづくり推進会設立後の真野のまちづくりは、まちづくり協定にもとづく神戸市とまちづくり推進会との協働により展開されてきた。しかし、震災はこの静的なまちづくり体制を大きく変換することになった。

●決起集会

清水さんは、災害対策本部の専従の事務局に従事するに当たり、「決起集会」を開催する。これは真野同志会で活動してきた信頼できる同志を40人集め共通の目標の下に協力体制を確立しようとするものだった。

清水さんの意図は、高齢者など社会的弱者のためのまちづくりである。復興の構想として、ハードな更新を推進しようとする動きに対し、社会的弱者の立場を支援するまちづくりのための「決起」集会だった。

決起集会に集合した40人のうち20人が清水さんのもとに結束し、復興・まちづくり事務所の実働部隊となる。このような活動に対し、住民の多くが支持を表明し、復興まちづくりの主要な方針となった。

●復興のシナリオ

それには、延藤安弘、宮西悠司の両氏がまちづくり事務所の方針を支持したことが大きい。両者はまちづくりのアドバイザーとしてまちづくり推進会設立から関わってきた専門家である。本来なら、まちづくり推進会と共同で、「早期復興」を図る立場にあったが、震災直後から両者は弱者の立場に立ったコミュニティの再建を構想していた。

宮西さんは震災直後から真野地区に入り、震災復興を推し進めた中心人物である。外部の支援者とも連絡を取り、真野独自の復興支援体制を確立した功績は大きい。延藤さんはこうした宮西さんに対し、復興のシナリオを提示する。その眼目は「内発的まちづくり」としての真野の住民活動と、それを後方支援する組織の形成だった。真野の「内発的エネルギー」を引き出して、回復再生していく状況をつくりだすため、資金と人と材料と知恵を補給する後方支援者体制を構想したのである。この概要については「外部支援体制の試み」（52頁）で報告している。

●弱者救済の理念

延藤さんは震災直後に連絡した真野住民の一人が「これからがホンマモンのまちづくりや」と意気込むのを見て強い印象を受け、この「内発的エネルギー」を復興まちづくりに活用しようと支援体制の構想を練った。真野住民の「内発的エネルギー」は、個人的なものではなく、清水さんの「決起集会」に現れたように真野地区自体に内在する力である。その根本は真野のまちづくり運動を支えてきた住民の組織力である。

組織力の多くは毛利芳蔵をリーダーとする尻池南部地区自治連合協議会（真野地区の南部）が取り組んできた公害反対運動や福祉活動によって培われたものだ。運動を通じて「一番弱い者の安心できるのがまちづくりだ」という理念が真野には浸透していた。これは毛利が実践活動を通じて地域に広めた思想である。

復興まちづくりの方針を巡って対立が発生したとき、社会的弱者支援の意見が大勢を占めたのは、震災被害に直面して住民運動の基本理念が復活したものである。毛利の指導する住民活動によって、地域組織は、「弱者救済」の理念の下に統一されていた。復興・まちづくり事務所の活動は、このような地域組織の支持を得て、真野地区全体を動かす力となったのだった。

真野まちづくりの基盤をつくった故・毛利芳蔵氏（まちづくり推進会提供）

コラム

東尻池コートの「今」

柴山直子

東尻池コートは、静かである。いつ訪れても、静かである。鉄筋コンクリートに囲まれた共同住宅は、以前の路地に面した木造住宅に比べると、室内の音が漏れてこないため、特に窓を開けていない冬の季節は静かである。

4月第3日曜日の午前中、第10回目の自治生活会総会が近くにある東尻池7丁目公会堂で行われた。持ち家の人、市営住宅として借家住まいの人、その借家の所有者で構成されている「東尻池コート自治生活会」の総会である。年に一回集まって、自治生活会で管理運営している共益費の会計報告が行われ、その後、東尻池コートでの生活の事柄について話題にする。

「この間、○○さんちの火災報知器が壊れて、音が鳴りっぱなしで、大変やったね」「ええっ、そんなことあったんか。ワシの所では聞こえんかった」。ちょっとした話題のひとつに、気密性が以前に比べ高過ぎて、お互いの音が聞こえないということが出た。悩ましい問題である。

「○○さんちの子供の足音がうるさくて、かなわん」「そうそう、階段を高いヒールでカンカンカンって下りていくから」。竣工当時は可愛い小学生だった子供も、今時の若者になっており、もはや、隣のおばちゃんの言うことはおろか、親の言うことも聞かない。「彼氏いるみたいやし、早く嫁に行ってもらわんとあかんわ」「もう少しの辛抱やね」と会話が弾む。すかさず、私は「でも、静かになったら今度は寂しくなるんとちゃいます?」と尋ねる。「そうかもしれんね」大事にならずに済んでほっとする。

いつも、出席しているTさんの姿がなかった。共同再建の折、代表だったEさんが亡くなられた後、東尻池コートでみんなのまとめ役だったおじいさんである。「Tさん、腰を悪くして、よちよち歩きになってんよ。一年前とずいぶん変わっとうよ。呆けもひどくなってきているし」。総会の後、宮西さんと管理組合の役員Tさんと家を訪ねてみた。幸い、私たちのことがわかり、家に上げてくれた。「ここは見晴らしがええんよ。ほら、公園の桜も見えるやろ。ほとんど、ベッドで過ごしているけど、薄型ハイビジョンに替えたし。柴山さん、昨日、メールしといたけど、見とう?」。メールの話は思い違いだったが、呆けのスイッチがオフの時、メールをくれる。4人で安酒を飲んで日は暮れていった。

一般公募で入居してきたOさんは、今や、東尻池コートのとりまとめ役である。体の左半分に障害があり、言葉も詰まりながらであるが、総会でも一生懸命みんなに話をしてくれる。彼は何かあるとすぐにメールをしてくれる頼もしい連絡役でもある。そして、みんなに必要な情報を回してくれる。

訪れると静かであるが、それぞれの家を訪ねると、みんなが個々にささやかではあるが幸せに過ごしていることを感じる。震災前と同じように、持家、借家の人が混在して住んでいるところが普通の共同住宅と違うが、ちょっとした問題は皆で共有し、解決はできないけれど、知恵を出し合い、助け合っているのかなと思う。再建の時、表に出てこなかったEさんの息子さんが、昨年から自治生活会の会長を自ら進んで担っている。ただ、現役のサラリーマンで普段不在であるため、Oさんがカバーしている。10年の年月の流れは、激変とまではいかないが、住んでいる人の状況をかなり大きく変え、コミュニティのバランスも変えた。しかし、その時々に置かれた状況に合わせて、コミュニティの体制を維持するそれぞれの役割を担う人が出てきているため、安心して見ていることができる。先日、入院した折に泥棒に入られてしまったおばあちゃんの「怖いけど、Eさんのお兄ちゃんもいるから、大丈夫やな」というつぶやきが、心に残った。

東尻池コート　真野・東尻池町7丁目立江地区共同再建

■共同再建への動き

東尻池町7丁目立江地区は、震災直後の火災を住民の力で消し止め、30年にわたる住民主体のまちづくりによって培われたコミュニティの力が、災害時に有効に働いた事例として広く注目を集めた地域である。地元の企業、地元消防団と住民の懸命な消火活動により火災の拡大は免れたものの、43戸、約1,600㎡が消失した。

立江地区では、7丁目自治会役員を中心に、がれきの公費撤去をするために地権者らに会合が呼びかけられ、4月の末には撤去されている。そして、戦前長屋の残る個別再建の難しい地区であったため、5月の初め頃には、早くも、ボランティアによる支援グループ、神戸市が加わり、共同再建の動きが開始され、地権者に対して「共同化」への意向を聞くヒアリングが行われている。本格的に「共同化」を考えていくための、支援チームの派遣を市に依頼し、現地にボランティアで入っていた建築士メンバーが支援チームとして派遣された。

初動期に自治会役員が中心となり、主体的に動いた意味は大きい。この潤滑油が、地元住民と支援チームの信頼関係をすばやく確かなものとするのに大きく影響した。

そして、この共同再建は、「もともとそこに住んでいた人（当然借家人も含めて）が再び住み続けられるような再建（生活の再建）」を目標に取り組まれた。

■事業の概要

この共同建替事業では、5名（夫婦共有を含むと7名）の持地持家と3名の不在地主（貸家経営者）の地権者が共同して、従前18戸（持家5戸、貸家13戸）、約730㎡、14筆の敷地を一体化（一筆化）し、5戸の持家と13戸の賃貸住宅、計18戸（他に店舗2区画を含めて、計20区画、但し、店舗1区画は、店舗併用住宅となっている）の共同住宅を建設し、区分所有する計画である。

事業計画は、できる限り地権者の負担を減らすために、いくつかの支援制度を組み合わせ適用した。持地持家5名、賃貸経営者3名とも公団の事業制度を利用するため、建物の建築主は住都公団となり、持家部分5戸と店舗1区画については、「グループ分譲住宅制度」（いわゆるコーポラティブ住宅制度、「グル分住宅制度」という）を、賃貸部分13戸と店舗1区画（店舗併用住宅区画）については、「民営賃貸用特定分譲住宅制度」（「民賃住宅制度」という）をそれぞれ利用した。

この「民賃住宅」で建設される賃貸部分のうち12戸は、今回の震災復興のため神戸市が新たに制度化した「神戸市民間借上賃貸住宅制度」（「民借賃住宅制度」という）に基づいて、神戸市が20年間災害公営住宅として借り上げる。この制度では、神戸市は賃貸経営者から民間賃貸住宅を借りる借家人という立場と、被災者への恒久住宅、公営住宅として貸す家主という立場を持つ。さらに、「民借賃住宅制度」では、従前借家人の優先入居を認めているため、7世帯の借家人が、公営住宅の条件（応能応益家賃等）で戻り入居できた。

補助金面では、真野地区に震災前からかかっている「密集住宅市街地整備促進事業」により、国、神戸市から共同化の助成を受けた。また、住宅部分については、今後10年にわたり、震災復興基金から所有者に対して「利子補給」される。

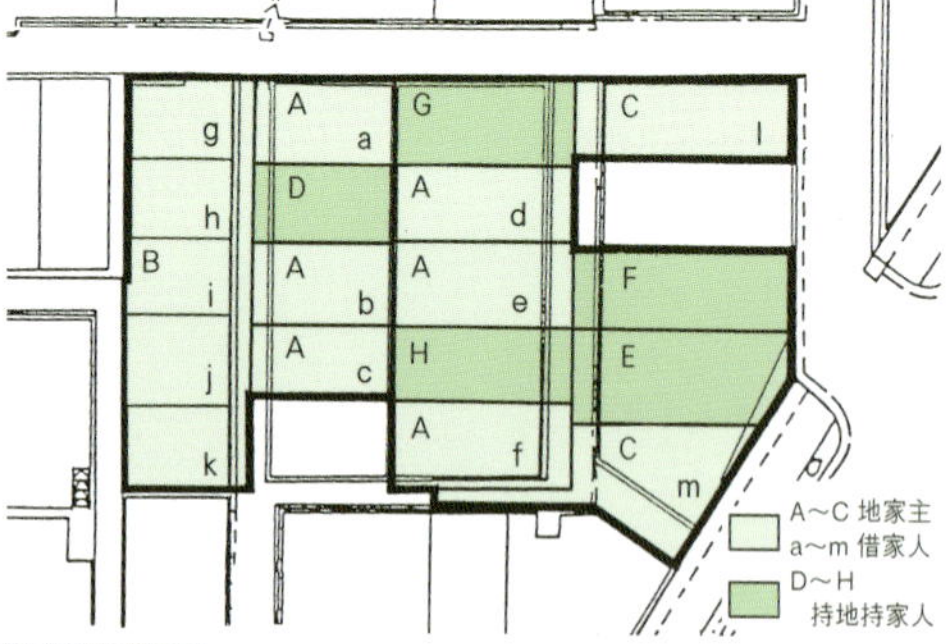

■従前権利関係図

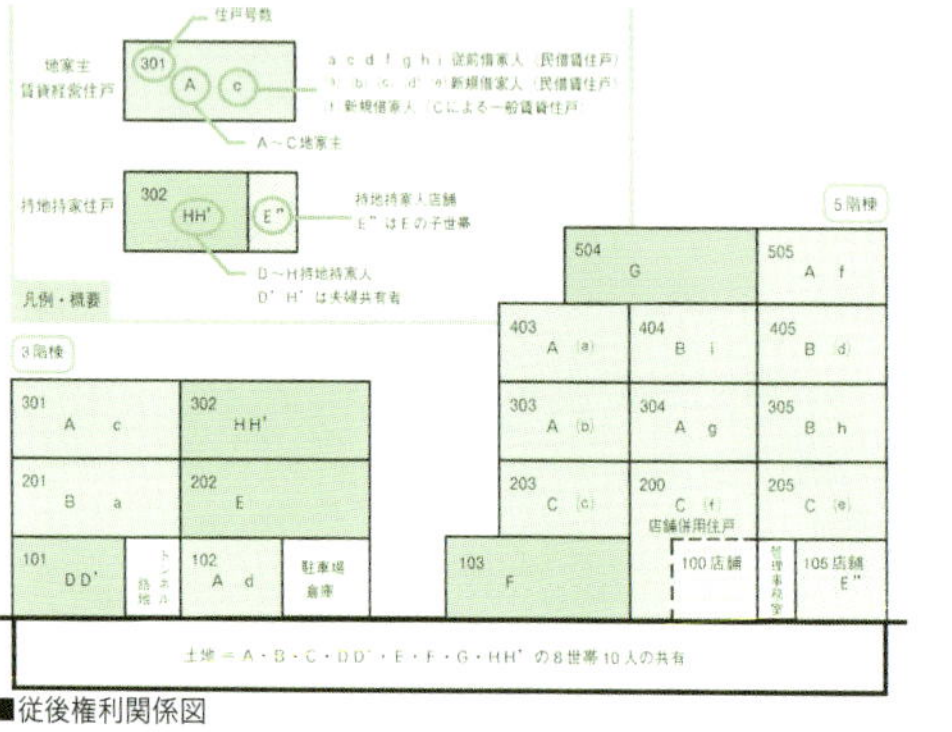

■従後権利関係図

■権利関係及び制度概要一覧

従前の状況／長屋建住宅18戸(うち2戸は店舗併用住宅 / 持地持家5名、借家人13名)
土地所有者10名8世帯(持地持家7名5世帯 / 不在地主3名)14筆

従後の状況／土地を合筆共有、建物は区分所有
共同住宅　自家用住宅5戸［持地持家5名の戻り入居］
賃貸住宅　13戸［地主3名の所有］
※うち民借賃住宅12戸［借家人7名の戻り入居］
店　舗　2戸［持地持家1名と地主1名の所有］

適用事業制度／〈全体〉　密集住宅市街地整備促進事業
〈持地持家〉住都公団グループ分譲住宅制度
〈不在地主〉住都公団民賃制度
神戸市民間借上賃貸住宅（民借賃）制度
〈借家人〉　神戸市民間借上賃貸住宅（民借賃）制度

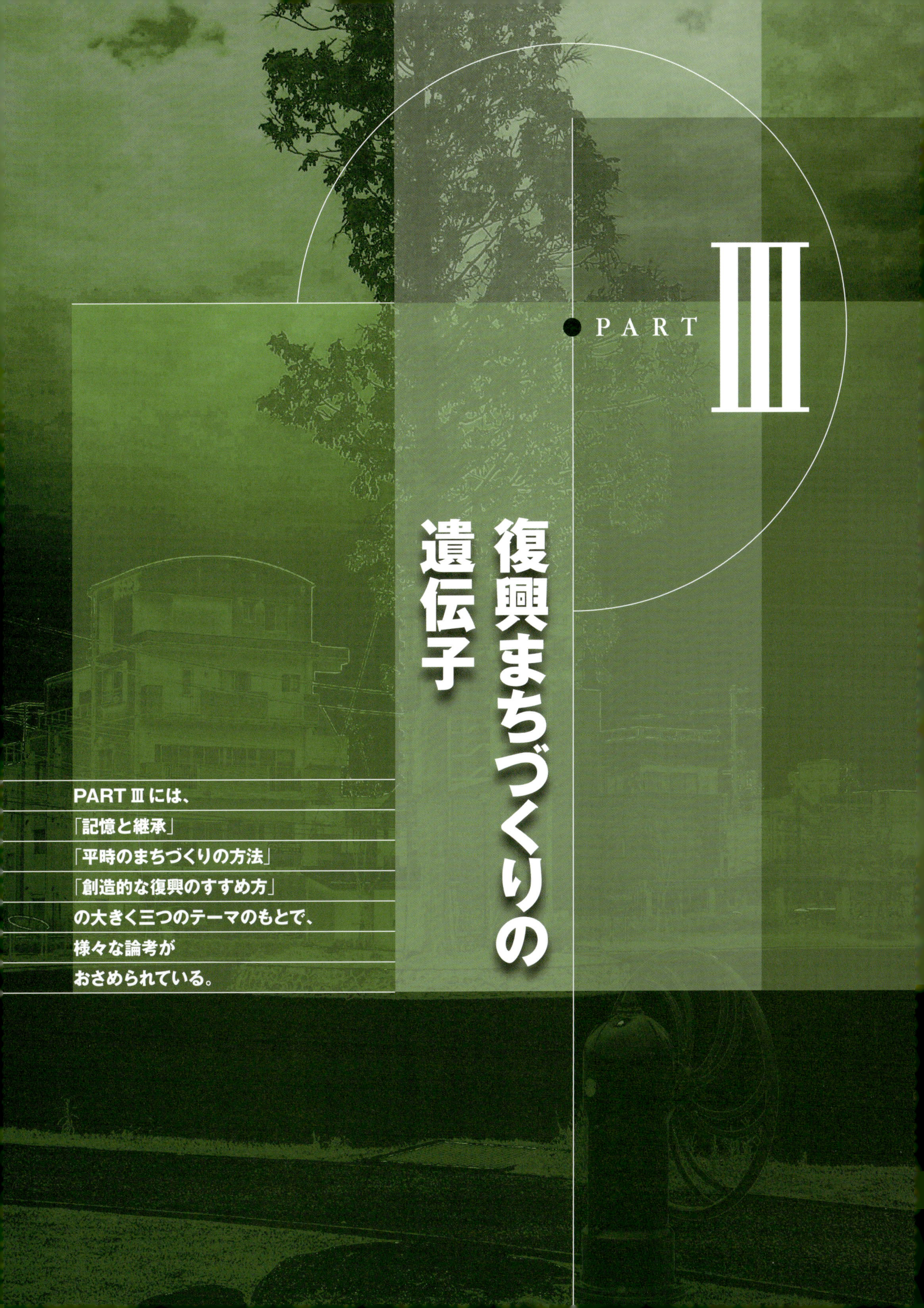

PART Ⅲ

復興まちづくりの遺伝子

PART Ⅲには、
「記憶と継承」
「平時のまちづくりの方法」
「創造的な復興のすすめ方」
の大きく三つのテーマのもとで、
様々な論考が
おさめられている。

記憶・平時・復興

饗庭伸（首都大学東京）

【記憶と継承】

「記憶と継承」には、阪神淡路大震災の記憶がどのように残され、その記憶を継承した後発災害の復興まちづくりがどのように展開しているかについての四つの論考がおさめられている。都市型の市民社会を襲った阪神淡路大震災において、被災した市民は、お互いに助け合い、それぞれの役割と専門能力を発揮して、自律的に、時に政府セクターと協働し、時に政府セクターに対抗しながら「市民社会の復興まちづくり」を実現した。そして市民は、自らの経験を、隣人に、地域に、広く社会に伝えるために、経験を記録し発信していくことになった。「市民社会の復興まちづくり」の過程で出現したのは、「経験を記録する社会」であるとも言える。

このような「経験を記録する社会」においては、経験を記録した多様な「復興アーカイブ」と、その情報を活き活きと使いこなす多様な「使い手のネットワーク」が出現する。実際に阪神淡路大震災の復興過程では、「野田北部・鷹取の人びと（野田北部を記録する会）」「阪神・淡路大震災　わたしたちの復興プロジェクト（個人復興史）（人と防災未来センター）」「阪神・淡路大震災教訓情報資料集（阪神・淡路大震災記念協会）」といった優れたアーカイブの取組みが次々と生まれ、「震災・活動記録室（後に「震災しみん情報室」）」「神戸復興塾」といった使い手や語り手のネットワークも多く現れた。これらは、一つの大きな政策や青写真のもとに生み出されたのではなく、市民社会の中のネットワークの結節点において、自発的、自律的に生まれてきたのである。

こういった状況をうつし取ろうと、ここには、まずアーカイブの技術についての村尾修の論考をおさめ、続いて神戸の経験が深く影響を与えた台湾の集集地震について邵珮君の、阪神と集集の経験が深く影響を与えている新潟県の中越大地震について澤田雅浩の論考をおさめた。また、松原永季による、神戸で形成された若手の専門家のネットワークである「プランナーズネットワーク神戸」の活動についての論考をおさめた。

【新しいまちづくりの技術】

このような経験をベースにして、阪神淡路大震災の後に、新しいまちづくりの技術が多く生み出されている。こういった技術を「災害」の前後、すなわち「災害の被害を抑える事前のまちづくりの技術」と「災害が起きた後の理想的な復興まちづくりの技術」の二つに分け、前者を「平時のまちづくりの方法」と、後者を「創造的な復興のすすめ方」と題し、それぞれに論考をおさめた。

【平時のまちづくりの方法】

「平時のまちづくりの方法」には、神戸での経験をふまえて展開した、まちづくりの技術についての六つの論考をおさめた。

まちづくりの技術は、「情報をつくり伝える技術」「組織や体制をつくる技術」「計画やプロセスを組み立てる技術」の三つの要素に分けられる。

「情報をつくり伝える技術」については、阪神以降にシミュレーション技術やビジュアライゼーション技術が大きく発達し、リアリティの高いコンテンツが多く作り出されている。そして、そういったコンテンツを市民と共有するワークショップ手法も多く開発されている。これらの多様な展開のうちの一つの取組みとして、加藤孝明による「防災まちづくり支援システム」を中心とした、防災まちづくりの手法についての論考を、饗庭、市古太郎による、様々なワークショップの技術を駆使した「復興模擬訓練」についての論考を、そして住民参加ワークショップの様々な新手法についての饗庭のコラムをおさめた。

「組織や体制をつくる技術」については、阪神大震災後のボランティアの活躍が「特定非営利活動促進法（ＮＰＯ法）」の成立を大きく後押しし、以後わが国のＮＰＯセクターが大きく発達したことは記憶に新しい。全国でＮＰＯが数多く設立され、あわせて市民活動やＮＰＯをマネジメントし、支援する技術や行政や民間企業とのパートナーシップを形成する技術が大きく発達した。ＬＬＰなどの新しい法人制度も多く誕生し、２００６年には公益法人改革三法が成立するなど、地殻変動とでも言うべき大きな潮流が誕生している。一方の地方自治体の再編も進み、大幅な権限委譲とともに、市町村合併や道州制といった自治体の枠組みそのものの再編が進んでいる。これらの大きな展開の中の、具体的な取組みとして、阪神で市民活動を支援するファンドとしてつくられた「ＨＡＲ基金」の成果と展望

図1　パート3の構成

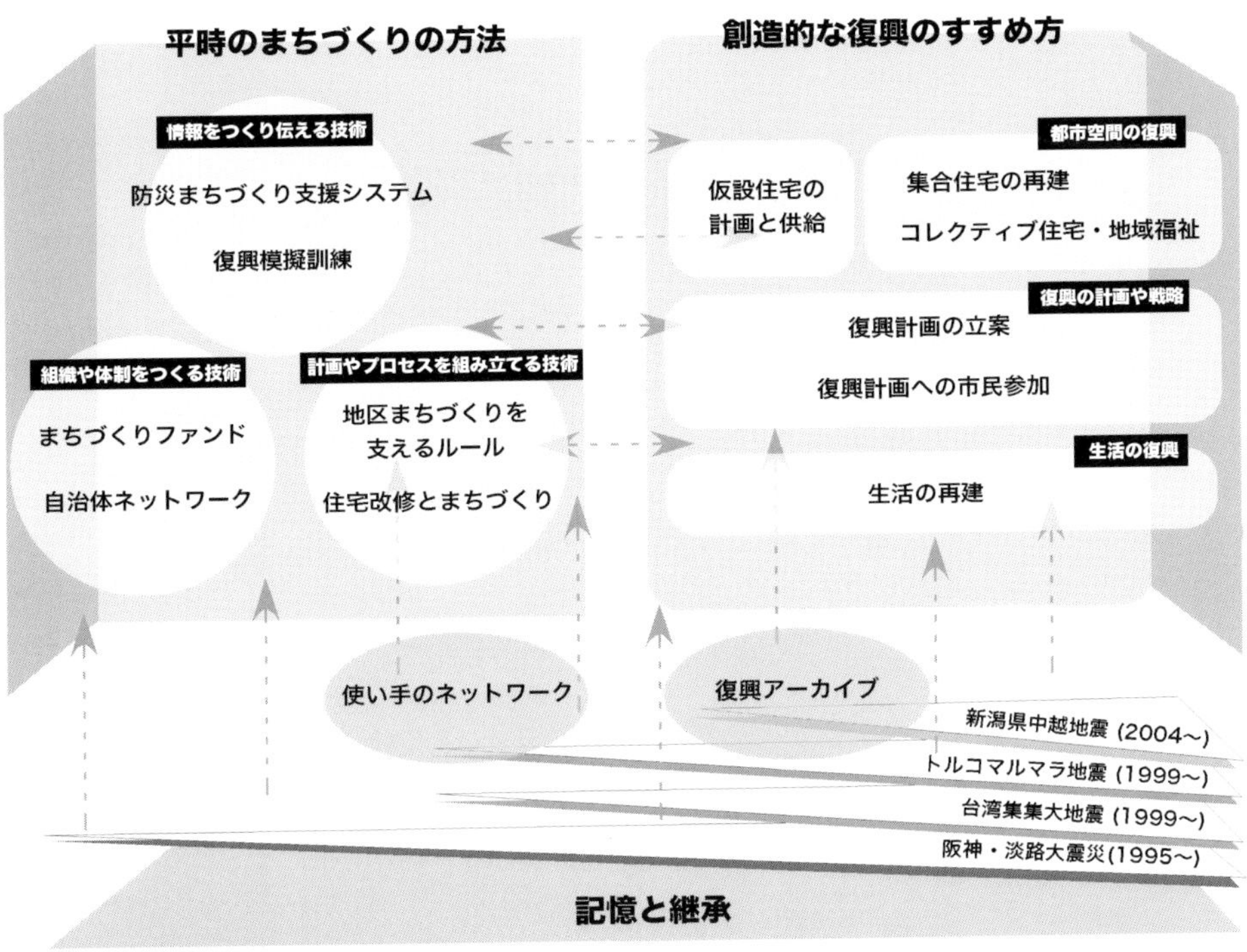

についての河上牧子の論考を、地震に備えた地方自治体の体制づくりについての青田良介の論考を、中越地震の復興過程で立ち上がった市民組織についての澤田雅浩のコラムをおさめた。

「計画やプロセスを組み立てる技術」については、阪神以降に、都市計画法の分権化が進み、景観法も制定された。そういった法の担保をうけ、まちづくり条例を始めとする自治体独自の仕組みも多く生まれつつある。一方で、単なる「地区レベル」だけでなく、都市を様々なスケールやつながりで切り取っての、ルールや計画づくりも行われるようになった。こういった流れの中で、まず野澤千絵による「地区まちづくりを支えるルール」についての論考とコラムをおさめ、ついで、「地区」でなく個々の「住宅」に着目して、その個別の改修から展開する新しいまちづくりの方法について、中村仁の論考をおさめた。

【創造的な復興のすすめ方】

「創造的な復興のすすめ方」には、大震災が次に我が国を襲ったときに復興を進める技術についての最新の知見をおさめた。阪神の経験のみならず、台湾やトルコ、中越等での経験をふまえて、常にブラッシュアップされている知見である。

復興まちづくりは、被災者の「生活の復興」、被災者の暮らす「都市空間の復興」にわけられ、それらは「復興の計画や戦略」によってマネジメントされる。

「都市空間の復興」について、阪神でまず課題となったのは、大量に建設され、結果的に長く市街地の中に残ることになった仮設住宅の問題である。これから起きる災害においても、特にそこでの生活が長期化する場合には、いかに迅速に、快適な空間をそこに生み出すかが課題となるだろう。ここには、仮設住宅の計画と供給について佐藤慶一の論考をおさめた。

仮設住宅の問題の次には個々の建物の復興が課題になるが、現在の都市空間においては、膨大な数が建設されている集合住宅の再建問題と、高齢化社会における福祉を組み込んだ住宅などの建設が、大きな課題となるだろう。ここには、集合住宅の再建について米野史健の、コレクティブ住宅について薬袋奈美子の論考とコラムをおさめ、仮設住宅から公営住宅にいたるまでの空間のデザインについて越山健治のコラムをおさめた。

阪神では、「復興の計画や戦略」は十分な「わかりやすさ」をもって立案されなかった。突発的に、予想をしていないところで発生した災害であり、現場の混乱のなかで計画や戦略が組み立てられた。後になってこれらを整理し、様々な問題点を検証することによって、様々な復興計画や戦略のあり方が提起されている。ここでは、復旧復興施策の立案について紅谷昇平の、復興計画の立案過程、特に市民参加の課題について牧紀男の論考をおさめた。また、初期からの情報共有を可能にする取組みの一例として澤田雅浩による中越地震でのGISを活用した実践についてのコラムをおさめた。

「生活の復興」は、復興に携わるプランナーが常に持ち続けていなければならない視点である。復興の過程で迅速な区画整理、美しい再開発、美辞麗句のならんだ復興計画が生み出されたとしても、それらが被災者一人一人の生活を再建することにつながっていないのであれば、全く意味がない。最後に、プランナーが常に立ち返るべき「創造的な復興のすすめ方」の基本として「生活復興」についての吉川忠寛の論考を収めた。

【おわりに】

以上、第3部には17の論考と五つのコラムが収められている。ここでは、個別の技術要素にわけてそれぞれの論考やコラムの位置づけを紹介したが、各執筆者には、表層的な技術やケースタディだけではなく、その背景にある思想や方法論にまで踏み込んだ論考をお願いした。一つ一つが自律した論考であり、様々な技術の背景にある思想や方法論を理解しながら読み進めて頂ければ幸いである。

1 記憶と継承

都市復興アーカイブズの構築に向けて

アーカイバル・サイエンスとしての都市復興の記述

阪神・淡路大震災が発生した1995年はウィンドウズ95が発売され、パソコンが普及し、インターネット元年とも呼ばれた。それから10年が経過し、情報化の波はさらに加速している。

都市防災の分野でも、リモートセンシング、GIS、GPSなど最新の情報ツールを用いた研究が進められ、災害後にはインターネットを経由して被災地の関連情報がネット上を瞬く間にかけめぐる時代に突入している。

そのような情報環境の変化の中で、我々は都市を対象として研究をしている。世界中のいくつかの都市は自然災害により被災し、いくつかの都市は戦争により破壊されてきた。そしてそれらの都市は多くの場合、復興という過程を経て再建されていく。その過程は人類の営みの遺産であり、都市が形成されていく数十年あるいは数百年という都市史の中での貴重な断片である。21世紀を迎えた現在、我々をとりまく情報化された環境と照らし合わせながら、「都市」と「アーカイブズ（記録の蓄積）」をキーワードとして、都市復興を記録する意義について考えてみる。

パソコンで画像と音楽を編集し、DVDに記録する。あるいはインターネットのサイトからデジタル化した地図をダウンロードし、GISでデータ化する。現在では手軽にできるこのような作業が可能になったのは、言うまでもなくごく最近のことである。マクルーハンは、新しいメディアの出現による社会の変化をメディア論[*1]の中で示してみせた。記録媒体の歴史的時間と変遷を**図1**と**表1**に示す。かつて言葉が今のように複雑な言語体系として完成する以前は、敵の存在や危険な場所は、種族内で特有の声を発するなどして知らせていたようである。それらの情報は、後に視覚的な図像を洞窟の岩などに刻むことで記録され、やがて伝達可能な言葉が生まれると語部などにより伝承されるようになった。表意文字が生まれたのは紀元前3000年頃だと言われている。その後、表意文字、紙、印刷機が発明され、記録されることの意味も時代とともに変わっていった。19世紀には写真技術、蓄音機、キネトスコープが発明され、視覚情報・音声・動画が記録されるようになる。そして20世紀に入るとラジオやテレビが誕生し、情報の伝達速度が飛躍的に拡大した。20世紀後半に起きた変化は、ビデオやテープレコーダーなどに代表されるような記録媒体の大衆化と、デジタル化である。デジタル化は、視覚的要素、聴覚的要素、意味的要素などの情報をすべて0と1という記号に置き換えることにより、様々な情報を電算機上で均質化し、情報の流通・転換を可能にし

図1　記録媒体の歴史的時間

テキスト情報が紙に記録できるようになったのは1900年前、音や映像は百数十年前、デジタル技術によって様々な情報を簡便に統合できるようになったのはここ数年のことである。

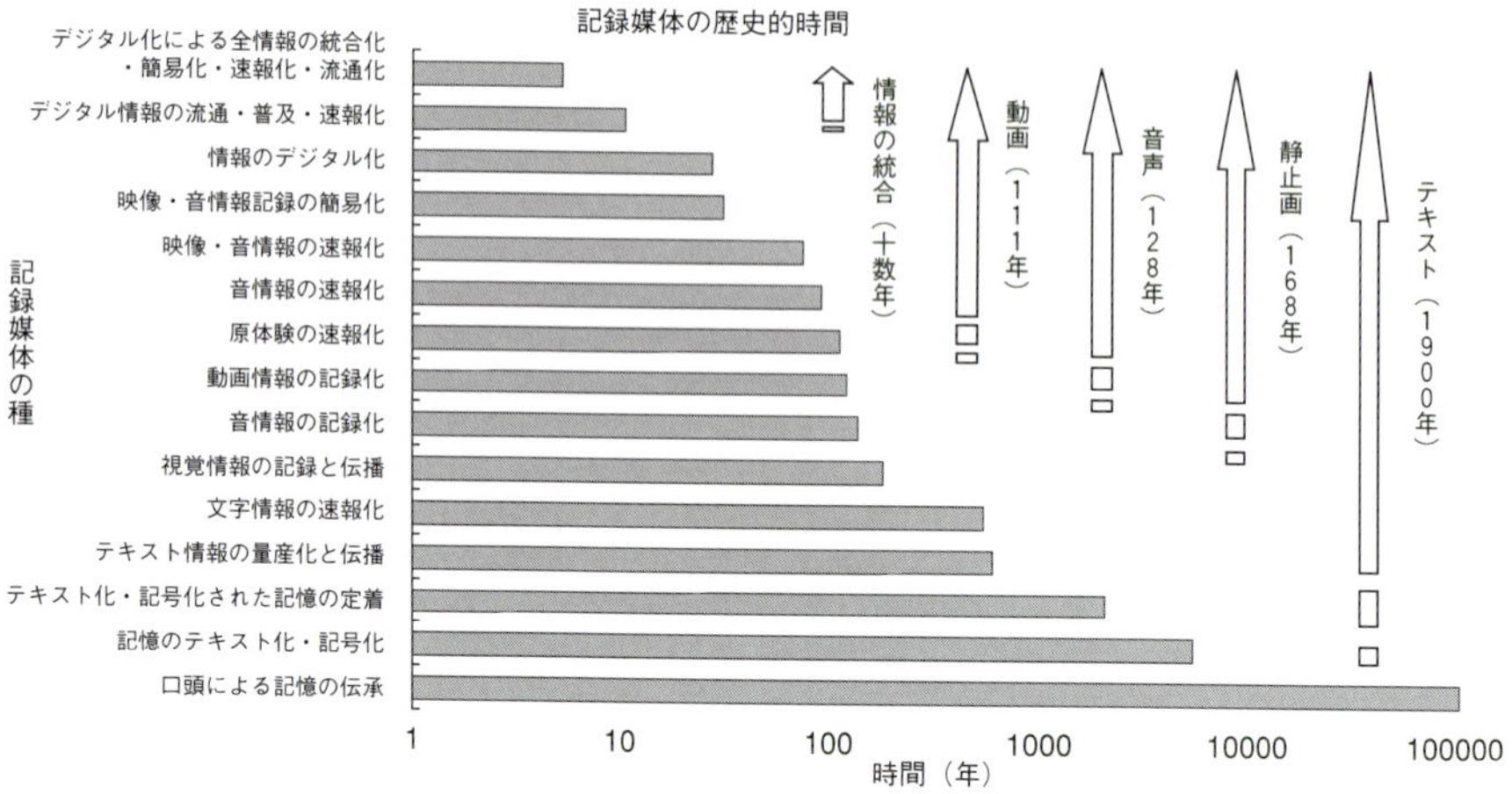

表1　人類史における記録媒体の変遷

過去の様々な発明により記録される内容、媒体形式およびその伝播形式は変化してきた。情報技術が凄まじく展開されている現在、都市の成長および復興を多面的に記録することが可能となってきた。

時代		記録と関連する主な歴史上の出来事	メディア名称	各出来事がもたらすその後の記録形態の変化　（ ）内は現在までの時間
新人の登場と進化		言葉の使用	言葉（話される言葉）	口頭による記憶の伝承（数万年？）
紀元前3000年頃		シュメール人による楔形文字の発明	文字（書かれた言葉）	記憶のテキスト化・記号化（約5000年）
105年頃		中国で紙の発明	紙	テキスト化・記号化された記憶の定着（約1900年）
15世紀	1445年頃	グーデンベルグによる活版印刷術の発明	印刷	テキスト情報の量産化と伝播（約560年）
	15世紀半ば	ヨーロッパで手書き新聞発刊	新聞報道	文字情報の速報化（約500年）
19世紀	1837年	ダゲレオタイプ写真術の完成	写真	視覚情報の記録と伝播（168年）
	1877年	エジソンが錫箔円筒式蓄音機を発明	蓄音機	音情報の記録化（128年）
	1894年	エジソンがキネトスコープを発明	映画	動画情報の記録化（111年）
	1900年	ライト兄弟第1号グライダーを発明	車輪・自転車・飛行機ほか	原体験の速報化（105年）
20世紀	1920年	アメリカでラジオ放送開始	ラジオ	音情報の速報化（85年）
	1935年	ドイツで世界初のテレビ放送開始	テレビ	映像・音情報の速報化（70年）
	1976年	VHS方式家庭用ビデオ発売	ビデオ	映像・音情報記録の簡易化（29年）
	1979年	レーザーディスク方式ビデオディスク	LD、CD、PCの普及	情報のデジタル化（26年）
	1990年代	インターネットの普及	インターネット	デジタル情報の流通・普及・速報化（約10年）
20世紀末以降		情報技術の向上とデジタルメディアの普及	昨今のあらゆる情報機器	デジタル化による全情報の統合化・簡易化・速報化・流通化（数年）

た。これによりCDに含まれる音楽、自らデジタルビデオで撮影した動画、インターネットでダウンロードしたデータ等をパソコンで編集・加工し、記録することが可能になったのである。**図1**では「デジタル化による全情報の統合化・簡易化・速報化・流通化」と呼んでいるが、このような状態になったのは文字が生まれてから5000年の時間が経過した人類の歴史の中でも、つい最近のことである。しかし、この流れは21世紀に入りますます加速すると思われる。そんな時代の潮流の中で、都市復興に関する記録のあり方について考える時期にきているのではないだろうか。例えば、GISやGPSの出現は地球規模での空間データの共有を可能にした。そして、到底ひとりの人間では把握しきれなかった都市という広大な空間を理解するのに貢献し、データとして容易に蓄積できるようにした。この技術の変革は都市復興の研究にも影響を与えている。

図3　集集鎮中心地区における公共空間の復興過程（実質空間量）
集集の復興過程の中でどの程度回復してきたのかを空間復興モデルという手法を用いて記述した。

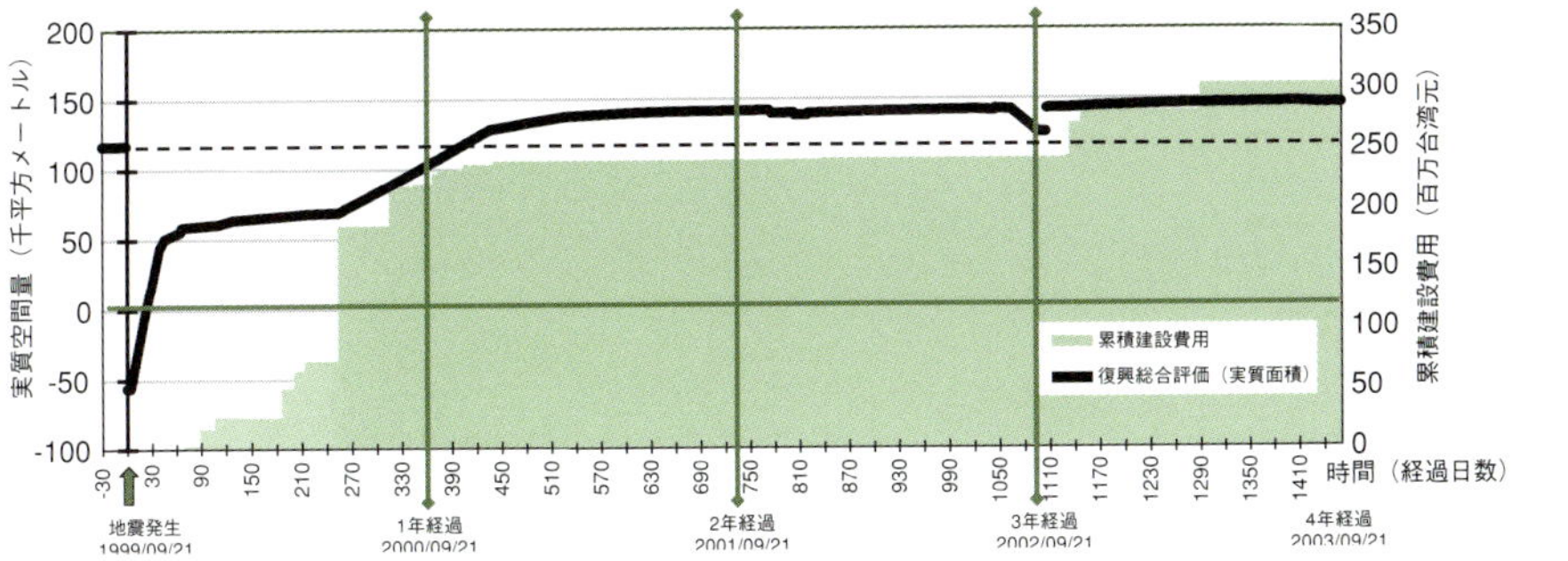

図4　集集鎮における人口の推移
図2で示した震災後の復興過程も3世紀にわたって形成されてきた集集の歴史の一部に他ならない。ここでは集集の街としての形成過程を人口を用いて示す。

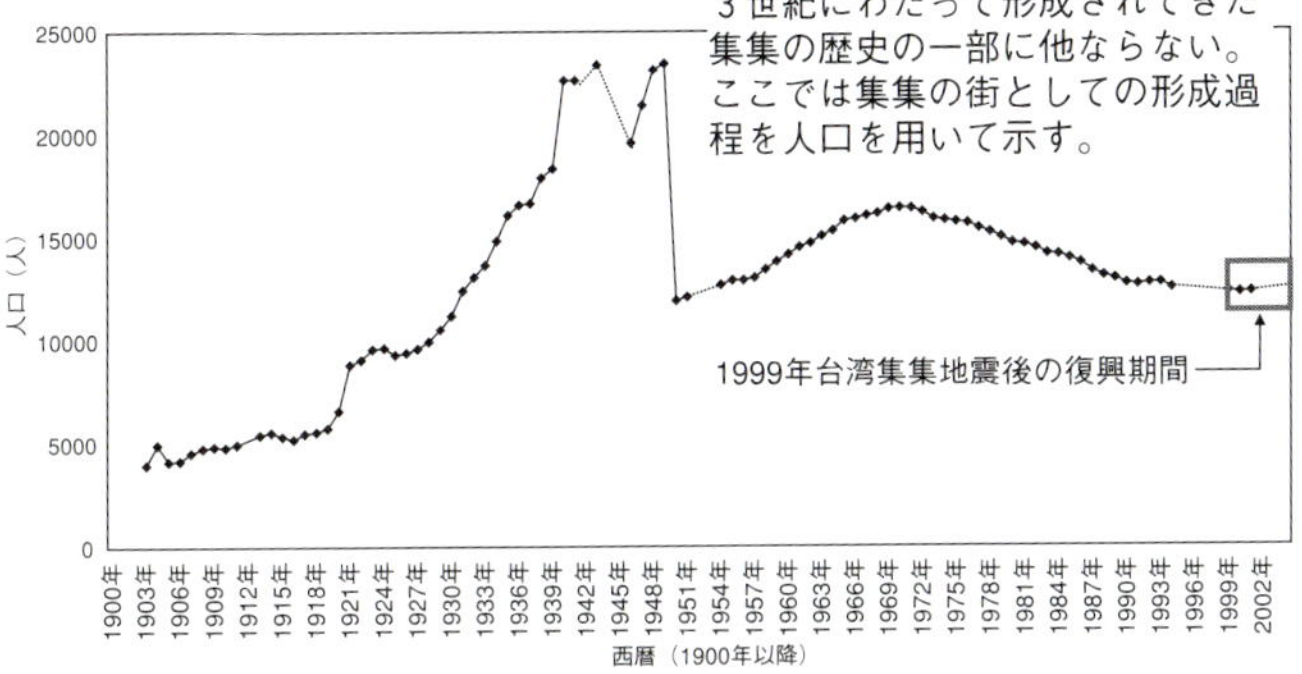

図2　1999年台湾地震による震度と震源に近接する集集鎮の位置
（台湾中央気象局発表）

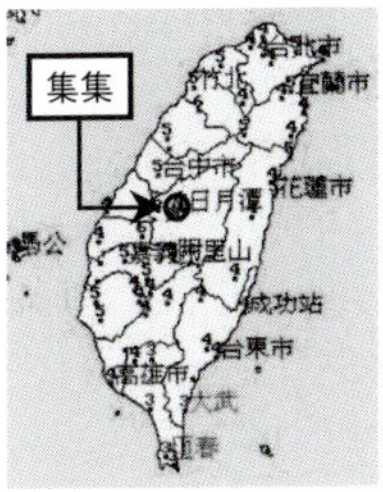

●都市史の断片としての復興過程

毎年、世界中の様々な場所で自然災害による被害が発生している。最近では2005年9月アメリカのニュー・オーリンズを襲ったハリケーン・カトリーナ、2004年12月のスマトラ沖の津波、2004年10月の新潟県中越地震、そして毎年夏から秋に傷跡を残す台風など、枚挙にいとまがない。都市が被災するのは自然災害に限ったことではない。東京、広島、ワルシャワなど戦争による被災もある。自然災害にしろ、戦争やテロにしろ、多くの場合被災した都市は復旧・復興という過程を経て、新たな都市へと変貌していく。その復旧・復興という社会的現象を対象として都市防災の専門家は研究をしている。その目的は、それぞれの復旧・復興過程を評価することにより、今後の都市の復旧・復興活動に資することにある。しかしながら、もうひとつの目的がある。それは都市復興の過程を記録していくことそのものである。

図2、**図3**は筆者が研究対象としている台湾集集鎮の位置図と復興過程を公共空間の視点から記述した復興曲線である。1999年の地震による被災後、徐々に復興していく様子が示されている。このような曲線により復興過程を理解するのは可能だが、何時の段階をもって被災地の復興が完了するのかは一般的に不明確である。当該地域の長が復興の終了を宣言する場合も稀にあるが、ほとんどの場合はそうではない。都市が復興していく時間は、被災による都市問題や生活上の困難を孕みながらも、やがては歴史の中に組み込まれていく（**図4**）。いわば我々が研究対象としている復興過程とは、都市の歴史の中の一部を垣間見ているに過ぎない。すなわち復興過程を記録するという行為は、都市史学という学術的側面も含まれているのである。

例えば、一般的な日本人にとって、数十年前に東京を襲った関東大震災（1923年）や東京大空襲（1945年）は遠い過去のものとなっている。しかし、現在の東京の都市空間の基本構造はそれらの復興計画により生まれている。世界的には、1666年の大火から近代都市へ変貌したロンドン、1871年の大火から超高層都市へと生まれ変わったシカゴ、1944年のドイツ占領下の壊滅から忠実な都市再現を果たしたワルシャワ、1976年の史上稀に見る大地震からの復興を遂げた唐山、そして1995年に被災した神戸など、被災からの復興がこれらの都市の形成に重要な役割を果たしてきた。現存する世界中の都市にはそれぞれ数十年、数百年、数千年の歴史がある。その中で培われてきた都市形成の過程は、今後も例えば○○市制百周年事業のような中で整理・記録され、図書館や博物館の中に収められていくことはあり得るだろう。しかしながら、被災と復興を契機として都市の再生をより積極的に記録し、都市のアーカイブとして残すことは、いっそう未来の都市学に大いに貢献すると思われる。そして昨今の情報技術の向上により、それらを実現することが可能な時期にきている。

●集集での復興の記述
—研究者の視点から—

筆者は復興過程という社会的現象を評価する尺度の構築と復

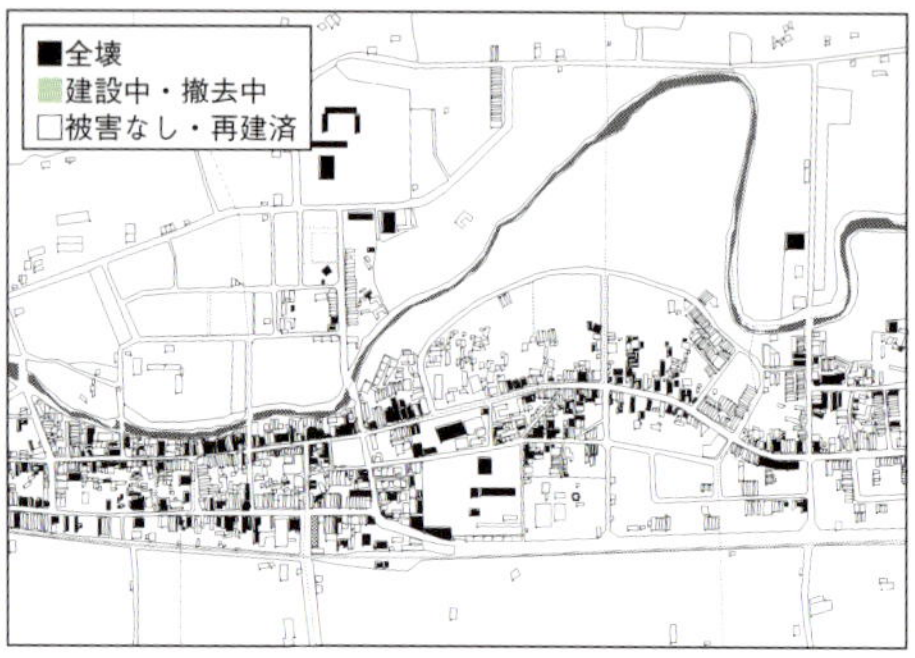

図5　集集鎮の被災状況（1999年9月被災直後）
集集鎮では全壊建物1736棟、半壊建物792棟、死亡者42名という被害を受けた。

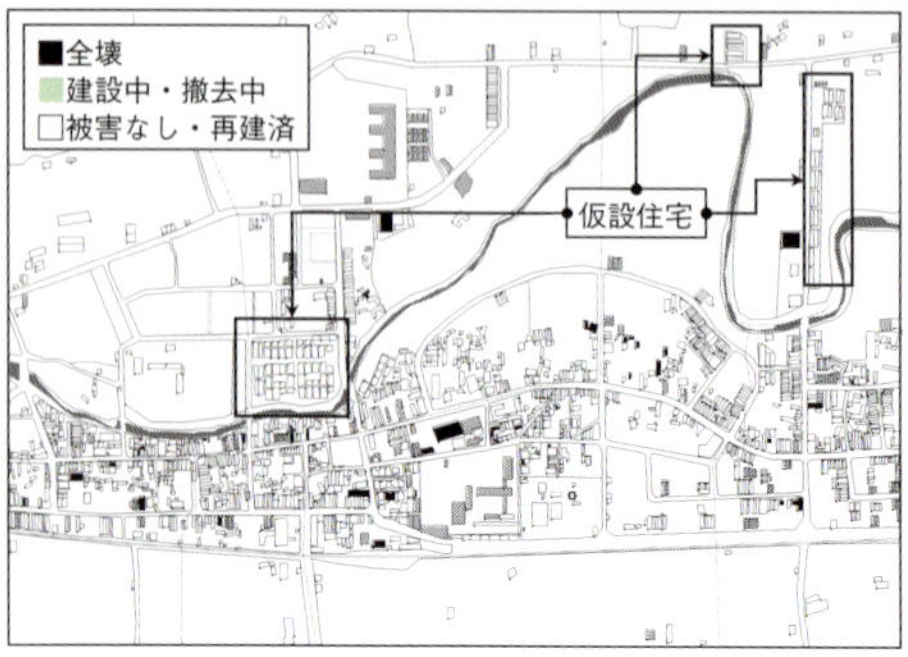

図6　集集鎮の復興状況1（2000年9月）
全壊したほとんどの土地で瓦礫が撤去され、更地化が進んでいる。また対象地域内に3ヵ所の仮設住宅地が完成している。

興の記録の仕方を検討することを目的として、1999年台湾集集地震により被災した集集鎮の中心地区を調査対象に研究を行っている。[*2] そして、これまでに都市空間と建物の再建状況をデザインサーベイにより把握し、建物ID、構造コード、階数、用途コード、街区ID、被災度、復興状況等のフィールドより構成されるリレーショナル・データベースを構築した。また、空間復興モデルという手法を提案して復興過程を記述してきた[*3]（**図5〜8**）。現在は、被災者への聞き取り調査を実施し、被災者体験カルテを作成し、被災から復興までの生活再建データ（写真、被災状況、復興状況、位置情報、建物属性等）の収集に努めている。この地域で6年間にわたり復興過程を観察してきたわけであるが、その中で記録されてきた復興アーカイブズの要素を整理すると**図9**のようになる。

まず、国の機関である921重建委員会、南投県、鎮公所といった公的機関が発行したものとして、各種報告書や新聞、映像メディアが挙げられる。また業務の中で得られた各種データがある。民間主導で実施されたものとしては、テレビ・新聞など報道に関連した記録や一般向けに発行された出版物（記録集、写真集など）がある。そして当事者であった被災者らが自発的に発行してきた地元のコミュニティ新聞もある。一方、当事者から距離を置いた中立的立場から提供されている衛星画像や航空写真などがあり、それらを例えば研究者が各種データとあわせ何らかの目的をもって整理・加工したものが、研究成果としてのGISデータベースや復旧曲線などとなる。さらに、筆者が収集してきた定点観測による地域の写真やインタビューの記録などは、イメージ・アーカイブズや被災者体験カルテとして、記録していくことが可能である。最後に、こうした調査により得られた複数の研究者による研究成果をまとめたものとして、研究報告書なども貴重な記録となる。

上に述べたように復興アーカイブズという記録には様々な要素が含まれるが、筆者の経験から述べると、ここで重要なのは客観的あるいは中立的立場を維持できる研究者のような存在である。鎮公所は、被災および復興の現場業務に深く携わるが、そこで得られたデータをどのように記録し活用していくかという視点はあまり持っていないし、彼らの業務ではないと理解している。しかし、筆者が行っている調査については理解を示しており、可能な範囲でデータ提供に協力してくれる。そして筆者は、調査の結果得られた復興過程に関する様々な図表の提供を依頼される。諸外国から関係者が訪れた時に、集集鎮の復興状況を示すのに役立つ資料になるというのである。

被災者は、災害直後には様々なことに追われ、数ヵ月あるいは数年があっという間に過ぎていく。被災者に対するインタビューの最中に、筆者が記録してきた被災と再建の状況の写真を見せるとぜひ譲ってくれとせがまれることがある。また集集鎮でレストランを経営している40代の男性は、復興と関連したオーラル・ヒストリーの重要性を語っている。集集鎮は歴史的に平野部と山間部交易の拠点であった経緯があり、また日本統治時代の日本木造様式の鉄道駅をはじめとした日本文化の名残りが今も残っている。こうした集集鎮ならではの文化的風土を未来に継承していくために、住民達に過去の体験を語ってもらいオーラル・ヒストリーとしてまとめていく必要があると言うのである。そのうえで、今回の震災体験は重要なものであり、地域の被災者にインタビューをし、記録として残していきたいが、人的・経済的・時間的な余力がない状況であり、研究調査で実施している被災者に対するインタビューは貴重な記録となるという。

報道機関や公的機関による記録は今後もこれまでどおりに実施されていくであろう。しかし、例えば研究者のように第3者の立場から復興過程を記述していくことは、自治体にとっても被災者にとっても、記憶を定着させる重要な役割を担っているのである。

都市復興アーカイブズの構築に向けて

以上、人類の記録媒体の推移の中で現在は記録の仕方に大きな変化を迎えている時期であること、数十年あるいは数百年という都市形成の中で被災・復興を契機としてそれらを記録する必要があること、そして集集地震を対象としたアーカイブ要素の現状と経験に基づく復興アーカイブズに関する持論について述べてきた。

昨今のコンピュータの飛躍的発展により、日本でも情報の記

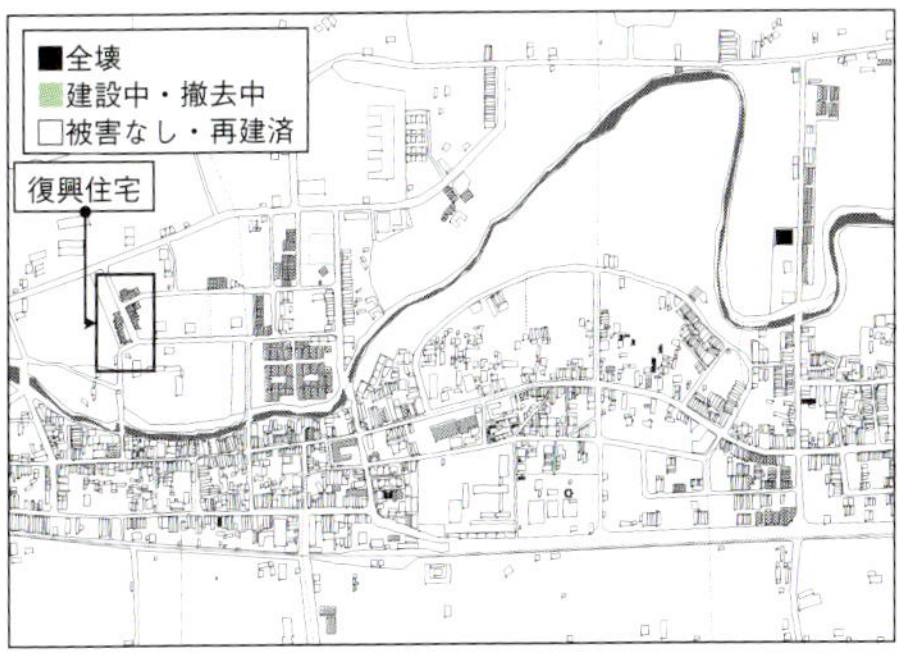

図7　集集鎮の復興状況2（2002年8月）
再建住宅は192棟、新築住宅151棟と急増している。西部では復興住宅が建設中であり、その周辺には民間の新興住宅地が建設されつつある。仮設住宅は入居期限を目前に控え、撤去が進んでいる。

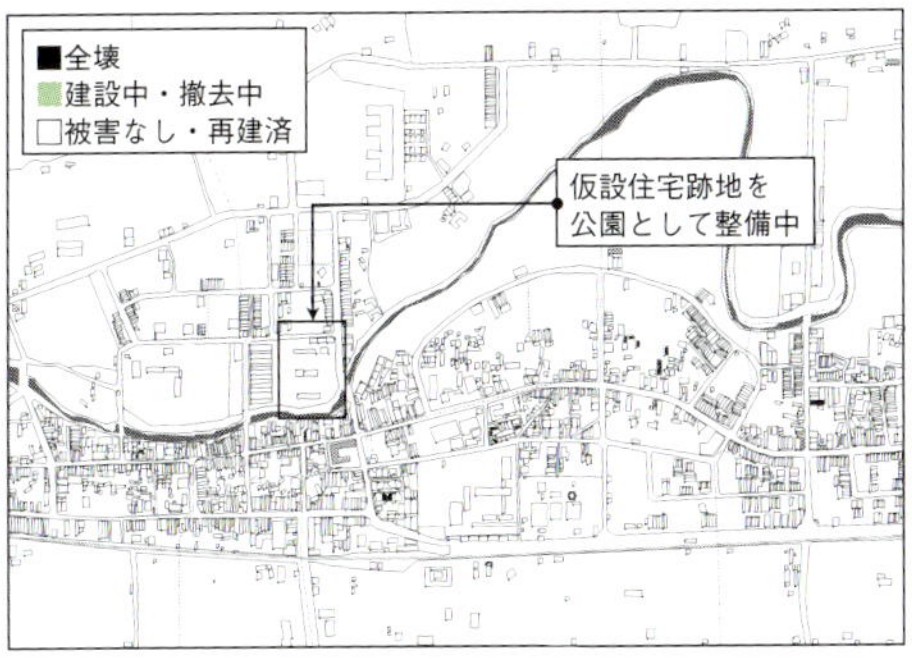

図8　集集鎮の復興状況3（2004年12月）
復興過程はある程度の落ち着きを見せている。震災当時と比較すると、集集鎮の市街地開発が拡大していく様子が窺える。仮設住宅跡地には広場が整備されている。

録のあり方に対する関心が以前より高まっている。それは例えば、1966年のデジタルアーカイブ推進協議会（JDAA）の設立や、2003年の日本アーカイブズ学会の発足に見ることができる。日本アーカイブズ学会の設立趣意書[*4]の一部を引用すると、次のように書かれている。「……日本のみならず世界に遺されたアーカイブズ、そして将来のアーカイブズとなる記録の生成、保存および活用についての理論と技法を研究し、実践するため、この学会を創設することとした。……このアーカイブズに関する科学的研究は、(1)アーカイブズの管理に関する研究、(2)アーカイブズの成立・構造・伝来などに関する研究、(3)アーカイブズの教育・普及に関する研究などから構成されており、歴史学、社会学、情報学など既存の様々な学問分野の学理と連携しつつ、独自な領域をもつものである」。アーカイブズとして記録されるべき題材は多岐にわたる。具体的な例としては、美術品のデジタルアーカイブ化であろう。博物館や美術館に収納されている収蔵物や芸術作品を画像等で残しつつ、ウェブ上に公開するというものである。

我々が対象としているのは現存する都市であり、復興という社会現象である。都市と復興をキーワードとした場合、その対象は極めて曖昧なものになってしまう。まず空間的に考えた場合、どこからどこまでが対象地域の領域なのか不明瞭な場合が多い。行政界という制度上の境界はあるが、実際に我々が活動している空間は連続しており、それらは相互に関連するためその境界は曖昧になる。また時間的に考えた場合、いつ復興が終わったのかを明確にすることは困難である。さらに意味的に考えた場合、復興過程で何から何までを対象とするのかを設定するのも難しい。建物の再建状況やライフラインなど物的な環境、復興事業等に関わる施策や経済的視点、あるいは人々の生活再建や精神的な回復など、様々な要因が復興過程と関連してくる。このように都市の復興に関する研究は、空間的にも時間的にも意味的にもその対象が曖昧になりがちであり、困難を伴う。日本は災害大国であり、都市防災に関する研究としては先進国である。神戸の「人と防災未来センター」のように、災害の記録は各地で行われている。しかしながら、復興アーカイブズとしてどのように残すべきかという議論はまだあまりされていない。都市の復興という膨大な記録は人類の歴史の中で痛みを伴ったかけがえのない遺産である。それらを記録学（アーカイバル・サイエンス）の中に位置づけ、記録していくことは、21世紀に都市を研究する者としての使命ではないだろうか。

（村尾修／筑波大学大学院システム情報工学研究科助教授）

図9　復興アーカイブズの要素
都市の復興過程の記録に関しては、従来から各機関により記録されているものや、今後積極的に記録しなくてはいけないものなどがあり、その役割分担や収集・整理・管理の仕方などを検討しなくてはならない。

●注
*1　マーシャル・マクルーハン『メディア論―人間の拡張の諸相』みすず書房、1987年
*2　科学研究費補助金No.16401022「台湾集集鎮における復興過程の構造化と世界の都市復興アーカイブに関する研究」
*3　村尾修「1999年台湾集集地震後の集集鎮における災後重建綱要計画と空間復興モデルを用いた公共空間の復興過程」日本建築学会計画系論文集、No.586,97-104, 2004年
*4　日本アーカイブズ学会ホームページ：http://www.jsas.info/　2005年9月1日現在

新たな世代のまちづくり支援ネット「プランナーズネットワーク神戸」

●「若手ネット」と、まちづくりプランナーの職能の行方

海と山に囲まれ、地域的にコンパクトな一体感を持つからであろうか、また比較的早い時期から住民参加のまちづくりに取り組み、それに関連するコンサルタントや設計の小規模事務所が数多く設立されていたからであろうか、神戸―阪神間では、まちづくりプランナーやまちづくりに関わる専門家によって、ゆるやかなネットワークがいくつも形成され、かつ重層的に横たえられている。中でも宮崎市政に多くの影響を与えた水谷頴介氏を師とするメンバーによる「水谷ゼミ」は、氏の死の直前の1992年から定期的な勉強会やイベントを開始しており、震災後、そこから派生した「阪神大震災復興市民まちづくり支援ネットワーク」は、復興まちづくりに大きな役割を果たしてきた。震災後10年を経過した今では、その関係者も多く含まれる神戸復興塾から発展しNPO法人化した「神戸まちづくり研究所」など、様々な分野でネットワークの深化を見ることができる。おおよそ1965年～75年生まれのメンバーを中心とした「プランナーズネットワーク神戸」（神戸での通称「若手ネット」）は、震災後3年目に「復興市民まちづくり支援ネットワーク」などの活動を通じ知りあっていたメンバーを中心に立ち上げられた。その目的は当時の20～30歳代の視点で、まちづくりを考え、実践することにあった。

定期的な勉強会からスタートし、その後、自主的企画がいくつも立ち上げられることになる。初期の重要な企画は、激甚被災地に生まれた新しいまちの姿を、すべての道を踏査して目視調査・採集する「M-NET」であった。共に歩き約3000点のスライドを撮影し、協議することにより「まち」への数多くの視点を共有することになった。それをまとめ「錯乱のNEW KOBE」と題する展示会（図1）を企画し、谷中、梅ヶ丘、向島、京都、松江と巡回し、各地のまちづくり専門家と交流が始まった（詳細は『10＋1』14号、INAX出版、2001年7月）。また同時に、神戸の市街地形成過程を研究する「Data-NET」、コミュニティ組織や行政区の実態を扱う「Community Layer研究会」などの研究的視点の活動、芦屋浜の復興公営住宅団地でのイベント支援を行う「屋台ネット」の地域支援的活動など、数多くの自主的プロジェクトが実施された。それらは独立した小事務所だけでは成しえない、相互研鑽の場でもあったといえる。

活動が一定の成果をあげネットワークが認知され始めると、私たちの言ういわゆる「長老」（水谷頴介氏の弟子世代）や、先輩世代（現在40歳代半ば～50歳代半ば）の方々とのコラボレーションや新たなネットワークづくりが始まった。阪神間に特徴的な民間文化施設の調査、まちづくりに関わった神戸の民間人のインタビュー集の編集制作、神戸のまちづくりの歴史をさぐる「神戸まちづくりアーカイブ研究会」など。そして最近、活動の多くを占めるようになったのが「神戸まちづくりワークショップ研究会」であり、その名の通り、まちづくりワークショップについての情報交換や事例集の作成、新たなプログラムづくりなどを実践している。

「若手ネット」のメンバーは当初から、ハードな施設整備やそれに付随するリーダー的専門家の役割には大きな関心を示さず、「住民主体のまちづくり」への支援に強固な軸足を置いてきたといえる。これは「水谷ゼミ」以来のまちづくりコンサルタントの伝統と、目の当たりにした震災復興の現実が背景にあったであろう。「多様な主体が集まるまち」を対象とするため、メンバーの間口は広くすべきとされ、専門家に限らず様々な業種の方々とのネットワークが形成された。そして、自主的企画や活動内容も、コミュニティベーストであることが大きな要件であった。そこでの経験や蓄積は、各メンバーの業務にも多くの影響を与えているように見える。

震災後5年を過ぎるころから、所属する組織からの独立が見られはじめ、また組織内でも中堅的な立場を得て、現在では各々の立場で独自の個性的な活動も展開されるようになってきている。例えば、様々な地域主体を取り込み、美化活動を行う「灘まる洗いプロジェクト」（中川啓子氏）、灘区に特化した地域情報・地域企画を発信・展開する「naddist」（慈憲一氏）、長屋を再生したデイサービスセンター「陽だまり」のプロジェクト（山本一馬氏）、ワークショップ手法を徹底的に建築設計に持ち込んだ「森の家」プロジェクト（浅見雅之氏）、多様な自治体・住民組織を、川をテーマに横断的に結ぶ「千種川圏域清流づくり委員会」への支援（吉川健一郎氏）、住民が主体となり行政とともに落書き消しに取り組む「六甲アイランドクリーンアップ大作戦」への支援（筆者）など。これらはいずれも地域や住民組織を基盤に、テーマに則して展開を図るための

図1　錯乱のNEW KOBE展示会ポスター

支援を行っているという特徴があるように思われる。

また、ネットワーク自体への業務委託も行われるようになってきた。主として行政から、まちづくりにつなげるための「まち歩き」、まちづくりの主体となっている住民の方々の交流会、まちづくりを始めようとする方々への講習会など、まちづくりの初動期に必要な支援プログラムの企画・運営を委託されることが多い。

これらの事業の実現には、私たちの意図を理解し、制度設計や運営面でそれを支え、あるいは行動を共にしてくれる行政職員の存在も大きな意味を持っている。特に、震災後、現場での様々な緊急的局面に対峙せざるを得ず、そこから地域主体の活動支援を行える仕組みを導き出してきた経験をもつ職員の人脈は、施策の中で一定の影響力を持ち、さらに様々な地域活動に関わる部署にその輪を広げているように感じられる。こうした職員と、プランナー、住民が相互の役割を理解し、一体となって活動できる地区は、大きな成果を挙げている事例が多く、この三者の信頼に基づく良好な関係性の構築が、今後のまちづくり活動の成否に大きく関わると言え、そのための仕組みも徐々に整備されてきている。

これまで触れた「若手ネット」の活動に通底しているのは、その設立当初のスタンスと同様「行政的視点からの都市施設の整備」といった観点から少し距離を置き、基本的には、自律的なコミュニティ・ディベロップメントとそれへの支援を動機としてプログラムされていることである。それゆえ、対象となる地域コミュニティの実態やテーマに即して、活動の内容やプログラムは個別に変化させざるを得ず、幅の広い支援内容を組み込む必要が生じ、結果としてプランナーとしての「職能」のあり方も、絶えず変化させなければならなくなってきている。「若手」と呼ばれた私たちも、もはや中堅的位置に立ちはじめている。今後のまちづくりにおいては、私たちの職能はさらなる拡大を求められるだろう。その時、各人のコミュニケーション手法への対し方は、重要な意味を帯びざるを得なくなるといえる。

図2　神戸のまちづくりワークショップの流れ

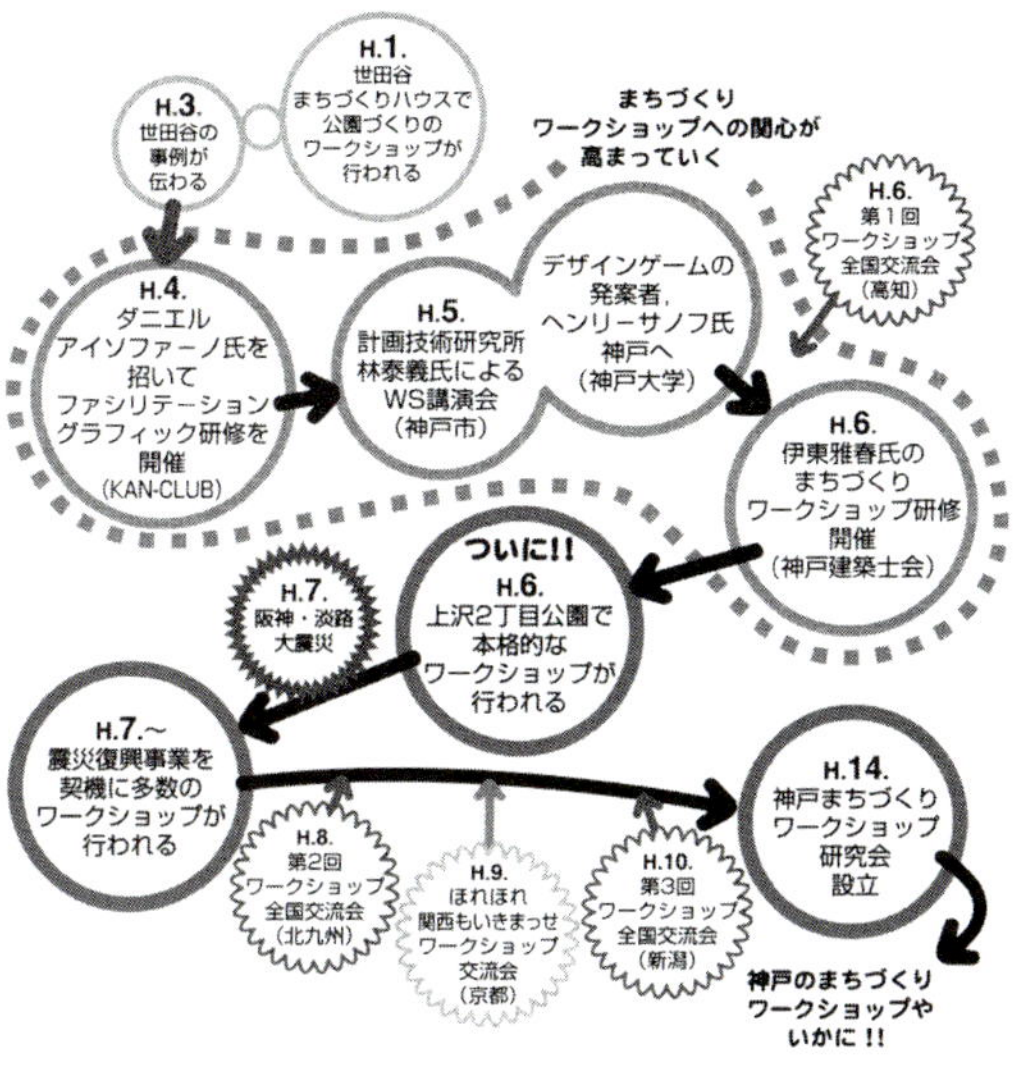
H.1.
世田谷
まちづくりハウスで
公園づくりの
ワークショップが
行われる
H.3.
世田谷の
事例が
伝わる
まちづくり
ワークショップへの関心が
高まっていく
H.6.
第1回
ワークショップ
全国交流会
（高知）
H.4.
ダニエル
アイソファーノ氏を
招いて
ファシリテーション
グラフィック研修を
開催
（KAN-CLUB）
H.5.
計画技術研究所
林泰義氏による
WS講演会
（神戸市）
デザインゲームの
発案者，
ヘンリーサノフ氏
神戸へ
（神戸大学）
H.6.
伊東雅春氏の
まちづくり
ワークショップ研修
開催
（神戸建築士会）
H.7.
阪神・淡路
大震災
ついに!!
H.6.
上沢2丁目公園で
本格的な
ワークショップが
行われる
H.7.～
震災復興事業を
契機に多数の
ワークショップが
行われる
H.8.
第2回
ワークショップ
全国交流会
（北九州）
H.9.
ほれほれ
関西もいきまっせ
ワークショップ
交流会
（京都）
H.10.
第3回
ワークショップ
全国交流会
（新潟）
H.14.
神戸まちづくり
ワークショップ
研究会
設立
神戸のまちづくり
ワークショップや
いかに!!

復興まちづくりとコミュニケーション手法
——まちづくりワークショップの行方、カウンセリング的アプローチの可能性

いわゆる「住民主体のまちづくり」においては、その合意形成や各種事業の運営において、住民間でも、住民と専門家の間でも、コミュニケーションのあり方は重要な位置を占める。そして合意形成手法の一つともいえるまちづくりワークショップにおいても、それは同様である。

神戸では、まちづくりの分野におけるワークショップは比較的早くから導入されている（**図2**）。平成4年頃から関心が高まり、ダニエル・アイソファーノ氏のファシリテーション・グラフィック研修、ヘンリー・サノフ氏の講演、伊藤雅春氏による研修会などを経て、平成6年に本格的な公園づくりワークショップが上沢2丁目公園で行われた。当時の最先端のワークショップ手法が、ファシリテーターとして招かれた伊藤雅春氏によって用いられ、市内のほとんどのまちづくりコンサルタントが参加し、それを実践的に学ぶことになった。これが神戸におけるまちづくりワークショップの嚆矢であるが、残念ながらこの上沢2丁目公園づくりワークショップは、最終回の直前、阪神・淡路大震災によって中断されることになる。

この経験があったからであろうか、神戸市内では震災復興事業においてもワークショップは頻繁に活用され、特に区画整理地区内の公園づくりでは数多く実施されてきた。全貌が把握されているわけではないが、特に震災後5年、2000年頃までは、こうした公園など「ものづくり」のワークショップが多く、その後、神戸市の進める「協働と参画」を背景に、「復興検証」「市民に分かりやすい指標づくり」「市民参画条例」などのワークショップが、市主導で全市を対象に大規模に開かれるようになった。また一方で、ハード整備とは関係のない、子育てなどコミュニティベーストな活動や、まちづくり協議会の活動、住民を対象としたまちづくり研修などでもワークショップを活用する事例が増えてきている。

そんな状況の中、まちづくりワークショップのあり方に大きな関心を持つ、比較的若い世代（30〜40代）のコンサルタントや行政職員を中心的な構成メンバーとして、平成14年に「神戸まちづくりワークショップ研究会」が結成された。これは、これまで実践されてきたワークショップの記録や蓄積が、各担当者のレベルにとどまってしまい、実際的に散逸していく傾向にあったことや、またその手法自体に疑問が投げかけられるような状況もあったことから、ワークショップ事例の収集や研究、情報交換を目的として設立された任意の団体である。

月1回の定例会を基本とした活動の成果の一つとして『ＷＳの本　神戸のまちづくり参加のレシピ』（こうべまちづくりセンター、２００５年４月）がある。

この編集作業に当たり、まず行政やコンサルタント事務所等に協力を依頼し、平成６年以降のまちづくりに関わるワークショップの事例をできる限り収集した。集まった約１６０を数える事例を前に、分類項目の設定から検討をはじめ、その結果、①ワークショップの場で参加者が相互に知り合うことを主目的とする「交流」、②公園等の施設整備を目的とする「ものづくり」、③野良猫問題等の地域課題の解決を図る「課題解決」、④地域の現状把握のためのまち歩きなどの「発見」、⑤まちづくり初心者向けの講座等の「研修啓発」、の五つのテーマに整理し、各々から典型的な事例を選びだして詳細を紹介することとなった。これらの分類設定については議論の余地が残る面もあるが、その経年変化を見ると（図３）、最初は公園等の「ものづくり」からワークショップが活用されはじめ、震災後４年目頃まではその事例が中心であるが、５年目頃からは次第に「交流」「発見」「研修啓発」が次第に増加し始め、現在ではそれらが中心となってきていることが分かる。これは、最初はハード整備への住民参加の手法として、その後はソフト面でのまちづくり、とりわけ初動期のまちづくり支援手法として活用され、最近では震災復興とは直接関係のない様々な地域活動の中で活用されるようになってきていることを示しており、ハードからソフトへ、非常時から日常へと移行してきた震災復興まちづくりのプロセスと、軌を一にしているものと読み取ることができる（なお「課題解決」が大きな増減を示しているのは、行政主導で大規模に行われた復興検証等のワークショップ事例をこの分類に含めたためである）。

図３　神戸のまちづくりワークショップ事例グラフ

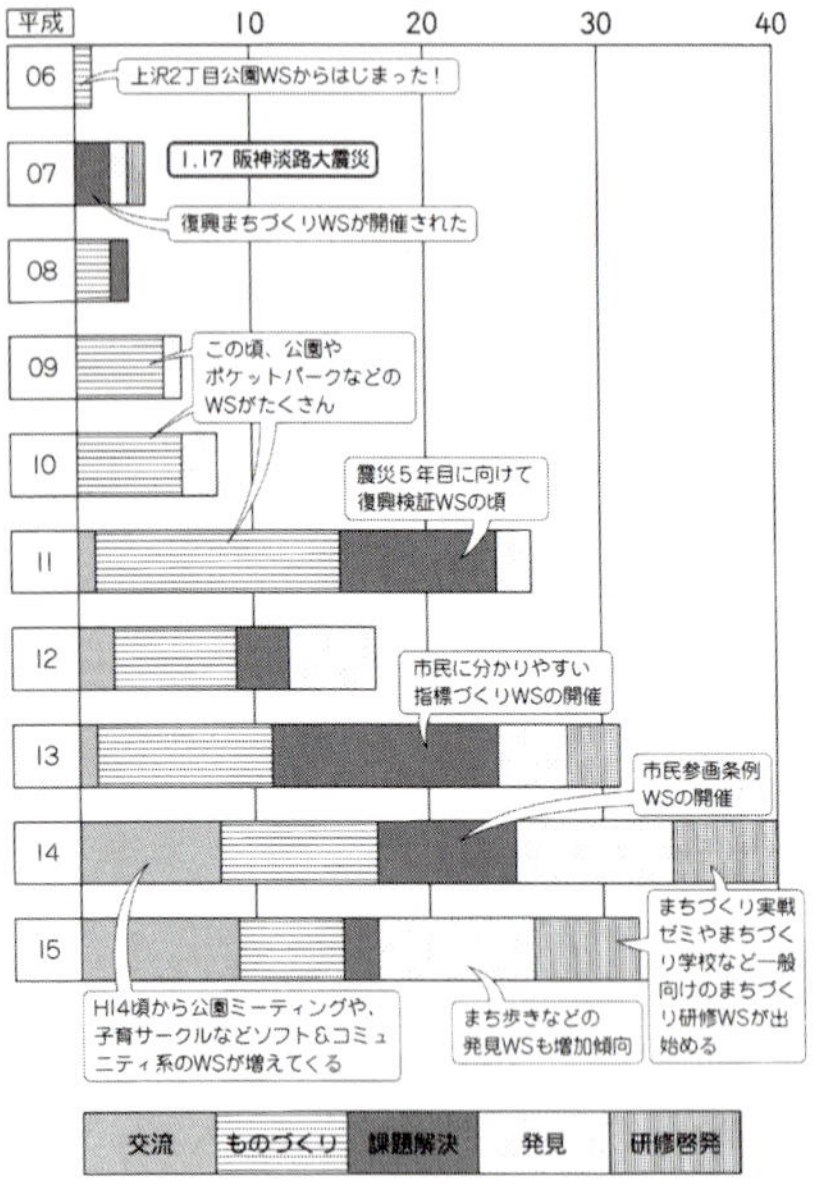

これらの事例の中には、２００名規模の参加者への対応などのプログラム上の工夫、アイスブレイクの様々な技法、新しい道具類の導入など、ワークショップに関わる技術の進化を見出すこともできた。このような情報を共有することにより、各メンバーのスキルアップも図られ、それと連動するように、最近では、大規模公園づくり、野良猫問題対策、シルバー人材研修、中高生のまちづくり提案作成など、いろいろな分野でのワークショップの企画運営を依頼されるようになってきている。

こうした活動の中、一方でこれまでのまちづくりワークショップのあり方について、以下の課題がメンバー間で議論され、その克服が模索されるようになってきている。

■アリバイ的ワークショップの実施

まちづくりワークショップが、住民参加や住民主体を基本としている以上、そのプログラムや結果の扱い、アフターケアなどが、一連のプロセス・デザインのもとに位置づけられていなければならないが、極端に言えば「とりあえず住民の意見を幅広く聴く」「不満意見のガス抜き」といったような意見聴取の一手法程度に扱われ、参加者によってつくられた成果が、その後のプロセスに正しく反映されているのかどうか判然としない事例があるという課題がある。

■プログラム・スキルの課題

準備段階から始まり、会場構成、アイスブレイキング、グループワーク、全体でのワーク、アフターケアなどワークショップの一連のプログラムは、その目的やテーマ、参加者属性などによって、千差万別にありうるはずである。ところが実際には、まちづくりワークショップといえば「定型的なアイスブレイキング＋ＫＪ法によるグループワーク＋発表＋簡単なまとめ」が定番とされてしまい、どのような状況でもこの手法が反復されてしまっているような現状がある。状況に即して、手法を選択し、組みあわせ、プロセス・デザインに正しく則るようなプログラムを組むことのできるスキルがまだ充分に認識されていないという危惧がある。

■ファシリテーション・スキルの課題

ワークショップの進行を受け持つファシリテーターの意義は、プログラムと同等か、それ以上に大きいと思われる。特に全体よりも、参加者と直接コミュニケーションを取りあうグループ・ファシリテーターは、成果に多大な影響をおよぼすため、そのスキルが問われることになる。しかし実際には、人材不足が主たる理由で、トレーニングや基本的な態度を十分認識しないまま役割を任されてしまい、参加者が成果に対して充分な共感を持ちえなかったりする事例が多いように思われる。

■ワークショップを評価する仕組みの課題

以上のような課題も含めて、各々のワークショップを評価する仕組みがまだはっきりと定まっていないという課題がある。例えば、同じテーマで同じ数の運営スタッフが用意されていたとしても、プログラムやスタッフのスキル、参加者の性格などによって、その成果は全く異なるようになり得るが、その評価を、誰が、どのように行うかという課題である。極端に言えば、グループワークの評価は、そのグループ・ファシリテーター自身にしかできず、また内容は問わず「ワークショップを実施したこと」だけが評価の対象となってしまうような事態が、ないとは言えないのである。

　このような課題に対しては、先進的プログラムを実践し、事例を重ねてアピールし、また同時に「まちづくりワークショップ」の研修プログラムやそのためのテキストなどを開発・実施して行く必要があり、研究会ではそのための模索が始まっているが、まだしばらく時間が必要であろうかと思われる。

ワークショップ研究会で実施した「神戸市マンション管理組合交流会」ワークショップの様子。約200名の大人数の参加者を対象とするため様々なプログラム上の工夫が盛り込まれた。

■カウンセリング的アプローチの可能性

　さて、実践的にはこうした課題を抱えているとはいえ「まちづくりワークショップ」は、それ以前のトップダウン型のまちづくり手法にはない、優れた特質を持っていることには間違いない。その意義については、もはや当然という面もあるので割愛するが、この手法の可能性を拡大するものとして、同じ研究会の東末真紀氏が掲げる「カウンセリング的アプローチ」というキーワードに、筆者を含め何人かが共感し、注目している。

　これは、カウンセリングの現場で実践されている様々な考え方や態度を、ワークショップやまちづくりの現場へ応用しつつ移入を図ることを意味する。まだ充分な検証はできていないが、具体的には、カール・ロジャーズとその学派が確立し推進してきた「クライアント（来談者）中心のカウンセリング」におけるカウンセラーの条件を、ファシリテーターの条件に重ねていくこと、さらにそこで培われた思想をまちづくりに重ねていくことが、このアプローチの骨子となっていくと思われる。例えば、カウンセラーがクライアントに条件を付けずに受容する「無条件の肯定的配慮」、クライアントの私的な世界を、あたかも彼自身であるかのように感じ取り、その感じ取ったことを丁寧に相手に返していく「共感的理解」などは、この「クライアント」を「参加者」に置き換えれば、ほぼファシリテーターが持つべき態度と同質のものであるといえる。さらにより幅広く敷衍するならば、「住民主体のまちづくり」におけるまちづくりコンサルタントが備えるべき態度とも通底していると考えられる。例えば、まちづくりにおいては、住民等の多様な主体が集まって様々な活動が進められるわけであるが、その意思決定は、地域特性がありこそすれ、基本的には、年齢や職種、身体の状態やまちへの意識、利害関係などが様々に異なる「多様な主体の集合体」が行うのであり、この「多様な主体の集合体」をカウンセリングにおけるクライアントに置き換えて考えてみた場合、「クライアント中心のカウンセリング」に蓄積された技法や思想から重要な示唆が与えられるように考えられるのである（誤解なきよう付言しておけば、決して「住民をクライアント扱いする」ということではなく、多様な主体が集まったときに立ち現れる「集合体としての特質」に接する態度にカウンセリングの考え方を応用する、という意味である）。もっとも、カウンセリングそのものを直接「まちづくり」に当てはめることはできないであろうから、あくまでも「カウンセリング的」アプローチの可能性を、まちづくりにおいて探っていくことが重要になると考えている。

　まちづくりにおいて重要な手法となるワークショップや、まちづくりコンサルタントに関わる技術や態度というものは、これまで各人が実践の場の中で身に付けていくしかほとんど方法がなかった。しかし、例えばまちづくりワークショップが、ハードな施設整備のための合意形成における手法から、より幅広く地域活動・市民活動の全般にわたって活用されるようになり、また「まちづくり」そのものも、震災復興事業からコミュニティ・ディベロップメント、そして総合的な地域マネージメントに移行していく方向性を持つ中で、専門家であるなしに関わらず、それを支える技術や思想がより整理され深められ、それに関わる人材に幅広く共有されることが必要になってくるだろう。使い古された言い回しかもしれないが「まちづくりは、人づくり」であり、人と人との関係性が基本的な要因である。そしてその「人」とは地域主体に限らず、専門家や行政職員、ボランティアなど、その地域に関わる様々な主体のことであろう。その関係性の中心にあるのは、「1対1」もしくは「1対多」のコミュニケーションであり、まちづくりにおけるコミュニケーション論は、常に意識すべきものと思われる。そして、例えばこの「カウンセリング的アプローチ」などの視点を導入し、検証することは、これからさらに多様に展開していこうとしている「まちづくり」に資することにつながるだろう。いや、つなげていかねばならない。

（松原永季／スタヂオ・カタリスト）

●図版出典
（いずれも）神戸まちづくりワークショップ研究会『WSの本　神戸のまちづくり参加のレシピ』こうべまちづくりセンター、2005年4月

●参考文献
諸富祥彦『カール・ロジャーズ入門　自分が"自分"になるということ』コスモス・ライブラリー、1997年

阪神大震災の経験と台湾

はじめに

20世紀の最後の10年間に大規模な災害が相継いで起こった。そのなかに1995年の阪神・淡路大震災と1999年の台湾集集地震が含まれている。阪神大震災から10年が過ぎ、様々な角度から検証がなされ、再建に関する多くの教訓と経験が引き出された。一方、日本と台湾は同じアジアに位置し、社会システムや人文的な背景などある程度類似しているため、阪神大震災の教訓は台湾集集震災後の再建に相当な影響を与えた。そこで本稿では、まず阪神大震災の経験が台湾集集地震の再建にどのような影響を与えたかを、住宅再建とコミュニティ再建の両方面に分けて整理を行う。その上で、再建の原則を明らかにしながら、今後の大規模災害後における再建システムの考え方を発信してみたい。

阪神・淡路大震災の経験

(1) 住宅再建の特徴

■数多くの仮設住宅建設、コミュニティ再建へも悪影響

阪神・淡路大震災は都市型の災害に属し、莫大な住宅被害が起こったが、被災者の多くが低収入者や高齢者など災害弱者であり、被災者の仮住まい対策が他にあまりない状況のもとで、大量の仮設住宅建設が行われたことが大きな特徴となっている。そして、被災市街地にまとまった空き地がないため、大規模な仮設住宅団地が郊外に建設されることになった。さらに仮設住宅の入居は抽選方式となったため、被災地におけるもとのコミュニティ関係が崩れてしまい、被災者の再建意欲にも影響が生じた。そして被災者は仮住まい時期から本格住宅への移行まで仮設住宅に留まることになり、こうした大量の仮設住宅の解消には相当な時間を要したのである。

■公営住宅の大量建設

仮設住宅に入居した被災者の実態調査を通じ、入居世帯の再建ニーズを把握することによって、災害弱者を主に考慮し、公営住宅の建設を住宅再建の主な内容とする3ヵ年住宅再建計画を作成した。その結果として郊外の大規模な公営住宅団地の建設や高齢者公営住宅などが大きな特徴となった。そのため、復興公営住宅での生活機能や高齢者福祉、あるいはストックの管理などをいかに強化するかが、今後の生活再建の課題になっている。

■復興基金による再建の支援

公営住宅を建設して低所得の被災者へ提供すること以外に、自力再建者に対して様々な融資プログラムを提供するなど、住宅再建の支援を行った。しかし、公的な制度支援によってカバーできない部分が生じ、これに対して国の支援を受けて被災自治体の出資により設立した「阪神・淡路大震災復興基金」から利子補給、生活やコミュニティ再建への支援を行った。一方、私的なセクターの基金は少なかったが、例えばHAR基金が住宅再建やコミュニティ再建などの支援で相当の効果を果たした例もある。

(2) コミュニティ再建の教訓

■民意重視のコミュニティ再建

復興都市計画地区（いわゆる「黒地」地区）では、最初、公主導で計画決定がなされ住民の反発を招いた。その後実施段階では、民意重視を背景として、行政と住民との話し合いの中で地区の再建計画を提出して行われた。いかに民意を取り入れて地区再建計画を作成するかが大きな課題となったといえる。

■既存制度の運用

灰地地区のコミュニティ再建については、震災前から既にあった住環境整備制度を利用しながら進められた。それまで蓄積された一定の民意重視型の経験がコミュニティ再建に応用されたわけで、既存制度の重要性を

表1　阪神・淡路大震災と台湾集集大震災の被災状況

	阪神・淡路大震災	台湾集集大震災
発生日時	1995年1月17日午前5時46分	1999年9月21日午前1時47分
震源地・震源の深さ	淡路島北部（北緯34.36° 東経135.02°）震源の深さ　16km	日月潭西偏南9.2km（北緯23.85° 東経120.82°）震源の深さ　8km
規模	マグニチュード7.3	マグニチュード7.3
死傷者	死者6,400名　負傷者40,092名	死者2,454名　負傷者11,305名
住宅被害	全壊（全焼を含む）111,123棟・191,617世帯 半壊家屋（半焼を含む）137,289棟・257,313世帯	全壊 38,935戸・50,644世帯＊1 半壊 45,320戸・53,317世帯
損失金額（間接・直接）	9兆9,268億円	4,594億元＊2

＊1：世帯数は慰労金支給統計による
＊2：当時1台湾ドル≒3.8日本円

出典：阪神・淡路大震災について・兵庫県　2005年2月
行政院921震災災後重建委員会・台湾　2005年2月

図1　野田北部地区の再建の仕組み

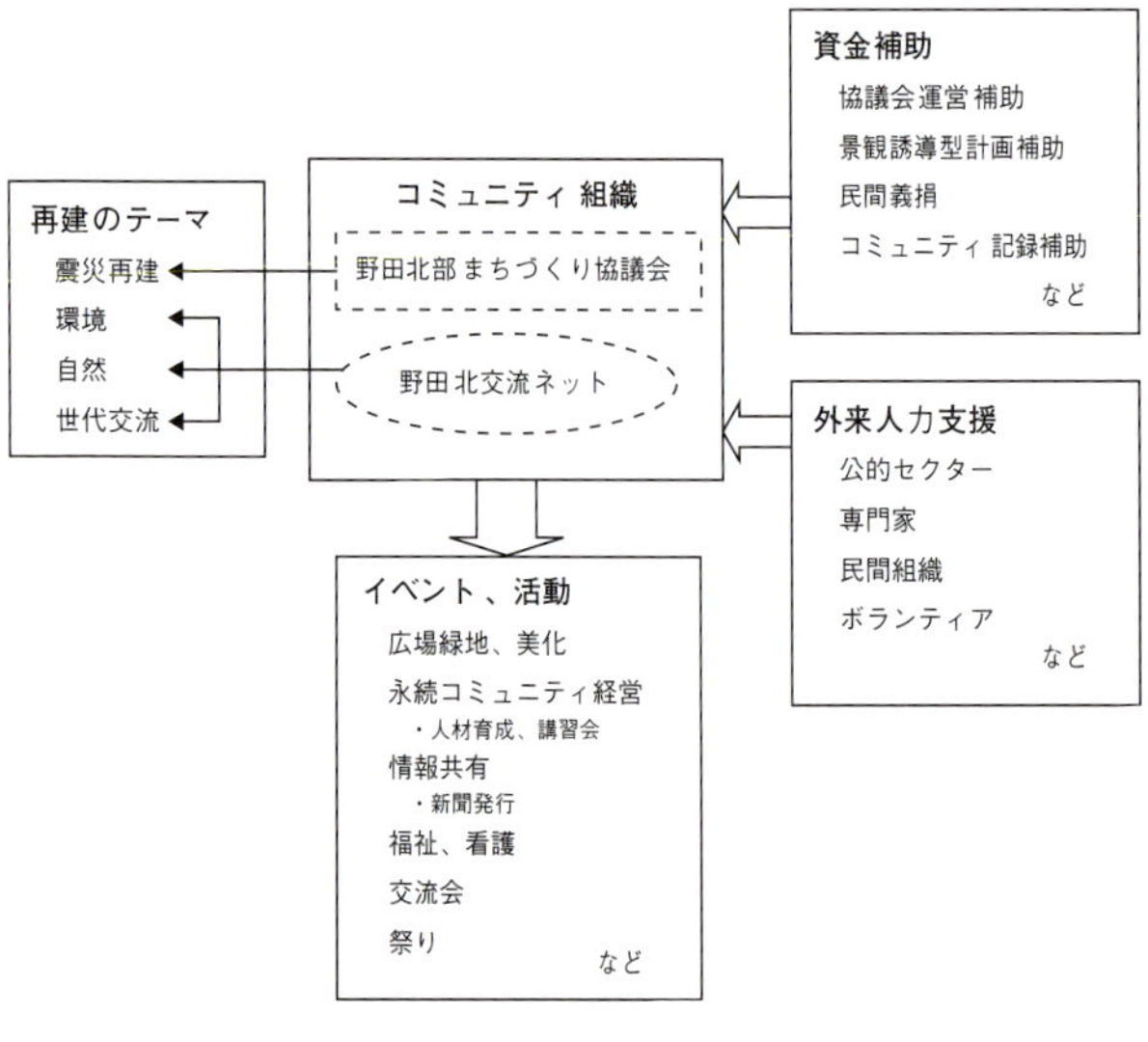

表したものといえる。

■協働精神とパートナーシップの構築

「黒地」「灰地」あるいは「白地」いずれにせよ、地区の再建はコミュニティ組織とNPO、NGO、専門家、そして行政が協働の精神のもとで、ソフトとハードの資源と連携しながら、パートナーシップを組み立てなければならない。この関係こそ、阪神大震災後におけるコミュニティ再建の重要な特性となっている。例えば野田北部地区や真野地区の再建を推進する仕組みがそれであり、**図1**に野田北部の再建の仕組みを参考に掲げる。

■福祉や防災などのテーマと結んで新しいコミュニティ精神を発展させること

高齢化や自主防災などの問題が阪神大震災によりさらに深刻になった。そのため、高齢者の生活見守りや防災コミュニティというテーマは次第に重要になり、さらにコミュニティ再建計画と結合していった。このような経験もコミュニティの永続的な経営の重要な推進要素となっている。

●台湾集集地震の教訓

台湾集集地震前、台湾でも日本の阪神大震災後における再建プロセスに関して調査が行われ、阪神大震災の再建経験を学習していたという背景があり、1999年に発生した集集地震の復興に影響を与えることになった。もちろん両地震の属性と被災状況に相違があり、そのため震災後の再建経験が違ってくるのは当然である。

集集地震は台湾中部の山間部に発生し、被災範囲は農山村と一部の都市地区を含んでいる。死者と行方不明者は2471名、負傷者は1万1305名、住宅の全壊は3万8935戸、半壊は4万5320戸で、破壊された住宅の属性はタウンハウス形式の伝統的連棟住宅（透天屋）と集合住宅に集中した。被災地では震災前、例えば土地所有権の未区分や境界線の未鑑定など様々な土地問題が残っていた。そのため、被災地における住宅再建とコミュニティ再建が様々な問題に直面した。被災地の住宅再建は個別再建と面的再建に分けられ、前者は透天屋の再建や集合住宅の修繕、現地再建を、後者はコミュニティ再建と集落再建、都市更新再建、新コミュニティ開発を含んでいる（**図2**）。

以下住宅再建とコミュニティ再建の教訓について述べる。

(1) 住宅再建方面

■実態調査データの不足

震災後、「仮設住宅の建設」「家賃補助」「分譲公営住宅の3割引価格で斡旋」の三つの緊急支援策が打ち出され、被災者は三つの支援策から一つを選ぶことができた。約8割の被災者は家賃補助を選んだが、阪神大震災と違って、仮設住宅の建設戸数はわずか5854戸であった。しかし、家賃補助を選んだ被災者は必ずしも住宅の借り上げに利用したのではなく、家賃補助を受けた者のうち1割だけが実際住宅の借り上げに使ったことが分かった。

一方、仮設住宅の入居者のニーズが十分把握されなかったため、被災者に適切な住宅再建支援を与えることができず、仮住まい段階から本格住宅再建段階への移行が順調に進まなかった。この結果、住宅再建の推進は震災再建問題の中で最も大きなものとなった。

■持ち家の自力再建が住宅再建策の主軸

中央銀行より「千億元の再建融資プログラム」（当時、1台湾元≒3・8日本円）が打ち出された。申請条件は持ち家の人で、申請の際に土地権利の問題のないことなどで、さらに震災前の既存ローンの受け入れ（銀行と協議の上、返済免除を行う）（銀に関して一定の措置がなされた。これにより、被災者は、再建に関わる負担をある程度軽減されたが、借家人にとってはまったく支援がない、経済弱者（特に担保がない人）や土地問題の解決ができない人は融資を受けられないなど、住宅再建がうまく進まない原因の一つとなっている。

■集合住宅の再建過程は、パートナーシップが重要

震災後の集合住宅再建は住宅再建の中でも一番問題が多かったところである。集合住宅の再建方式は、現地再建、都市更新再建（日本の再開発事業にあたる）、換地再建、新コミュニティ開発の四つに分けられる。2005年2月の中旬時点で、全壊して再建の必要な161棟（1万698戸）のうち、大半は現地再建（44棟、656戸）と都市更新再建（98棟、8518戸）に集中している。161棟の建替えのうち、既に81棟が完成した。この二つの再建過程については**図3**に示すとおりである。

この再建のプロセスの中で、管理組合や住民において再建方式について話し合い、あるいは、再建方式、再建計画と融資（新旧ローン）に関する情報把握な

図2　台湾集集震災後の住宅再建計画の内容

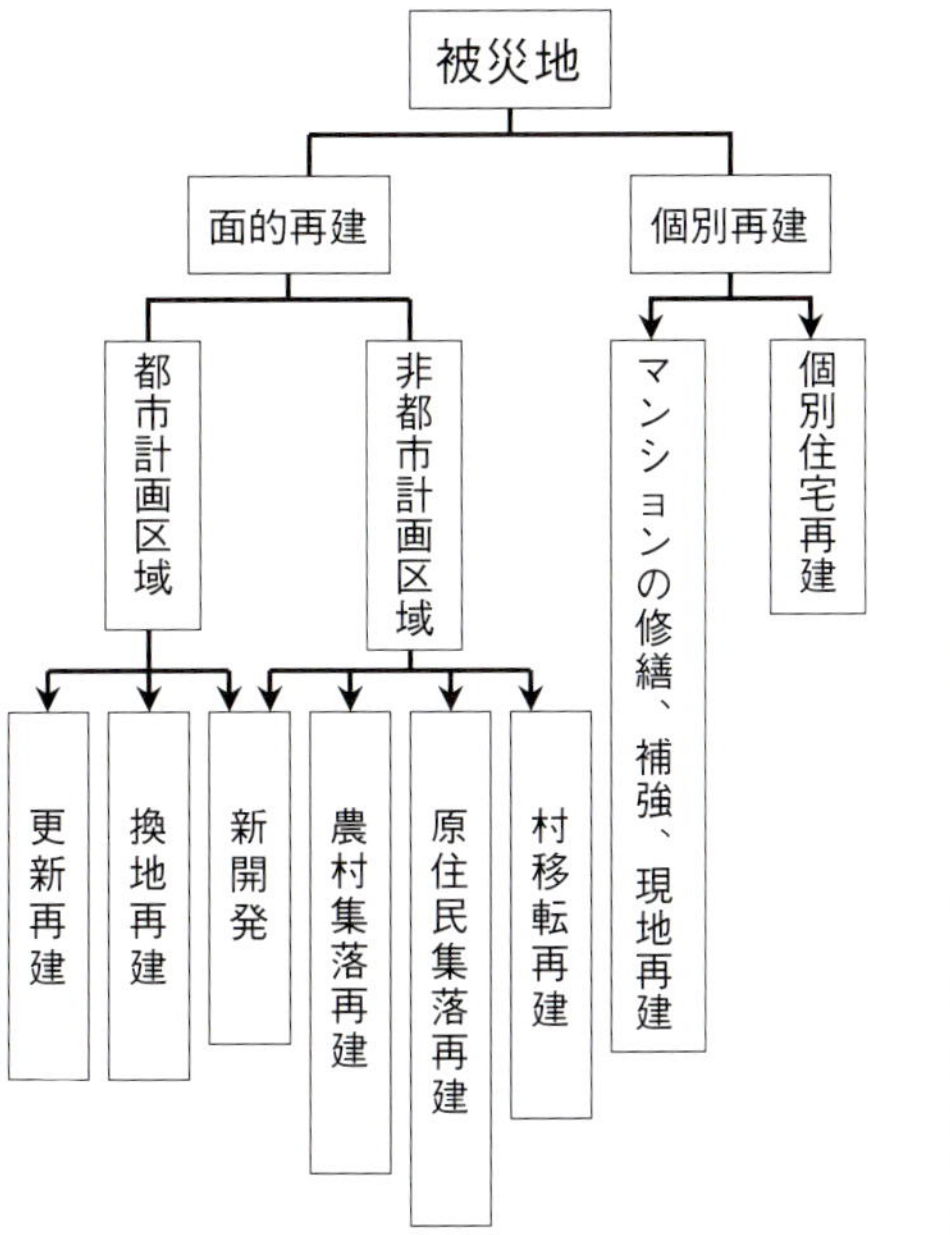

どのため、専門家、建設業者、銀行などと十分連携しなければならない。さらに、行政の審査をうまく通るかどうかは行政の実務経験に関わってくる。そのため、集合住宅再建のプロセスでは、いかにパートナーシップを組み立てられるかが、集合住宅再建成功のキーポイントとなってくる（**図4**）。

図3　集合住宅再建の主なプロセス

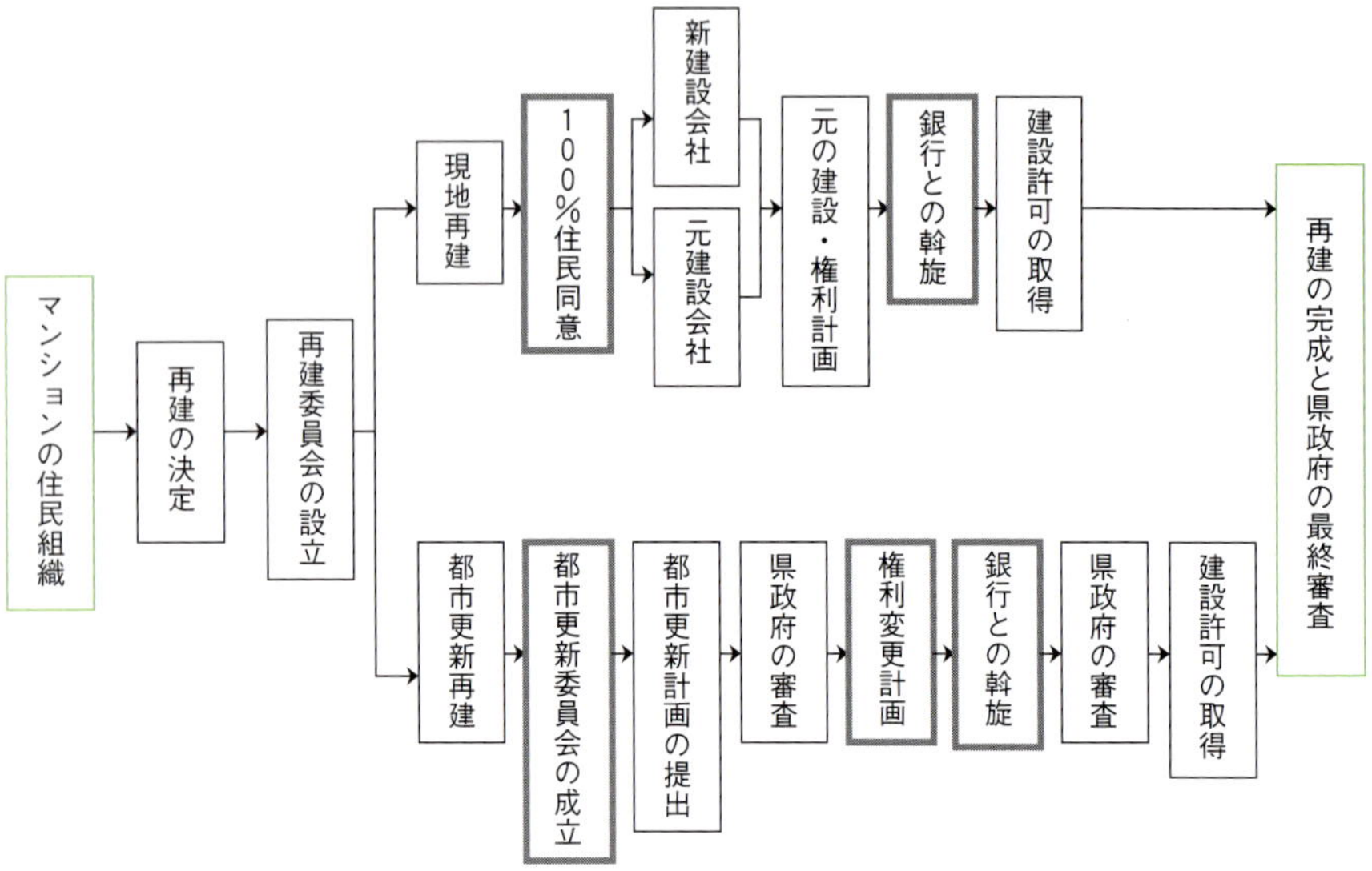

■復興基金は住宅再建をサポートし、集合住宅の再建を促進すること

財団法人921震災再建基金会は各地からの義捐金を管理するために設立された組織で、住宅再建の支援として重要な役割を演じた。支援内容については中・低所得被災者の再建を補助して設計や施工などのサービスを提供することのほか、集合住宅の修繕や都市更新による集合住宅の再建をサポートした。都市更新で集合住宅再建を支援する内容は、都市更新の推進に関わる作業費に対する補助のほか、都市更新型集合住宅再建では50％の土地所有権者が同意すれば可能だが、都市更新の再建に参加しない人の権利を買収して集合住宅の再建に参加すること（臨門方案）や都市更新の再建に参加しない人の権利を換地で交換して集合住宅の再建を促進すること（達陣方案）を含むようになった。こうして、行政による住宅再建策の支援のほか、921震災再建基金会は民間組織として積極的に関わり、住宅再建のプロセスの中で大きな役割を果たした。

図4　集合住宅再建に関する要素

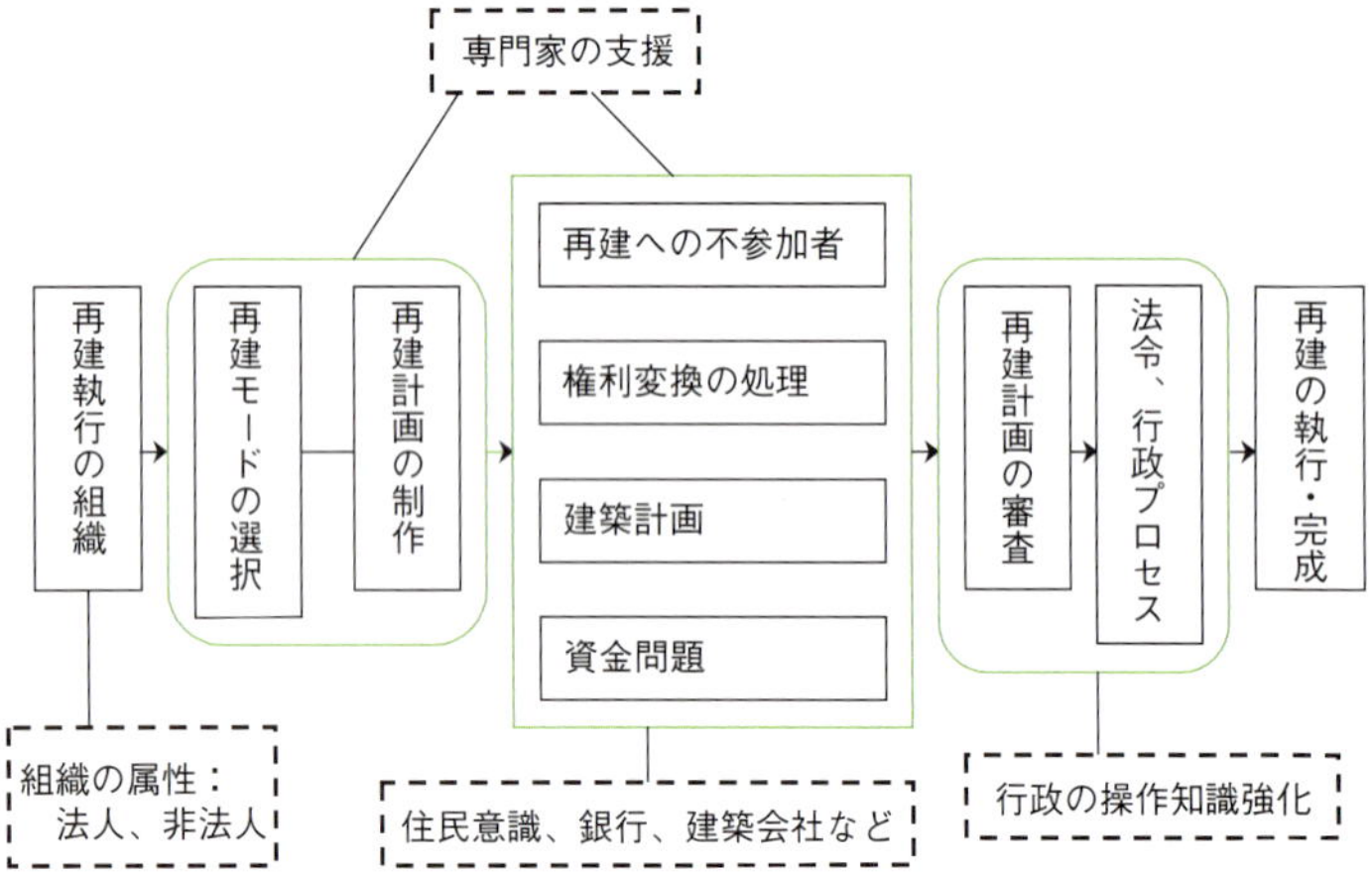

(2) コミュニティ再建方面

■「下から上へ（ボトムアップ）」の精神のもと、再建が進むこと

コミュニティ再建には民意の重視が欠かせないという阪神大震災後の教訓に影響され、1999年11月9日に提出された「災後再建工作綱領」では「社区総体営造（日本のまちづくりにあたる）の新意識」が強調され、各地域の再建について、「下から上へ」「積極的な住民参加、話し合いにより再建を促進すること」が明確に示された。そのため、各郷、鎮、市、さらに地方の最小単位のコミュニティは再建計画を立てる際に、住民のニーズを考慮しなければならないとされた。

■「社区総体営造」の概念に基づいたパートナーシップの重要性

震災前、台湾では5年ほどの間、社区総体営造を推進してきた経験があり、その中で何人かの専門家も育ってきた。しかし、被災地の中部農村部では、それまであまり社区総体営造の経験がなかったといってよい。震災以来、多くの専門家やNPOなどが被災地区に入って、社区営造の考え方を導入しようとしたが、被災地の住民は概して保守的観念が強く、専門家やNPO団体などと協調しにくいため、コミュニティ再建が順調に進まなかった。そのため、外からの専門家やグループはコミュニティ内部の組織と協調し、コミュニティ内部の資源を利用しながら、パートナーシップや信頼関係をいかに構築するかがコミュニティ再建を促進する際、重要な課題である。

■産業や福祉、防災などのテーマと結んでコミュニティ再建が進むこと

被災地の集落や公共施設などに大きな被害を受けただけでなく、人口の流失や産業不振など、既に震災前から存在していた社会問題、生活環境問題が震災によって一気に深刻化したといえる。そのため、コミュニティ再建の際に、公共施設の再建と修復だけでなく、地域の問題を解決するため、産業振興や高齢者見守りなど福祉や防災などと連携しながら再建できれば、コミュニティの永続的な経営と安全な生活環境を創造することができる。コミュニティ再建を促進する要素の関係メカニズムを示すと、図5のようになる。

図5　台湾集集震災後のコミュニティ再建

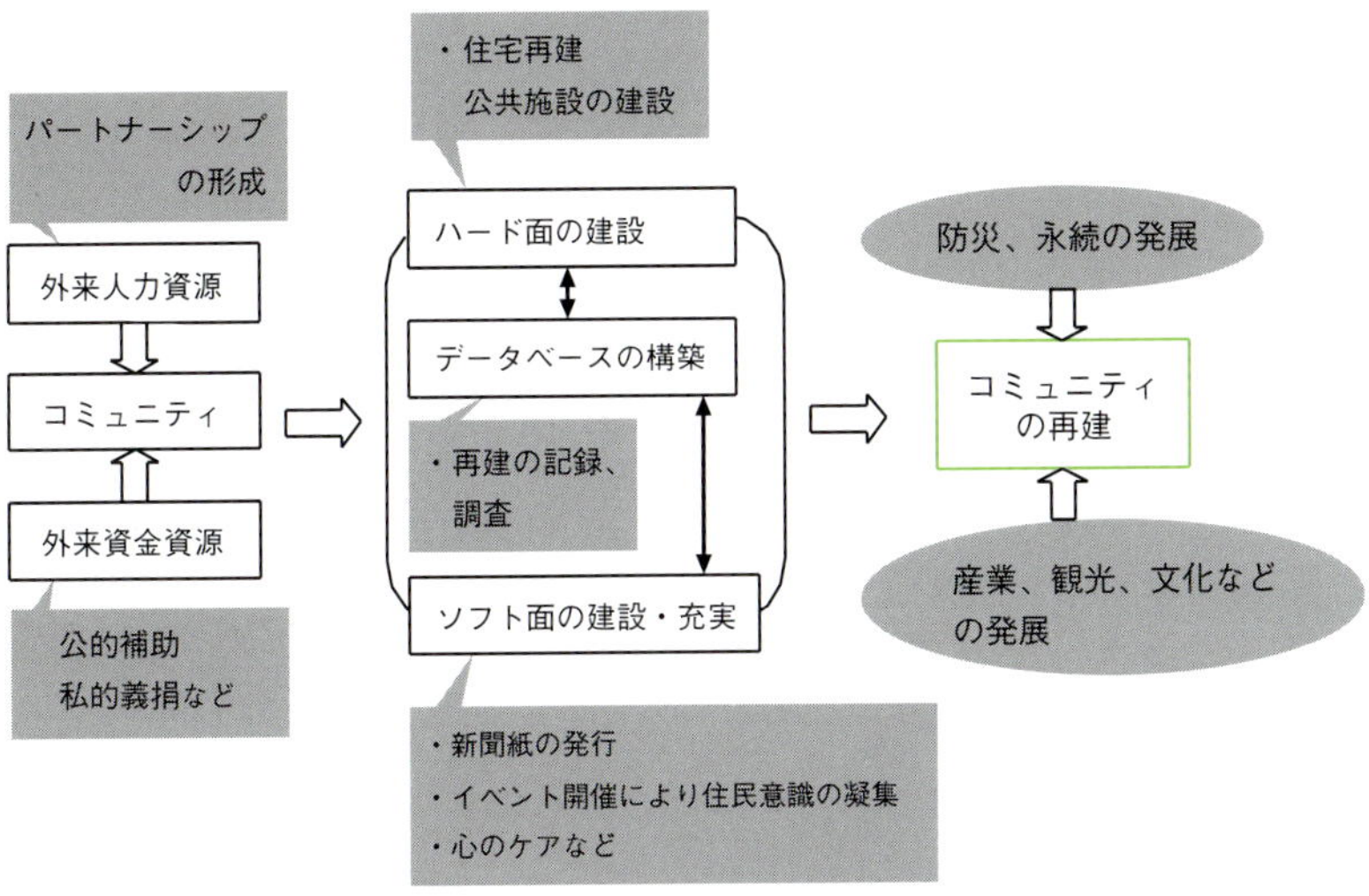

●災害後における再建への発信

阪神大震災における住宅・コミュニティ再建の経験を学習し、台湾集集地震後の再建プロセスへ応用したが、震災属性の違いや異なる社会文化の作用によって、台湾地震の再建では独自の教訓も生み出した。時間、空間と社会構造の相違があっても、阪神大震災の経験から台湾地震の教訓を通して、災害後の再建に関して一般性のある原則をいくつか明らかにすることができる。そしてこうした原則が今後、大規模災害後の住宅・コミュニティ再建に欠かせない要因になる。

■仮住まい時期における多様な対策を応用し、本格再建期までの時間を短縮させること

仮設住宅の建設が必ずしも唯一の対策ではなく、多様な応急対策の利用で、迅速に受け皿を提供することによって、仮住まい時期を短縮し、早期本格再建期に入ることが重要である。

■基金により再建を支援し、行政の再建策を補完して完備させること

阪神大震災あるいは台湾集集震災のいずれの場合も、再建基金で行政の復興政策を補完し、住宅再建やコミュニティ再建などを支援していた。今後、いかに災害復興のプロセスに復興基金を取り込み、支援システムを構築するかは重要なポイントと見られる。

■平常時の経験の蓄積を、災害後の再建に応用し、また、非常時の教訓から既存制度を修正して、既存システムを完備させること

平常時の住宅やコミュニティに関わる管理経験や運営対策などは、災害後の対応の迅速性に影響を与える。そのため、平常時の既存制度の実行経験を蓄積して非常時における再建の準備をすることが大切である。また、非常時の教訓によって平常の既存システムをいかに修正して充実させるかが、今後の災害復興にとって重要な課題だといえる。

■復興過程におけるパートナーシップ構築の強調

阪神と台湾の震災復興では、コミュニティ再建や集合住宅再建などで、専門家、NPO、NGO、行政や住民が協調して、再建のニーズを把握し再建の目標を達成したことを明らかにした。このようなパートナーシップと協働精神のもとで、復興を推進することが重要な要素だと考えられる。コミュニティ再建には、コミュニティ内部の組織はいかに外来資源（外部からの資金や人力の支援）を内部資源（地域管理能力や地域施設）と連携させ、パートナーシップの運営のもとで、住民の学習システムを構築しながら、コミュニティ再建の目標を達成させることが大きな課題になっている。

■多様な課題と絡んで災害後の復興を行うことで、コミュニティの永続的な発展と災害管理概念のコミュニティを創造すること

復興の意味はただ災害前の状況に回復させることだけではなく、いわゆる災害前の環境よりさらに高いレベルに引きあげることにある。災害前、既に存在していた問題は災害により深刻化し、都市や農村の状況によって様々な違った課題が生じてくる。そのため、災害後の復興で災害前の問題を解決するため様々なテーマと結んで再建を行うことは、短期的に被災地の生活環境レベルをあげることだけではなく、長期的な視点に立った、より安全で、永続的な、災害に抵抗できる環境を創造することにある。これこそが災害復興における最終の積極的な目標だといえる。

（邵珮君／台湾長栄大学）

新潟県中越地震と中間支援組織

まち・むらの再生に向けた継続的な協働が地方都市に成立しうるか？

はじめに

平成16年10月23日に発生した新潟県中越地震では、建物被害やライフライン被害といった従来から見られた震災被害だけでなく、土砂崩れや地すべりの頻発に明らかなように、地盤そのものが大きな被害を受けた。その影響は宅地や田畑、道路等にも及び、河道閉塞による天然ダムの形成によって水中に没する集落も発生した。特に旧山古志村（平成17年4月1日より長岡市と合併）では、全村避難が行われ、長期間にわたって住民全員がふるさとを離れざるを得ない状況になった。

写真1　移動井戸端会議の様子（中越復興市民会議提供）

震災発生当初は、阪神・淡路大震災との比較という手法を用いながら被害の状況が伝えられることが多かったが、日本有数の大都市を襲った地震とは被害の特徴に始まり、避難生活や復旧過程、そして現在も継続している復興への足取りも大きく異なっている。

中越地震では「コミュニティ」の強さが発生直後から取りざたされ、「共助」が現実に機能しうるものであることを示すことにもなった。今後の復興へ向けた活動もまた、そのコミュニティの強さをもって取り組むことが望ましいとも言える。しかしはたして地域住民にそれらを全面的にゆだねておいてよいのだろうか？　それが本当に新潟県中越大震災復興ビジョンの掲げる「創造的復旧」に連結していくものとなりうるのだろうか？結論を出すまでにはまだ多くの時間が必要とされるものの、基本的な判断を住民コミュニティに依存するだけでは難しいようにも思える。住民はどうしても「元の場所に戻りたい」「元の生活をしたい」といった思いが強く、集落の持続可能性の担保や、広域的な視点・視野での復旧・復興に向けた判断が下しにくい。その一方、行政の立場でも、具体的な事業の見通しがある程度つけば住民の要望に積極的に応えていけるものの、コミュニティの維持や新しい生業づくり、集落の再編に関する提案などといったものには十分に対処することができないというジレンマもある。

阪神・淡路大震災で大きな被害を受けた神戸では、住民と行政の間に「中間支援組織」の存在が生まれ、被災者の自立を促すと共に将来に繋がるまちづくりを行ってきた。さらに1999年9月21日に発生した台湾921大震災からの復興に際しては、「社区総体営造」の理念を掲げ、専門家の支援の下に住民参加のまちづくり、むらづくりが進められ、中越地震でもみられる過疎高齢化の進む中山間地域の農業集落が新たな命を吹き込まれる形で復興を成し遂げつつある。

ここでは、過去の震災からの復興で大きな役割を果たした「中間支援組織」が中越地震からの復旧・復興プロセスにおいてどのような形で立ち上がり、活動を進めているかについての整理を行いながら、そこに生かされたこれまでの経験や教訓について考察してみたい。

図1　中越復興市民会議の組織構成（中越復興市民会議ホームページより筆者作成）

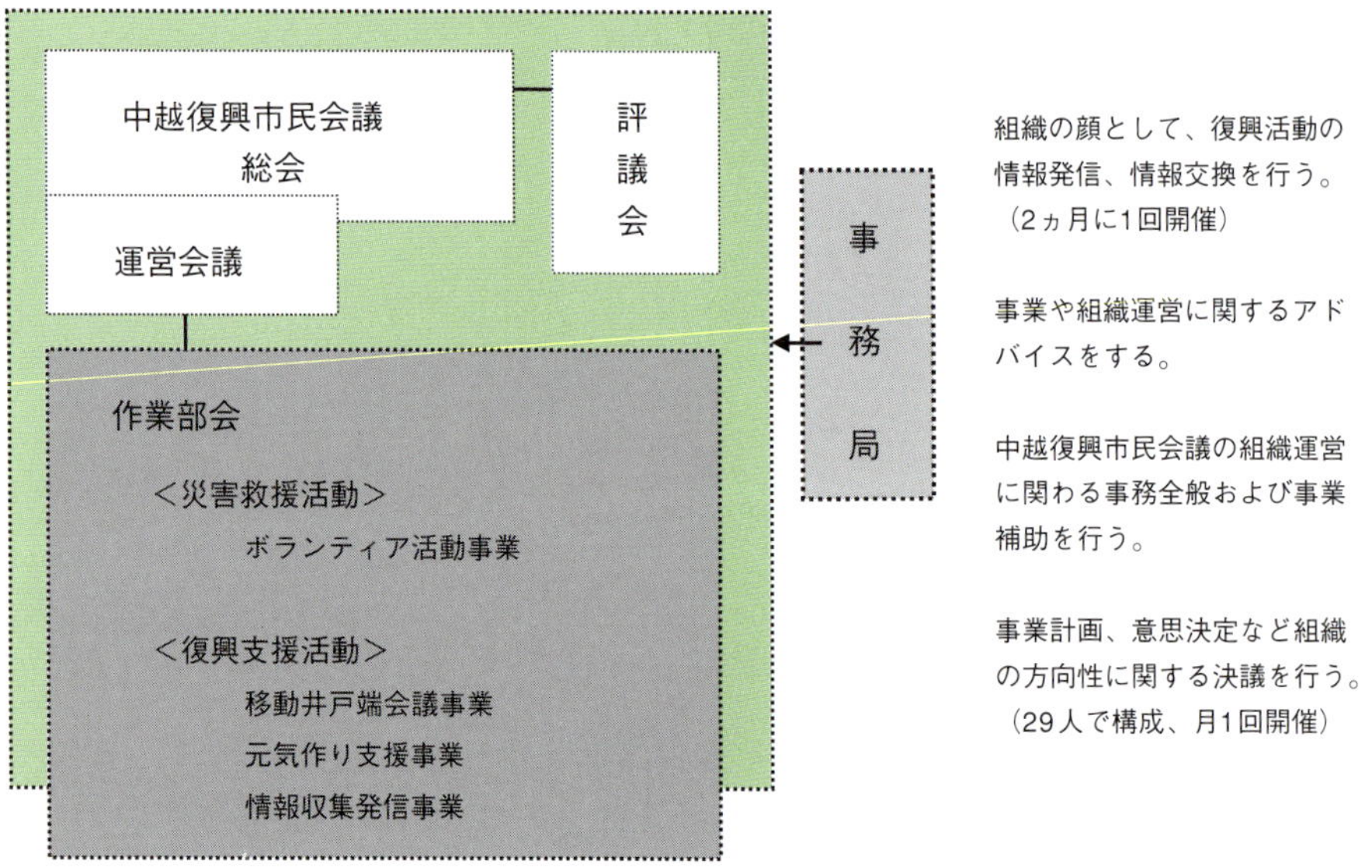

中越復興市民会議
総会
評議会
運営会議
事務局
作業部会
<災害救援活動>
ボランティア活動事業
<復興支援活動>
移動井戸端会議事業
元気作り支援事業
情報収集発信事業
組織の顔として、復興活動の情報発信、情報交換を行う。（2ヵ月に1回開催）
事業や組織運営に関するアドバイスをする。
中越復興市民会議の組織運営に関わる事務全般および事業補助を行う。
事業計画、意思決定など組織の方向性に関する決議を行う。（29人で構成、月1回開催）

大量に発生した避難者とその支援として立ち上がったボランティアセンター

中越地震では、建物被害に比べ、きわめて多くの避難者が発生した。これは17時56分の地震発生直後から断続的に起きた余

表1 中越復興市民会議の作業部会ごとの活動（中越復興市民会議ホームページより筆者作成）

	事業名	活動の目的	具体的な活動
災害救援活動	ボランティア活動事業	災害復旧や仮設住宅での活動などには、ボランティアの力が必要である。また、災害復興におけるボランティア活動のあり方を検証記録していく必要から活動する。	震災ミュージアム事業 ボランティアコーディネート 活動資材調整
復興支援活動	移動井戸端会議事業	各市町村の仮設住宅集会所や公民館を利用し、被災者・高齢者が地域・個人の復興を語れる場所を提供する。そして、話題（課題）を発掘し、問題点を掘り下げながら課題解決の道筋を探る。被災地全体の情報を共有し、生活や心の復興を支えることを目的とし活動する。	各地での井戸端会議事業
	元気作り支援事業	被災地住民の発意・発想を活かし、地域の問題解決や地域の元気を創造する活動（コミュニティビジネス）を通じて住民による創造的な復興を推進することを目的に活動する。	地域の宝探し 復興地図作り 集落座談会など
	情報収集発信事業	HP、メールマガジン、新聞等を利用し、中越地域を中心とした新潟圏域で、中越大震災復興への知恵を集め発信し、中越の一体感づくり、新潟の一体感づくりをすすめる。また、中越大震災をきっかけに、新潟発の復興・防災情報を全国に向けて発信する。	市民会議HP作成 まち復興マガジンの発行

1 記憶と継承

震による影響が大きい。阪神・淡路大震災に比べ4倍以上の有感地震の発生、そしてその震度も余震のレベルをはるかに超えるものであった結果、最大で10万人（10月26日）を超える避難者が生まれることになったのである。

避難形態は多岐にわたり、特に発生当初は自家用車内での避難を選択する被災者が大量に発生した。避難所の中にも施設・設備の損傷で利用不可能な箇所があったこともその傾向を強めることになった。自主的に開設された避難所も多く、そのような場所へは支援物資の供給はおろか、必要な情報も十分に行き届かなかった。

阪神・淡路大震災からの教訓をもとにこのような状況に対応すべく、被災各市町村では社会福祉協議会が主体となってボランティアセンターの開設が行われた。しかしながら一部市町村では地域との兼ね合いから立ち上げがずれ込む場合も見られた。これらの地域の多くが、いわゆる住民同士の協力によってボランティアが想定した数々の役割を自ら担うことができる「地域の力」に長けていたところであることは興味深い。よそもの（といっては語弊があるか

も知れないが）に頼らずとも自分たちで何とかできるというのの行動規範を持ち、地域との密なコミュニケーションを通じて信頼関係を構築した組織の活動である。

しかし10月25日に村長による全村避難が決定された旧山古志村は、その地域の力こそ他の地域に劣らないものの、長岡市内の県立高校をはじめとした各施設に分散して避難せざるを得ない状況下で、ボランティアをはじめとした支援も必要とせざるを得なかった。山古志村民への サポートは避難所が長岡市であることから長岡市災害ボランティアセンターが担うことになったが、すぐに山古志村災害ボランティアセンターとして独立し、活動を開始した。その活動開始に当たってメインのスタッフとなったのは社会福祉協議会のメンバーではなく、「たまたま」当時時間に余裕のあった長岡市民であったこと、そして避難所開設直後に神戸でのさまざまな支援活動を経験してきた方々が当地を訪れ、被災者支援のあり方に関して助言を与えたことで、何でもサポートしてしまう過保護なボランティアではなく、あくまで必要十分な支援を行いながら、最終的には自立を促していこうという支援者側のスタンスが確立された。

同様の動きは川口や小千谷の

避難所や集落を拠点とし、独自の行動規範を持ち、地域との密なコミュニケーションを通じて信頼関係を構築した組織の活動にもみられ、これらの活動が震災後、半年経過した時点での中間支援組織の設立に大きな役割を果たしたといえる。さらに指摘するならば、各地のボランティアセンターの連絡調整の役割を担うべく、県部局（県民生活・環境部）の下部組織的な位置づけで設置された新潟県災害救援ボランティア本部中越センターが、その役割にひとまず区切りがつき、行政からの支援も一旦打ち切られることとなった平成16年度末、組織の発展的解消をしつつ、期間を限定せず継続的な中間支援組織として再スタートを切ろうとしたことも大きな意味を持った。この組織には、中越地震の約3ヵ月前、7月13日に発生した三条・中之島の水害からの復旧にボランティアリーダーとして携わった経験者も多く、そこでの経験もまた継続的に活かされることができたのである。

中間支援組織の設立とその活動

中越地震では、仮設住宅の建設に際してはその必要戸数が少

なかったこともあり、阪神・淡路大震災時と比べるとはるかに柔軟な対応がとられた。仮設住宅への入居希望者に対しては基本的にその要望を受け入れると共に、なるべく従前の集落そのままの近隣関係が維持されるような入居配置がなされたこと、さらには震災発生後2ヵ月を経過した12月中旬から年末までの期間で被災地全域で仮設住宅への入居が行われたこと、そして半年にも及ぶ降雪期に備えるとともに、コミュニティの維持を考慮した向かい合わせの玄関配置や玄関部分に風除室が設置されたことなどがその一例である。そして、仮設住宅への入居を境にボランティアセンターを含めた支援組織も、役割と被災者への関わり方を変容させることとなった。仮設住宅への引越し支援は被災者一人ひとりとの関係を深めていくのに有効な機会となり、その後支援活動がよりソフト的なもの、被災者の自立を念頭に置いたものへシフトすることができたのである。例年より遅く仮設住宅入居直後に本格的な積雪期を迎えたことは、その点から考えると絶好のタイミングとなった。

神戸では「ひとまず考える」という時間的余裕は確保され得なかった。断続的に進捗する復旧・復興へのプロセスの中で、住民の意向を踏まえた今後の地域のあり方の検討に十分な時間を費やすような余裕は存在しなかった。それに比べると、外部での活動が困難な冬の期間に、具体的な復興計画の策定まではできないまでも、被災者一人ひとりとの会話の機会を持つことができた結果、復旧・復興過程における地域ごとの課題を、支援する側も徐々に把握し、今後の対応を考え直す期間とすることができた。冬の間、復旧工事はほぼストップし、すぐにでも村に帰りたい被災者にとってはつらい期間であったかもしれない。しかし、筆者自身は将来的にこの時間は決して無駄にはならないと考える。

このような考え方を共有し、復興に向けた継続的な支援の必要性を様々な局面で実感していた被災地での活動主体が、雪解け、そして新年度を迎えるにあたり、中間支援組織としてより持続可能な形へと協働していくことを志向したのは、その意味では至極自然であったといえるし、さらに、神戸をはじめとする各地で活動する人々がそれを後押しした。そうして「ひとりひとりの小さな声を復興の大きな流れへ」とのキャッチフレーズのもと設立されることになった中越復興市民会議は、産官学の枠を超え、つながりを育てる中間支援組織として産声を上げることになったのである（中越復興市民会議パンフレットより）。同会議は、山古志ボランティアセンターや新潟県災害救援ボランティア本部中越センターのスタッフなどが中心メンバーとなりながら、被災地の復興を継続的に支援しようという意識を持つ人々が集まり、平成17年5月11日に設立総会が開かれ、本格的な活動が始まった。

中越復興市民会議では参加メンバーのこれまでの活動にも考慮しながら、四つの事業展開を目指している（設立当時）。「移動井戸端会議事業」「元気づくり支援事業」「情報収集発信事業」「ボランティア活動事業」である。これら事業のコアとなるリーダーを中心に、参画したメンバーが事業内容についての議論をしながら、より具体的な活動内容や方向性についての議論も行っている。実際、復興の現場では、一つの事業が想定した活動範囲にとどまらず、むしろいくつかの事業が想定した内容をいったりきたりしながら支援活動をしていくというケースも多く、地区単位でのフィールドワークやその後の意見交換、交流拠点づくりといった活動は横断的に実施されているのが実情である。中越地震で一時孤立化し、全世帯に一時避難指示が発令された旧小国町（現長岡市）法末地区などでは、宝探しワークショップを地域内外の参加者と共に行いながら、交流拠点や今後の生業作りを想定した活動を行っていることなどがその一例である（**写真2**）。

写真2　地域の宝探しワークショップの様子（中越復興市民会議提供）

また、情報化社会における活動としてホームページやメールマガジンといった媒体を用いた情報発信も積極的に行っている。メールマガジンなどでは各界からのオピニオンを筆頭に、発行期間内に取り上げられた中越地震関連の新聞記事の見出しなども整理されており、復興過程のアーカイブとしての役割も果たしつつある。これらの活動を継続するためには経済基盤の安定も不可欠であるが、平成18年度までの資金は新潟県中越大震災復興基金や他の資金の確保によって担保されている。

写真3　家屋の片付けボランティアの様子（中越復興市民会議提供）

●中山間地域を内包した地方都市の今後

中間支援組織としての活動は軌道に乗りつつある中越復興市

民会議であるが、その対象たる中越地震の被災地の状況は前途洋々というわけではない。今回の被災地、特に継続的な支援を必要とする地域は、おおむね過疎高齢化の進む中山間地域の農業集落である。今回の被災、そして地域外での仮設住宅の暮らしが継続する中、むらに帰ることをあきらめる若い世代も多い。年金生活をする高齢者に関しては、帰りたい、そこでの生活を再建したいという思いに対して、自給自足的生活の場としての田畑の再建、もしくはその提供によってそれを実現することは比較的容易であるともいえるが、子育て世代や若い世代にとって、継続的にむらに住み続けるために必要な生業や各種のインフラの再建はまだまだ時間がかかる問題であり、最終的にそれらが解決されるためには莫大な災害復旧事業（費）が必要となる。しかしそれを実現するだけの財政措置に対する、被災地内外の様々な状況における十分な合意が図られている訳ではないという、困難な状況にあることもまた事実である。

このような現状を踏まえつつ、今後は被災者とともに地域の将来像を探りながら、希望を持って地域での生活再建に踏み出せるような状況を作り出していくための支援が求められるのであろう。復興、そして地域の再生という長く困難な道のりを共に歩くことができるのかどうか、今後、より一層中間支援組織への期待が高まるだろう。しかし、その責任は重い。ただ幸いにも神戸での経験や、台湾の被災地の人々との交流もあり、そこからの知見、サポートを得ることはできる。今後も前向きに活動していくことで、おのずと道は開けてくるのではないかと期待している。

持続可能な農山村の再生、これを中間支援組織を取り込んだ住民・行政との協働で実現することが出来れば、日本各地で同様の問題を抱える中山間地域の再生に大きな勇気と希望を与えることになる。そのためにも現地の大学に籍を置く筆者もこれまで以上に決意を持って活動を継続していかなければならない。

（澤田雅浩／長岡造形大学）

コラム

中越地震をきっかけに立ち上がった市民組織の数々

新潟県中越地震をきっかけとして、被災地ではいくつかの住民組織が立ち上がり、復興へむけて活動をはじめている。組織の中には震災前からその機運が高まっていたものの、具体的な活動に至らなかったケースもあるが、それよりもやはり震災以降、ボランティアや中間支援組織との関わりの中で、自らの地域の可能性に改めて気づいた結果として組織が立ち上がるケースも多くなっている。ここではそのような組織のいくつかを紹介する。

■震災以前からの活動が背景となったもの

震災以前から地域の活性化などをめざし活動を計画していたものの、目立った動きにはなっていなかったものが、震災を契機としてより積極的な活動展開を図るべく再スタートを切った事例として、川口町和南津地区の「いちじくの会」、長岡市山古志地区（旧山古志村）の「よしたー山古志」などがある。「いちじくの会」は震災前から地域で協働していちじくの生産を行い、それを道の駅で販売するといった活動を行ってきた。軌道に乗りかける前に震災・豪雪にあった結果、しばらく活動は停滞していたものの、震災以降継続的にこの地域の支援を行なっている「オールとちぎ」のメンバーの支援などを得て、現在は新たな目標を掲げながら積極的に活動をはじめている。「よしたー山古志」は山古志地域の主に男性有志が立ち上がって設立した組織であるが、その背景には以前から地域の若者が活性化をめざして活動していた組織の存在がある。現在はまだ活動が軌道に乗ってはいないものの、最終的にはNPO法人化も視野に入れつつ、地域ごとに収穫された米を食べ比べるイベントや、文集の作成、さらには地元産品を活用した商品開発などを計画している。

震災以前から都市—農村交流を推進し、交流拠点なども整備されていた地区が、被災を契機にさらに他の地域からの支援を受けてパワーアップしているケースが長岡市小国地区（旧小国町）の「法末たっしゃら会」であろう。法末集落は、震災前から姉妹都市でもある武蔵野市との交流や、新潟大学農学部との交流などがあり、地域の活性化への取組みがなされてきた。震災によって交流拠点であった「法末自然の家　やまびこ」が被災し、利用が出来ない状況にあった。しかしそこにこれまで縁のあった人や組織だけでなく、NPO法人日本都市計画家協会が主体となった中越震災復興プランニングエイドなども支援に入った。これまでの蓄積に加え、新たな支援を得て、集落では「いつまでも住み続けられる」ことを目的として「法末たっしゃら会」を設立、住民が自ら積極的に関与して活動を行っている。

■震災が契機となったもの

震災が契機となり、地域の活性化をめざして活動を行っている事例としては、小千谷市塩谷地区の「芒種庵を作る会」、川口町木沢地区の「フレンドシップ木沢」、同じく田麦山地区の「いきいき田麦山」などがある。そのうち「芒種庵を作る会」は、集団移転事業によって平野部の土地に移転する住民の家を交流拠点とすべく、地域住民ならびに継続的な支援を行ってきたヒューマンシールド神戸や日本財団といった外部支援組織との連携により手作りで実現を目指している組織である。その資金確保のために制作したTシャツの販売も順調である。活動を通じてこの震災を契機に集落を離れる人との絆や、残る人の地域への意識が向上し、それが新たな活動への意欲へと繋がっている。他の地区でもこれまでの日々の生活や地域維持のための活動を超えた積極的な動きが見られつつある。

■「よそもの」の存在

これらの活動が生まれてきた背景には震災があるのは明白であるが、やはり震災前後からそれらの地域を支えてきた外部からの支援、「よそもの」の視点と関わりが重要となっている。さらにこのような活動に関する方法を集約し、次へとつなげる動きを見せる中越復興市民会議の存在も大きい。今後も他の地域にこのような動きが広まっていけば、震災をいい意味での契機として地域の立て直しを図ることができるのではないだろうか。そのためにも息の長い活動を行っていく必要があるだろう。

2 平時のまちづくりの方法

地区まちづくりを支えるルールづくり制度の実践

「地区らしさ」を大切にした市街地更新のためのルールづくり

　阪神・淡路大震災の復興プロセスは、被災地以外の既成市街地がおそらく辿るであろう市街地の更新が一時期に急激に起こった都市現象であり、現行の都市計画規制が抱える構造的な問題を浮き彫りにした。例えば、震災前からの都市計画規制のまま、敷地ごとの個別的な再建の積み重ねによる市街地復興を目指した、いわゆる灰色・白地地域（復興都市計画事業区域以外の地域）と呼ばれる地域の中には、本来その地区が目指すべき土地利用とは異なる、あるいは地区住民が思い描いていた住環境像とは異なる土地利用転換が短期間に集中した結果、わずか10年で街並みや住環境ががらりと変貌した地区も少なくない。

　近年、東京都区部などでも、地価の下落、公的機関・学校等の移転・廃止により、大規模跡地の土地利用転換が活発化し、地区住民と開発業者や自治体とのもめごとを多発させている。この背景には、現行の都市計画規制が、そもそも様々な規模と用途の建築物の混在を許容するような非常に緩いものであり、地区の住環境や街並みを守るための基準としては不十分であること、規制内容と地区住民の思い描く住環境像に大きなギャップが存在していることがある。その地区らしさを大切にした復興、そして平時においても、その地区らしさを大切にした市街地更新が、現行の全国一律の法制度の枠組みのみでは、いかに難しいかを示唆していると言えよう。

　神戸市の灰色・白地地域の住居系既成市街地では、個別再建のピーク期であった2年間に、震災前から既にまちづくり協議会が立ち上がっていた地区以外は、地区計画等のルールづくりがほとんど実現しなかった。これは、震災復興という過程では、そもそも遠隔地の仮設住宅や親戚等の家で生活していた被災者が多数を占め、地区住民等が集まる場や機会を持つことが難しかったという事情が影響している。つまり、大震災が発生し、個別再建ピーク期を迎えるより前に、地区住民の意向を十分踏まえたルールづくりにいきなり着手することは、現実的に極めて困難だと言える。したがって、平時から、地区の実情に合ったルールづくりを推進し、地区の実情に合った市街地更新を誘導しうる仕組みづくりを本腰を入れて早急に構築し、そして実践しておく必要があることは言うまでもない。

　神戸市では、全国的にも最も早い段階から、まちづくり条例を施行し、建築協定や地区計画だけでなく、震災前から、「まちづくり協定」「景観形成市民協定」を、震災後には、「近隣住環境計画」という神戸市独自のルールづくり制度を展開してきた。本稿では、地区まちづくりを支えるルールづくり制度の先進自治体として、神戸市のルールづくり制度に対する取組みやその特徴を検証することにより、今後の地区らしさを大切にした市街地更新を誘導するためのルールづくり制度構築の際に検討すべき論点を明らかにする。ここで、ルールづくり制度とは、一定の区域内における主として建築・開発行為に関わるものを対象とする。

神戸市における独自のルールづくり制度の特徴

　神戸市は、法律に基づく建築協定・地区計画以外に、「まちづくり協定」「景観形成市民協定」「近隣住環境計画」という神戸市独自のルールづくり制度を三つ備えており、全国的にも先進的な自治体である。この背景には、法律に基づく建築協定や地区計画のデメリットを補完する、あるいは全く新たな視点で制度を構築することにより、多様な地域特性や住民組織特性に合う神戸市独自のルールづくり制度を展開する必要があったと捉えることができる。法律に基づく建築協定や地区計画の具体的なデメリットとしては、建築協定は、協定締結にあたり全員合意が必要であり、ハードルが高いこと、地区計画は、ルールとして定められる項目が一定のメニューに限定されており、地区が目指す多様なまちづくり目標に合わない場合もあること、地区住民等の合意形成に時間・手間がかかること、ルールづくり後の運用も行政まかせとなることなどが挙げられる。表1に神戸市におけるルールづくり制度の特徴を示す。

(1) まちづくり協定

　「まちづくり協定」は、地区計画（建築条例に定められたもの）に比べ、法的担保力は劣るが、ルールとして定められる項目を柔軟に設定できるようにしている。条例に基づき、まちづくり協議会と市長が締結する協定であるため、住民間で締結される紳士協定に比べ、公的関与の程度が高く、計画不適合の場合には、市が建築・開発行為者と協議を行うことができ、その際、まちづくり協議会もその協議に対し、市長に意見を述べることができるなど、ルールづく

写真1　まちづくり協定を締結した深江地区―緑化推進等に関する計画協議に配慮したマンション

表1　神戸市におけるルールづくり制度の特徴

	建築協定	地区計画	神戸市独自のルール制度		
			まちづくり協定	景観形成市民協定	近隣住環境計画
創設時期	震災前	震災前	震災前	震災前	震災後
根拠法	建築基準法	都市計画法・建築基準法	神戸市地区計画および まちづくり協定等に関する条例 （まちづくり条例）	神戸市都市景観条例	神戸市民の住環境等を まもりそだてる条例
概要	建築物に関する環境維持を図るために定める協定	地区施設と建築物等の地区ごとの一体的整備・保全に関して定める計画	住み良いまちづくりを推進するために必要な事項を定める協定	市民相互による身近な都市景観の形成を目的に定める協定	「向こう三軒両隣り」など市民にとって身近な単位で、地域の特性を踏まえた健全で快適な住環境等の保全および育成を図るために定める計画。建築規制について緩和等の弾力的な運用が可能
主体	区域内の土地所有者等が 全員合意により締結し、 市長が認可	市町村が定める	まちづくり条例に基づく認定まちづくり協議会と市長との間で締結	一定の区域内に存する土地所有者等が協定を締結し、市長が認可	市長が定める
主な項目	■協定区域 ■建築物に関する基準 ・建築物の敷地 ・〃　位置 ・〃　構造 ・〃　用途 ・〃　形態 ・〃　意匠 ・〃　設備 ■協定の有効期間 ■協定違反があった場合の措置	■地区計画の方針 ■地区整備計画 ※必要なものを定める ●地区施設の配置および規模 ●建築物等および敷地の制限に関する事項 ●土地利用の制限に関する事項	■協定の名称 ■地区の位置および区域 ■地区のまちづくりの目標、方針その他住み良いまちづくりを推進するために必要な事項 （例：深江地区の場合） ・建築物の用途の制限 ・壁面等の位置の制限 ・垣、柵等の構造の制限 ・荷さばき等駐車用地の設置 ・ファミリー形式住戸の奨励 ・周辺環境への配慮 ・正しい生活マナーの遵守	■協定の名称および目的 ■協定の対象となる区域 ■協定を締結した者の氏名および住所等 ■都市景観の形成に必要な基準 ■協定の有効期間 ■協定の廃止または変更の手続き ■協定の対象となる区域の都市景観の形成に関し必要な事項	■名称および区域 ■区域内における住環境等に係る目標 ■区域内における建築物その他の工作物、および道路の整備の方針、および計画 ■健全で快適な住環境等の保全および育成を図るために必要な事項 （例：泉通6丁目地区の「うるおいのある路地づくりタイプ」場合） ・住環境等の目標 ・道路の整備の方針および計画
手続き	協定書作成（全員合意） ↓ 認可申請書の提出 ↓（公告・縦覧・公聴会） 建築協定の認可	行政と住民で計画案を検討 ↓ 都市計画決定手続き 地区計画等素案 ↓（公告・縦覧・意見書） 地区計画等の案 ↓（都市計画審議会） 都市計画決定	協定案の作成・まちづくり協議会による議決 ↓ 協定締結要望書の提出 ↓ 市長とまちづくり協議会の間で協定の締結	協定書の作成 ↓ 認定申請書の提出 ↓ 市長による協定の認定	行政と住民で計画案を検討 ↓ すまい審議会住環境部会・建築審査会による運用基準の承認 ↓ 計画案の策定 ↓（公告・縦覧・意見書） 審議会による計画案の審議 ↓ 計画の決定・告示
運用体制	協定参加者で組織した協定運営委員会によるチェック ※地区によって、活動内容（事前協議の受理・審査や建築工事中および建築完了後のチェック等）が異なる	区域内で建築行為等を行う場合、市へ届出	区域内で建築行為等を行う場合、市へ届出 ※地区によっては、別途、地域住民等で組織した協定運営委員会への届出、必要な場合、協議を必要としている	※条例等で定めはなく、地区によって異なる （例）区域内で建築行為等を行う場合、地域住民等で組織した協定運営委員会へ届出	区域内で建築行為等を行う場合、市へ届出
担保力	違反の場合、協定運営委員会と届出者が協議。 協定違反者が是正の請求に従わない場合、裁判所に提訴	計画不適合の場合、市が設計変更などを勧告。 建築条例に定めれば、計画不適合の場合は確認申請がおりない	計画不適合の場合、市と届出者が協議 ※ まちづくり協議会は市長に意見を述べることができる ※ 必要な場合、まちづくり専門委員の意見を聴く	計画不適合の場合、協定運営委員会と届出者が協議	計画不適合の場合、市が設計変更などを勧告
建築規制の緩和の可能性	なし	一部の型（街並み誘導型等）にあり	なし	なし	あり

り後の運用も市と住民の協働で行うことができるようになっている。さらに、2005年8月末時点で締結されている9地区のうち6地区が、建築・開発行為者に対して、市への届出以外に、別途、まちづくり協議会への届出や説明を課す「仕組みづくり」もしており、ルールづくり後も、実際に地元協議会がルールの管理に関与している。ただし、条例に基づく認定まちづくり協議会が立ち上がっていることが前提となっている。

(2) 景観形成市民協定

「景観形成市民協定」は、一定の区域内に存する土地所有者等が自主的に結んだ協定を市が認定するというもので、「建築協定」と似ているが、協定締結にあたり全員合意は必要とせず、ルールとして定められる項目も、区域の都市景観の形成に関して必要な事項に関して柔軟に設定できるようになっている。条例に位置づけられているため、「まちづくり協定」には劣るものの、住民間で締結される単なる紳士協定に比べれば、公的関与の程度が若干高い。またルールづくり後の運用も、地域住民等で組織した協定運営委員会が主体的に行うものとなっており、地区住民等の関与の程度は高い。2005年8月末時点で締結されている5地区すべてで、建築・開発行為者に対して、協定運営委員会への届出を課している。計画不適合の場合には、協定運営委員会と建築・開発行為者が直接協議を行うこととなっている。

写真2　景観形成市民協定を締結した魚崎郷地区―酒造地域固有のまちなみ形成ルールに配慮したホームセンター

写真3　近隣住環境計画を策定した泉通6丁目地区―道路空間の植栽によるうるおいのある路地づくり

(3) 近隣住環境計画

「近隣住環境計画」は、向こう三軒両隣などの小さな単位でルールづくりを行うことを条件に建築規制の緩和を可能とする点が他のルールづくり制度と大きく異なる。「うるおいのある路地づくりタイプ」や「まちかどタイプ」など、複数のタイプが設定され、適用地域や適用手法などのメニューに応じて、タイプ別に市が運用基準を設けている。また、平成5年に既に制度化されていた神戸市独自の制度「インナー長屋制度」も「近隣住環境計画」制度に包含された。

「インナー長屋制度」とは、インナーシティ内において、長屋等の老朽住宅の更新を建築行政の立場から促進することを目的に、建築基準法の集団規定について、地区計画または建築協定の締結を条件に、より地域の状況に適合した合理的な運用(街区全体を角敷地指定することによる建ぺい率の緩和等)を行う制度であるが、「近隣住環境計画」制度は、インナー長屋制度をより小さなまとまりから、市内のどこででも(地区計画または建築協定という必須要件はない)実施できるように拡充したものである。

「近隣住環境計画」は、ルールとして定めるべき項目が、運用基準で定められており、地区計画のようなメニューの限定はない。その一方で、地区計画と同様に、市長が定めるものであり、計画不適合の場合には、市が設計変更等を勧告することもできることから、「まちづくり協定」や「景観形成市民協定」に比べ、公的関与の程度は高い。しかしながら、建築確認と連動していないため、地区計画(建築条例に定められたもの)に比べ、法的担保力は弱い。ルールづくり後の運用は、実際に策定された事例では、市への届出のみで、「まちづくり協定」や「景観形成市民協定」に比べ、地域住民等の関与の程度は低い。近隣住環境計画は1999年に施行を開始した制度であるが、約5年間で1地区の締結にとどまっている。この理由としては、この制度自体がまだ市民に理解・定着されていないこともあるが、向こう三軒両隣レベルとはいえ、地区住民や建築業者等にとっては、そのルールづくりや合意形成にかかる時間や手間というハードルは高く、建築規制の緩和を受けないで、現行の法規制のままで建ててしまうケースが多い。

神戸市のルールづくりの実績

2005年8月末時点における神戸市のルールづくりの実績は、西区や北区や埋立地等の新規開発地区において、開発業者等が事前に準備したタイプの建築協定や地区計画が約75%(183地区中137地区)を占めている(**表2**)。また復興土地区画整理事業等の都市計画事業に関連した地区のほとんどが地区計画を締結している。その一方で、地区の実情に合った市街地更新を誘導するために最も求められている既成市街地、とりわけ住居系市街地におけるルールづくりは21地区と、全体の実績地区数から見れば1割強である。しかし、その約半数の11地区が、震災を契機に、ルールづくりが進んだことがわかる(**表3**)。さらに、ルールづくりを行った住居系既成市街地の約半数が、神戸市独自のルールづくり制度を選択しており、とりわけ、まちづくり協定の利用が多いことにも注目すべきである。

まちづくり協定や景観形成市民協定など、地区特性や地区住民の意向に柔軟に対応しうる独自のルールづくり制度が震災前から既に用意されていたことが、震災を契機にした住民主体のルールづくりの進展と地区らしさを大切にした市街地更新に役立ったと言えよう。これは、まちづくり協定のもつ、ルール項目の柔軟性や、ルールづくり後の地域住民等の関与の可能性が、神戸市の住居系既成市街地の地区特性や地区住民の意向にフィットしているものと捉えることができる。例えば、神戸市東灘区の深江地区では、まちづくり

表2　神戸市のルールづくり実績

<table>
<tr><th rowspan="2"></th><th rowspan="2">都市計画事業に関連した地区</th><th rowspan="2">新規開発地区</th><th colspan="3">既成市街地</th><th rowspan="2" colspan="2">合計</th></tr>
<tr><th>商業・業務拠点系</th><th colspan="2">住宅系市街地(うち、震災後にルールづくりに必要な住民組織等の組織が結成された地区)</th></tr>
<tr><td>建築協定</td><td>0</td><td>100</td><td>1</td><td colspan="2">3(2)</td><td colspan="2">104</td></tr>
<tr><td>地区計画</td><td>15</td><td>37</td><td>5</td><td colspan="2">7(4)</td><td colspan="2">64</td></tr>
<tr><td>まちづくり協定</td><td>0</td><td>0</td><td>0</td><td>9(3)</td><td rowspan="3">11(5)</td><td>9</td><td rowspan="3">15</td></tr>
<tr><td>景観形成市民協定</td><td>2</td><td>0</td><td>2</td><td>1(1)</td><td>5</td></tr>
<tr><td>近隣住環境計画</td><td>0</td><td>0</td><td>0</td><td>1(1)</td><td>1</td></tr>
<tr><td>合計</td><td>17</td><td>137</td><td>8</td><td colspan="2">21(10)</td><td colspan="2">183</td></tr>
</table>

※1：2005年8月末時点の実績
※2：地区計画とまちづくり協定は、重複して締結した地区が2地区あり

協定を締結すると共に、住民組織と建築・開発行為者が直接、計画協議を行う仕組みづくりも行い、法的な位置づけが曖昧なまちづくり協定の実効性を社会的・実態的な点から強化している。深江地区では、建築・開発行為者との直接的な計画協議という仕組みがあることで、一般的な建築基準法・都市計画法では地区ニーズに即したきめ細かな誘導が困難な事項（緑化推進・駐車場の出入り口等の位置・建物管理等）についても、地区住民の要望を取り入れたマンション開発が実現するなど、様々な効果が確認されている（コラム参照）。

●ルールづくり制度構築に際して検討すべき論点

神戸市では、多様な地区特性や住民組織特性に合わせるため、「機動性」と「選択可能性」の拡大を視点に、独自のルールづくり制度を展開していた。この取組みは、今後、特に既成市街地において、地区の実情に合った市街地更新を誘導するためのルールづくり制度を構築する際に検討すべき論点を提供していると言える。具体的には、下記の12点が挙げられる。

①計画区域の単位…向こう三軒両隣レベルといった小さな単位も可能とするか？

②ルール項目の柔軟度…ルールの運用や実効性を鑑みながら、地区住民が目指す（思い描く）総合的なまちづくりへの思いにどうフィットさせるか？

③地区住民等の組織形態…「まちづくり協議会」といった新たな組織の設立は必要とするか？ 地区住民等の組織と自治体との関係（まちづくり協議会の認定等）をどうするか？

④地区住民等の合意の程度とその手続き…全員合意や合意割合を示す数値基準等を必要とするか？ 手続きのスピードアップ・簡略化をどうするか？

⑤ルール決定の主体…自治体がルール決定するのか？ 自治体がルールを認定するのか？ 自治体と地区住民等の組織との間で協定を締結するのか？

⑥公的関与の程度…自治体に対する届出を課すか？ 自治体との計画協議を可能とするか？ 計画不適合の際、自治体からの助言・指導・勧告・公表等を可能とするか？

⑦ルールづくり後の地区住民等の関与度…地区住民組織等への届出や計画協議といった仕組みを入れるか？

⑧建築規制緩和の有無…どのような項目の緩和が可能・適切か？ その基準をどう設定するか？

⑨ルールの担保力…守られるルールとするためにはどのような仕組み（公的関与（届出・計画協議・助言・指導・勧告・公表等）で乗り越えるか？ それとも地区住民組織の関与（届出・計画協議等）で乗り越えるか？

⑩ルールづくり支援…ルールづくりへ至るまでの情報提供・まちづくり活動や専門家派遣等の支援をどこがどのように行うのか？

⑪ルールづくり後の支援…ルールづくり後の地区住民組織等と自治体との協働体制をどう設定するか？ 適正な計画協議の遂行のための支援（専門家や自治体の継続的な関与等）をどう構築するか？

⑫ルール内容の決定プロセス…地区内、および地区外に対して、ルール内容の周知・説明の機会や公告・縦覧・意見書等のプロセスをどう設定するか？

今後、地区の実情に合った市街地更新を誘導するためのルールづくりを充実・推進するためには、各自治体がこれらの論点を「機動性」と「選択可能性」の拡大を視点に、かつ各自治体の地区特性や住民特性等を鑑み、適切に組み合わせ、多様な地区の実情に対して適材適所で利用できるルールづくり制度を、早急に充実・推進する必要がある。

近年、まちづくり協議会の住民が、他の住民の同意を得るという大きなハードルを解放するために、まちづくり協議会と自治体が協働して、地域の合意形成を高める新しい仕組みを盛り込んだまちづくり条例を施行した自治体（国分寺市）や、市民からの地区まちづくりに関する提案の際のハードル（地区住民組織や合意基準等の要件等）を出来る限り低くしようという視点でルールづくり制度を支えるまちづくり条例を検討している自治体（戸田市）など、各自治体の創意工夫により、平時のまちづくりの方法を充実させる自治体が見られるようになった。

ルールづくりが進まないのは、確かに、住民のまちづくり意識の低さもあるが、それを嘆くばかりではなく、各自治体の創意工夫と機動的な対応が、地区らしさを大切にした市街地更新の実現に向け、今、求められていると言えよう。

（野澤千絵／東京大学先端科学技術研究センター）

表3　住宅系既成市街地におけるルールづくり実績年表

制度名	1994年度以前	1994年度	1995年度	1996年度	1997年度	1998年度	1999年度	2000年度	2001年度	2002年度	2003年度	2004年度
建築協定	■御影山手４丁目東南	阪神・淡路大震災発					●観音荘			●御影43号線周辺		
地区計画	■真野 ■岡本 ■新長田東			●御蔵通2丁目（用途別容積型） ■野田北部（街並み誘導型）			●長田東部（防災街区整備）			●駒ヶ林駅南		
まちづくり協定	■真野 ■岡本 ■北須磨団地		■深江	■新在家南		●西二郎			●森南町1丁目 ●大石南町		●青木南	
景観形成市民協定	※制度は1990年からあるが、震災前は実績なし					●魚崎郷						
近隣住環境計画							●泉通6丁目					

（補注）■：震災前にルールづくりに必要な住民組織等の組織が結成された地区　●：震災後にルールづくりに必要な住民組織等の組織が結成された地区

コラム

神戸市深江地区まちづくり協定に基づく計画協議の概要

●深江地区まちづくり協定の概要

深江地区は、阪神間に位置する交通至便な住宅主体の市街地（区域面積：約170ha、用途地域：1種中高層・1種住居・準住居・近隣商業・準工業）であり、東灘区の浜手に位置する住商工複合の街であったが、国道43号線等、幹線道路沿道の交通弊害、駐車場不足、鉄道と道路の平面交差、駅周辺の路上駐車、老朽木造住宅の密集等の多くの問題を抱えていた。そのため1990年7月にまちづくり協議会が結成された。1993年6月に条例に基づくまちづくり協議会として認定され、1993年8月にまちづくり構想の提案を行い、1995年11月には「庶民的で住み良い街への改善」を基本理念にしたまちづくり協定を締結した。具体的なまちづくり協定の内容は、①建築物等の用途の制限（風俗営業・風俗営業関連等）、②壁面等の位置の制限（指定した路線沿道の敷地で、原則、建築物の1階部分の壁等を1m以上後退。ただし協定締結前から存在する建築物、およびやむを得ない事情の場合は、原則、適用除外）、③垣・柵等の構造の制限（道路に面する塀や柵はできるだけ生垣または透視可能なフェンスとし、植栽を併設。ただしやむを得ない事情の場合は適用除外）、④荷さばき等の駐車用地の設置（延べ床面積1000㎡以上の事業所等）、⑤ファミリー形式住戸の奨励（ただし事情により賃貸集合住宅を建設する場合はまちづくり協議会と協議）、⑥周辺環境への配慮（騒音、悪臭、日照障害等の防止に配慮すると共に、敷地内の清掃、緑化等周辺環境の迷惑にならないように配慮）、⑦正しいマナーの遵守（路上駐車の禁止、自動販売機やプランター等の路上へのはみ出しの禁止、ペットのフンの後始末、定められた時間、場所へのゴミ出し等、正しい生活マナーの遵守）である。

●まちづくり協定における届出・協議の実態

深江地区内で、建築物の新築、増築等を行う場合には、行為着手30日前まで（建築確認申請を要する場合は申請の前）に、神戸市に対する届出が必要であり、協定に適合すると判断された場合、神戸市から適合通知書が郵送される。ここで、深江地区の特徴は、まちづくりに影響がある案件については、神戸市への届出とは別途、まちづくり協定運営委員会（以下、協定運営委員会）に対する届出を課し、まちづくり協定に適合しているかどうかについて審議し、必要に応じて建築・開発行為者との協議を行うという仕組み（下図）を取り入れている点である。協定運営委員会は、原則として月1回、定例会を開催し、専門家・神戸市がアドバイザーとして同席のもと、協定の運用細則に照らし、違反の有無などを審議（委員会の採決は多数決）し、その結果を神戸市に連絡している。神戸市は、協定運営委員会の判断を尊重しながら、協定運営委員会における協議内容等をふまえ、適合・不適合の判断を行っている。そのため、神戸市から適合通知書が送付された場合でも、協定運営委員会としては、適合とは見なせない。つまり「未適合」とする案件も存在している。これは、神戸市としては、まちづくり協定に適合していれば、協定運営委員会から意見が出されても、建築基準法・都市計画法、および当該まちづくり協定で定められた内容の上乗せ・横だし規制となるような強い行政指導は困難であることが背景にある。そのため、協定運営委員会自らが、神戸市とは別途、建築・開発行為者等と協議を行い、協議後に、その計画に対する確認（チェック）活動も行っている。実際の運用では、協定運営委員会による審議で「協議事項あり」とされた場合、協定運営委員会事務局メンバーが、委員会の場で協議すべきと判断された事項に関して、建築・開発行為者等と直接、協議を行う場合が多いとのことである。

●計画協議の実効性

協定締結から4年10ヵ月間に当地区の協定運営委員会に届出があった114事例を分析した。その結果、建築・開発行為者による協定運営委員会への届出はおおむね遵守されていると共に、「壁面等の位置の制限」「荷さばき等の駐車用地の設置」といった届出時の図面等で簡単にチェック可能な事項に関しては、まちづくり協定による規制のみでも協定の遵守状況に実効性が見られた。さらに、全届出件数の約7割で、建築・開発行為者に対し、何らかの協議要望が行われていたが、適合確認まで数ヵ月かかる案件（最長5ヵ月）が見られるものの、最終的には、計画協議を行った約9割の案件で協議が整っていた。また、「緑化推進」「駐車場の出入り口等の位置」「建物管理」等の一般的な建築基準法・都市計画法では地区ニーズに即したきめ細かな誘導が困難な事項についても、建築・開発行為者との直接的な計画協議があることにより、地区住民の要望を取り入れたマンション開発等も実現していた。このように、住民組織による計画協議という取組みが、法的な位置づけが曖昧なまちづくり協定の実効性を、社会的・実態的な点から強化していると言える。

しかしながら、まちづくり協定は、確かに、市と住民等が協働でルールを管理できる点がメリットであるものの、一方で、地元住民等による協定運営委員会メンバーの時間的・労力的負担も大きく、後継者問題も含め、その継続性に対して、今後、何らかの取組みが必要となってくるものと考えられる。

（野澤千絵）

深江地区まちづくり協定に基づく届出・協議の流れ

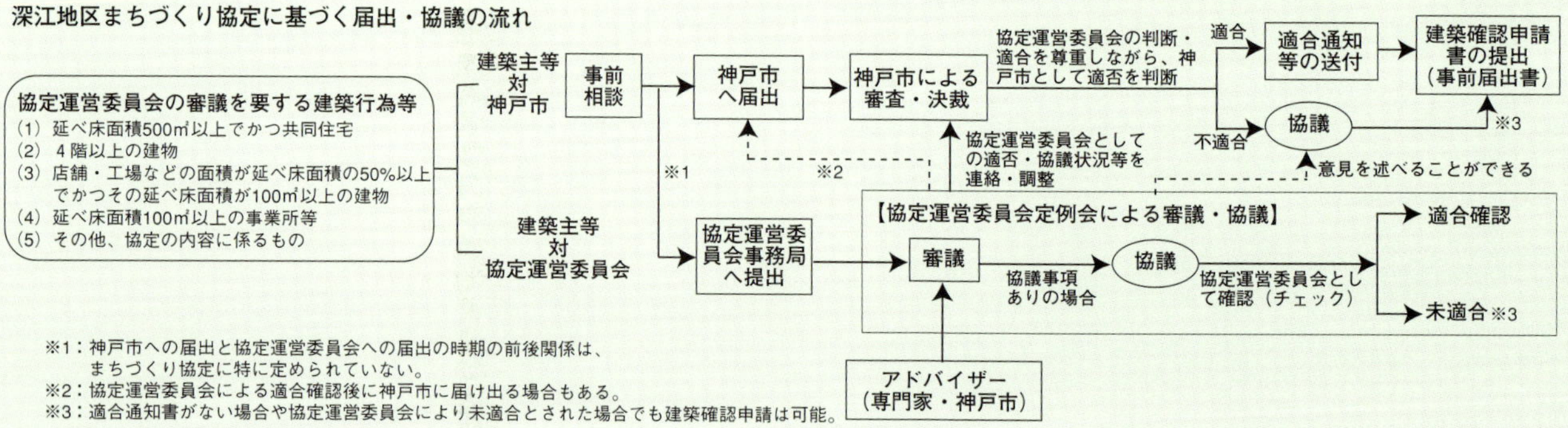

※1：神戸市への届出と協定運営委員会への届出の時期の前後関係は、まちづくり協定に特に定められていない。
※2：協定運営委員会による適合確認後に神戸市に届け出る場合もある。
※3：適合通知書がない場合や協定運営委員会により未適合とされた場合でも建築確認申請は可能。

コラム

新潟県中越地震における情報提供支援

新潟県中越地震復旧・復興GISプロジェクトの取組み

はじめに

平成16年10月23日に発生した新潟県中越地震において、被災した自治体は小規模なところが多く、職員は当初より部署に関係なく災害対応に追われざるを得なかったばかりか、庁舎建物の被災や自家発電装置の故障などにより情報受発信が困難な状況もあった。そのような状況をふまえ、インターネットとGIS（地理情報システム）を活用し、被災地外で情報集約とその提供を行うことで、被災地を間接的に支援する動きが生まれた。それが「新潟県中越地震復旧・復興GISプロジェクト」である。このプロジェクトは産官学による全国的な協力体制によって推進されることになったが、ここでは被災地における事務局を務めることになった筆者が、その経緯について整理する。

プロジェクト結成の経緯

震災発生以後、被災自治体では発生直後に設置される災害対策本部を中心として、被災状況の把握と復旧作業、そして被災者への支援策の検討などに忙殺される状態が続くことになる。特に余震が断続的に発生し徐々に被害が拡大する中、限られた行政職員のマンパワーだけで情報集約を的確に行い、復旧活動に生かすことは極めて困難であった。当然そのような状態では被災地外やマスコミに対し、十分な情報提供をすることも難しい。

これら現地の状況を踏まえ、震災発生から2週間弱が経過した11月3日、京都大学林春男教授などの呼びかけに応じ関係機関有志による会合が東京にて開催され、GISを活用した情報集約とインターネットを通じた情報提供を実施するための合意が図られた。その後、早急に準備作業が進められ、平成17年11月15日には「新潟県中越地震復旧・復興GISプロジェクト」のサイト（http://chuetsu-gis.nagaoka-id.ac.jp/）が公開された。

プロジェクトの特徴

このプロジェクトではこれまで各機関がばらばらに保有・提供してきた情報を一元的に集約し、さらにGISを活用することで地図を媒体としてそれらの情報を複合的に閲覧できるようにした。またWebGISを活用することでインターネット上での閲覧を容易にした。具体的なプロジェクトの特徴は以下の五つである。

(1) 国土地理院の1／25000地形図と精細な衛星画像を背景としたGIS上に、多様な機関の情報を一元的に集約
(2) 道路の通行止めや避難所の情報、ボランティアセンターなどの最新情報を毎日更新（12月末まで）
(3) 総合的な災害対応やボランティアによる支援などに不可欠な被災の全体像に関する情報を提供
(4) 精細な衛星画像により、被災・復旧の状況を確認可能
(5) 現場での状況認識を容易にするため、印刷可能な地図データを配布

背景図として一般的に用いられる国土地理院発行の地形図のほかに、精細な衛星画像（解像度1m程度）が提供されたことは被災状況の把握や地形条件の把握などに有効であった。さらには国の各機関によって震災以降集約されていた情報が立ち上げ当初よりこのプロジェクトにも提供された。最初にこれらの情報を集約できたことで、民間からもデータの提供が数多くなされたといえるだろう。現場の緊急対応過程において収集された情報は紙や地図に手書きで直接記入し、掲示する形態で共有されている。今回はそのようなアナログベース、テキストベースで提供される情報を、被災地外で入手し、そのGISデータ化も行った。なお、これらの情報は発生直後から原則として毎日更新され、時々刻々変わる情報をなるべく時間差なく提供することで被災地の現場で助けとなるようにとの思いを持って活動を継続した。

また、基本的にコンピューターの画面上で情報を閲覧する仕組みだけでなく、全域の情報を一元的に収録し、インターネット経由でダウンロード後そのまま印刷して利用可能なPDFデータの提供もあわせて行われた。これは被災地で活動を行う際の情報共有時には有効だったという反響も得られた。被災地での活動は必ずしもインターネット環境が整った場で行われるだけではない。また多くの人が関与する状況における情報共有手段としては大判で出力された紙地図が役に立つということなのである。

プロジェクトの意義

このプロジェクトは関係者のボランタリーな協力があったからこそ一定の成果を生み出すことができた。プロジェクトの意義として総括すると下記の四つとなる。

(1) 国土交通省をはじめとして、主要な防災関係機関が社会に対して自分たちが発信すべき情報を責任をもって提供したこと
(2) 測量会社やGIS関連の企業がこころよくデータ収集、提供等の支援を行ったこと
(3) GISのデータ入力に関しては被災地外で行い、被災地での活動に対しては「労力の提供」を求めるのではなく、「成果の活用」を期待したこと
(4) 被災地に立地する大学（学術機関）に中立的なポータルサイトを作り、関係者の協力でそれが真のポータルとして機能したこと

プロジェクトの立ち上げから「大同団結」が謳われ、被災地支援の一方策としてこのような情報集約と情報提供を「被災地外」から行ったことは、今後の災害支援のあり方にも大きな影響を与えることになるのではないかと考える。阪神・淡路大震災時と比べると情報技術や通信環境は飛躍的に向上しており、それを有効活用したという点からも従来型の災害支援とは異なる取組みであったといえる。

（澤田雅浩）

「新潟県中越地震復旧・復興GISプロジェクト」サイト

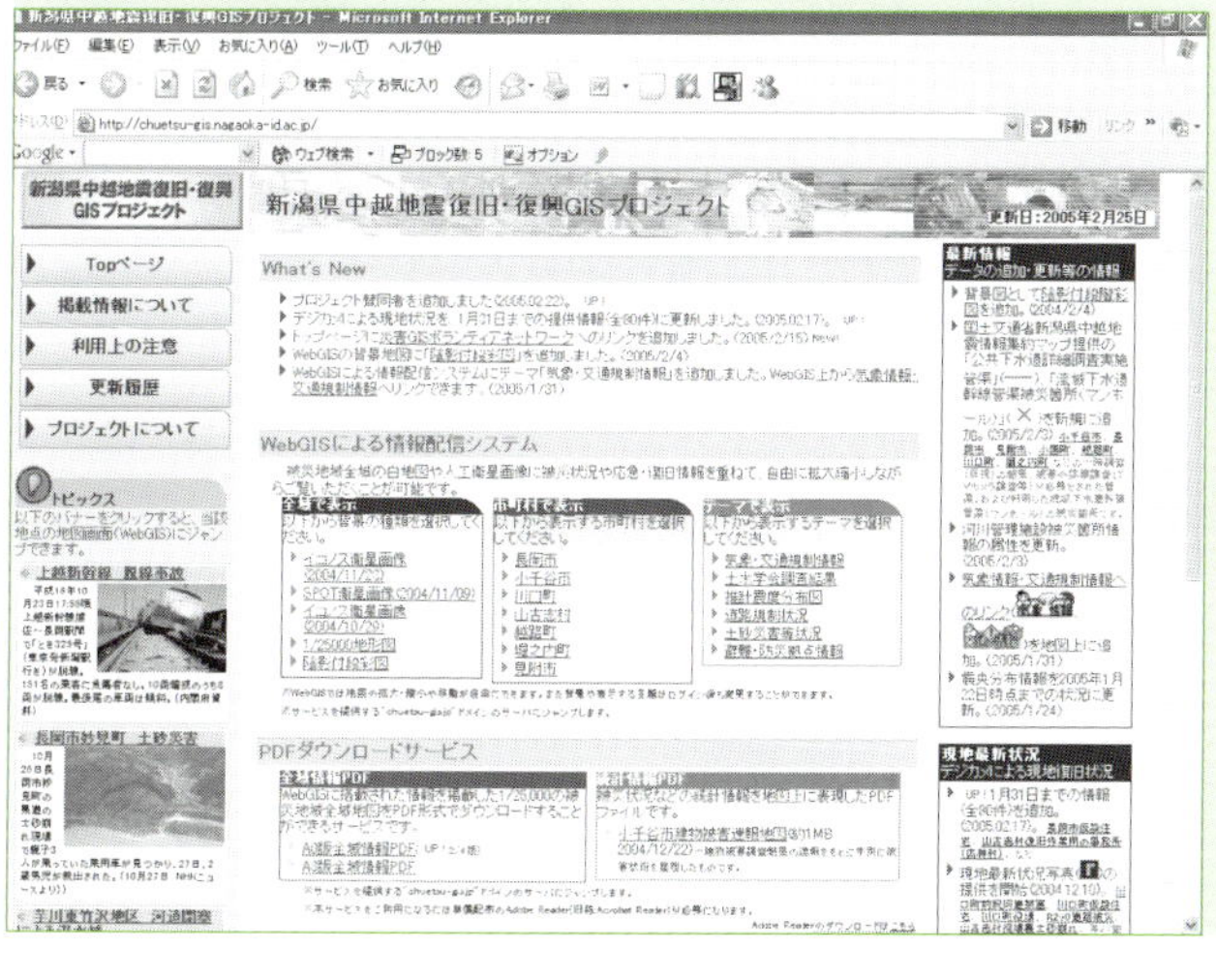

住宅の改修からはじめる密集市街地の環境改善アプローチ

密集市街地と「改修」

日本の大都市には、防災面をはじめ住環境上のさまざまな問題を抱える密集市街地が広範に分布しており、その環境改善は、都市政策上の重要な課題となっている。

国や自治体が進める密集市街地整備は、単純化していえば、所得再分配政策のひとつである。密集市街地整備への公共投資額は、税収の絶対額、他の施策との優先度、投資効果などが勘案されて決定される。

私は、所得再分配政策としての密集市街地整備の限界を認識したうえで、その可能性を模索することも重要な意義を有すると考える。しかし、それ以上に重要なことは、密集市街地といわれる市街地が、極端に劣悪な環境に陥らず、さまざまな問題を抱えながらもある程度の活力を維持している原理を理解し、その原理を手がかりに、地域の活力を内発的に高め、それを環境改善につなげていく方向を模索することであると考える。

密集市街地の実態をつぶさにみると、一定数の「建替え」に加えて、それよりもはるかに多くの「改修」（建築物の模様替え、修繕、増改築など）が絶えず行われていることがわかる。「改修」が多いのは、敷地条件や権利関係の問題から「建替え」が困難であることに加えて、そもそも「改修」のほうが「建替え」よりもはるかに費用が安いからである。居住者は、「改修」という住宅改善を、その経済力に応じて、少しずつ、段階的に行っているのである。

密集市街地といっても、すべての建物が古いわけではなく、すべての古い建物が、居住に耐えないほど老朽化しているわけでもない。住宅の個別の改善行為と、地区内の居住者の多様性は相互に関連しており、それが地区の活力の極端な低下を防いでいるといえる。

「改修」を基本に

阪神・淡路大震災の教訓から、近年、住宅の耐震改修を促進する施策が国や自治体で進められてはいるが、それ以前は、修復型まちづくりという場合でも、密集市街地の環境改善の手法に「改修」が位置づけられることはほとんどなかった。その理由として、「改修」では、道路基盤が整備されないこと、木造建築物の「改修」では、都市の不燃化や高度利用が達成できないこと、「改修」では、住宅や相隣環境の十分な改善が図れない（とみなされている）ことがあげられる。また、同様の理由から、住宅の耐震改修促進施策も、あくまで他の施策の補完的な位置づけにある。

しかし、そもそも「建替え」と「改修」は、本質的に異なる手法ではない。「建替え」とは１００％の「改修」であり、「改修」とは部分的な「建替え」ともいえる。「改修」でも耐震改修や耐火改修を施すことで一定の防災性の向上に寄与することができる。バリアフリーや省エネ「改修」、外観デザインの「改修」も可能である。また、人口減少社会のなかで、市街地の高度利用の圧力も弱まり、個々の住宅についても、世帯規模の縮小から、床面積増大のニーズも減少している。その意味で、増築とは反対の「減築」によって、相隣環境を改善する可能性も広がっている。

私は、所得再分配政策としての密集市街地整備の限界を超えるためには、密集市街地の居住者の経済力に見合った環境改善行為、つまり「改修」を基本的な手法にすえたアプローチが有効であると考える。

具体的にいえば、密集市街地あるいはそれに類する市街地の任意の地区やエリアにおいて、「まち育て人」が、建築家や工務店などとともに、モデルとなる住宅の「改修」を、基本的に採算の取れるビジネスとして、できるところから少しずつ実施していき、それをまち全体に波及させていくアプローチである。最初は、「改修」を基本として環境改善を進めるが、まち全体に波及していく段階では、「改修」以外のさまざまな手法も視野に入れて、「改修」だけでは対応できない課題にも取り組んでいく。

なお、ここでいう「まち育て人」とは、延藤安弘氏が提唱する「まち育て」を担う人という意味であり、都市計画やまちづくりの専門家だけを意味しない。建築家、大工、行政職員、住民、地権者であっても「まち

写真1、2　大阪市野田地区の戦前長屋

写真3　長屋の裏手側への増築の例
大阪市野田地区には、明治後半から昭和前期にかけて建築された戦前長屋が、現在でも数多く残っており、地区内の約3割の世帯が長屋建て住宅に居住している。これらの長屋は、長年にわたり、実にさまざまな「改修」（模様替え、修繕、増改築）が施されている。

育て人」でありえる。

特筆すべきことは、このアプローチでは、密集市街地として重点的に環境改善を進める地区やエリアを事前に確定する必要がないことである。不特定多数の「まち育て人」が、任意の場所で同時多発的に活動を開始すればよいのであって、ある地区が密集市街地としての特性が強ければ、それだけ「改修」も密度高く行われることになるという発想の転換が必要である。

もちろん、不特定多数の「まち育て人」が、いきなり同時多発的に活動を開始することはありえない。ある「まち育て人」の活動が、他の「まち育て人」の活動を触発し、やがて、多くの「まち育て人」が、活動に関わるようになるというプロセスが想定できる。こうしたプロセスが現実性をもつのは、個々の「まち育て人」の活動が、「改修」という実現性の高い行為をベースにしているからである。

図1　大阪市の密集市街地と野田地区の位置

大阪市は、1998年度に「防災まちづくり計画」を策定し、地震災害の危険性が高い密集市街地を「防災性向上重点地区」（約3800ha）として位置づけている。また、2002年度には、「防災性向上重点地区」のなかで、「特に優先的な取り組みが必要な密集住宅市街地」（約1300ha）を指定している。大阪市野田地区は、「防災性向上重点地区」に該当する地区だが、「特に優先的な取り組みが必要な密集住宅市街地」には位置づけられておらず、密集市街地整備にむけて具体的な事業が進められる動きはない。

●大阪市野田地区での試み

私は、以上のような理念のもと、２００３年より大阪市の野田地区というところで、「改修」を手がかりとした環境改善のアプローチを模索している。

大阪市には、戦前に建築された長屋が集積する密集市街地が広範に存在し、その防災性の向上は急務の課題とされている。一方、近年、長屋を建替えるのではなく、積極的に改修・保全する「長屋再生」の事例が各種メディアで取り上げられ、注目されつつある。空堀商店街界隈などでは、「長屋再生」の動きがまち全体に波及する動きもみられる。

大阪市の野田地区も、戦前の長屋が集積する典型地区のひとつである。戦前長屋が形成するまちなみや路地空間は、地区に独特の魅力をもたらしており、長屋の「改修」は、環境改善の有効なアプローチとなる可能性が高い。しかし、私は「改修」であればなんでもよいというわけではなく、「改修」をするうえでは、地震時の居住者の安全性を確保するために、最低限、耐震補強を施す必要があると考えている。

そこで、地元のまちづくり組織（野田のまちづくりを考える会）、日本建築学会・近畿支部・木造部会、日本建築構造技術者協会・関西支部・木構造分科会、まちづくりコンサルタント（ＰＰＩ計画・設計研究所）、大阪市立大学（当時、私は同大学で助手をしていた）の学生らと協力して、戦前長屋の耐震性能と補強方法に関する調査を実施し、その結果をまちづくりの会合を通じて住民に発表するという活動を実施した。

調査の結果、技術的には、戦前長屋のような伝統的軸組構法の木造建築物でも、近年実用化された「限界耐力計算」による性能規定型の耐震補強を行えれば、有効に対処できることが明らかになった。ただし、住民との意見交換を通じて、「改修」を実施するうえでの課題も明確になった。例えば、「改修」の費用は「建替え」に比べて安いといっても、やはり、その費用負担は重荷である。信頼のおける業者を探すのが困難であるという問題もある。借地・借家の場合は、地家主の承諾などの権利関係の問題もある。とくに長屋の場合は、複数の住戸が構造体を共有しているため、耐震改修を行う際には住戸間の合意形成が必要である。

私は、こうした課題も、「まち育て人」が、モデルとなる「改修」を可能なところからひとつひとつ実現していくことで、やがて乗り越えることができるものと確信している。実際に、まちづくりの会合がきっかけとなって、２００６年春に野田地区で、戦前木造住宅の耐震改修が1件実現している。

今後は、大阪での経験をふまえ、東京や横浜などの密集市街地においても、私自身が「まち育て人」として、「改修」を基本にすえた環境改善の活動を展開するつもりである。

（中村仁／多様性都市建築研究所・主宰、東京大学・客員研究員）

写真4　長屋の「改修」に関する住民との意見交換の様子（２００５年３月）

客観的な性能評価に基づくまちづくりの推進を

「創造」のための「想像」

私が都市防災を研究テーマに選んでからすでに15年以上が経過した。学部生当時、新しい都市像、空間像を創造するという都市計画、まちづくりの魅力と可能性を感じる一方で、市井の人々が暮らすまちに一本の線を描く、色を塗ることへのためらいを感じていた。理想の都市空間とそこでの人々の新しい生活を創造することの魅力と、創造に対するプランナー側の合理的な説明力の不足が同居していたのである。こうした混沌とした気分の中、研究テーマを都市防災に定めた。都市のあり方を定める様々な要素の中で、物理現象を元とする防災であれば、また、人間の生物としての本能に根ざす安全性の確保という観点からであれば、より客観的に、より科学的に創造の論拠の手掛かりを得ることができると考えたからである。

こうして防災を「創造」の手掛かりとして、都市計画研究の道に入ることとなった。しかしいざ始めてみると、物理現象とはいえ、都市というシステムの複雑さ、巨大さのため、科学的な解明は思った以上に難しく、ましてや「創造」の論拠を見いだすことは非常に大変な作業であることにすぐに気が付いた。当時、都市地震災害と呼べるものは、1978年宮城県沖地震だけであり、実データに基づく科学的アプローチは非常に困難であった。都市防災研究をすすめていくためには、これを補完する方法が不可欠であることを感じた。当時、私がお世話になっていた高野公男先生（東北芸術工科大学教授）の「都市防災とは『想像工学』である」という言葉は非常に印象的であった。これは、人間の想像力を積極的に位置づけ、それを駆使して災害状況を想像し、そこから現在の都市空間の課題を探るというのが都市防災研究であるということを意味していた。つまり、都市防災研究をすすめていくために必要な素養は、環境を見る確かな目と、その環境が持つ、平常時には決して顕在化しない危険性を想像、推論する力であるという教えである。このことは、私の都市防災研究の出発点であり、今の研究活動の最も基本的なスタンスとなっている。なお、後述するが、阪神・淡路大震災を経験した現在でもこのことは普遍的である。

社会が受けた阪神・淡路大震災ショックと弊害

震災対策は、地震被害想定を基礎として立案される。地震被害想定は、蓋然性の高い地震を想定し、被害状況を算定するものであり、災害対策基本法に基づく行政の法定計画である地域防災計画の前提条件として位置づけられることが多い。当初は被害の総量だけが概算されることが多かったが、昭和50年代より、学術研究の進展とコンピューターの性能の向上に伴ってシミュレーション技術が一般化し、より具体的に災害状況像を描き出せるようになった。しかし、ここで描き出された状況像は、一般市民、一般専門家のレベルにおいては、所詮、バーチャルなものに過ぎなかった。

1995年、阪神・淡路大震災は、この意味において、社会に大きなインパクトを与えた。現代都市における災害状況像をバーチャルなものではなく、実像で社会に示したからである。しかも想定を超える犠牲をともなってである。さらにテレビによる実況中継によって社会全体に示した。阪神・淡路大震災によるこの実像は、現代の都市が抱える問題を極めて分かりやすく私たちに提示し、同時に研究者に対して貴重なデータを提供した。そのおかげで、我が国の防災対策、防災研究は、格段に進んだことは言うまでもない。

しかしその一方で、この実像による弊害も指摘したい。地震災害は、条件付きの事象である。阪神・淡路大震災は、冬の早朝という時間、弱風という気象条件、また、1995年という時代の阪神地域という都市空間での発災であった。だからこそ、あの状況となったのである。条件が一つでも異なれば、災害状況像も違ったものになり得たのである。ここで強調したいことは、阪神・淡路大震災の災害状況像がすべての場合を説明しうる万能の「教科書」ではないということである。

震災の実像は、地震災害の状況像の社会的な認識を固定化し、阪神・淡路大震災では顕在化しなかった都市の脆弱性や異なる条件下での状況像を認識しにくくしている。また、この10年余りの都市空間、都市を支えるしくみの変化に伴う脆弱性の変化を見落としがちにしている。

少なくとも我々研究者は、阪神・淡路大震災が起こりうる災害状況像のその時代の一面であることを認識し、次の震災では、その時代、その空間、その社会構造での、我々が経験していない災害状況像が現れうることを念頭に置いておく必要がある。

多大な犠牲と引き換えに、蓄積された阪神・淡路大震災の被害データを活かした科学的なアプローチをとる一方で、震災以前と同様、「想像力」をたくましくし、環境とその変化を見つめつづけることが重要である。

例えば、**図1**は、建物単位の延焼危険性を評価したものである。建物の色分けは、「延焼クラスター（運命共同体）」ごとに行ったものである。延焼クラスターとは、クラスター内の建物で出火した場合、すべて焼失する建物群を表している。いわば、運命共同体である。**図A**は、阪神・淡路大震災における最大の延焼被害を受けた新長田駅北地区であり、**図B**は、東京都の

図1　阪神・淡路大震災の延焼被災地の比較

↓図B　東京山の手地域の密集市街地
↑図A　神戸市長田区新長田北地区
震災時の黒色区域が延焼区域
（ベースマップは被災後）
阪神・淡路大震災で最大の焼失区域
＊同スケール

山の手側の密集市街地である。**図A**の黒い部分は、実際に焼失した区域を表している。広幅員道路の入り方が決定的に異なることが分かるであろう。延焼はその道路によって食い止められているのである。この図を見比べるだけでも、阪神・淡路大震災における「常識」で首都圏直下地震での延焼被害を説明できないことは明らかである。端的で分かりやすい一例を示したが、これ以外の視点についても同じことが言えよう。災害状況像に限らず、復興まちづくりについても当てはまるものと考えている。

震災から学ぶという姿勢の一方で、上記のような弊害を認識し、社会の変化に対応していく必要がある。

安全・安心な社会のあり方

私は、防災行政、防災まちづくりの最前線で実務的な研究に携わる機会を頂いており、先進的な自治体の、また地域の野心的な試みを理解しているつもりである。その中には、ここで述べる社会のあり方に対応しようとするものも多い。しかしここでは、そうした努力に敢えて目をつぶり現状の問題を単刀直入に指摘したい。

「公助」「共助」「自助」という言葉が一般的になった。一見、この三本柱が理想的な社会像を導くかのように思えてしまう。しかしこの三者の関係について明確に意識して使われていることはほとんどない。公助、共助、自助の各主体ができることを行うということは共通するが、各主体が何をなすべきか意識して使われていない。相互に何かしてくれるという根拠のない期待感と依存心、また根拠のない自己満足感と不安感が存在しているのが実態である。

事実、自然災害が発生するたびに行政の対応の遅れに対して批判があり、一方で市民ボランティアの活躍に対して賞賛の声があがる。このことは、行政に対する事前の信頼感の高さと市民の力に対する期待感のなさの裏返しと言える。

各主体の防災対策の実施状況をみると、その歩みは遅々としたままである。

自助に関しては、家具の固定等、ごく簡単にできる防災対策すら行われていない（約20％、内閣府世論調査平成17年）。

共助についても、まちは共助の主体であるといいつつ、一部地域を除けば、多くの市民は防災訓練に参加することさえ考えないのが実状である（積極的に参加8％程度、内閣府世論調査平成17年）。こうした状況について社会的に問題意識が高まっているとは思えない。その一方で、大地震に対する危機感だけは高まっている。

また公助についても、財政上の制約から、明らかに公助がなすべき施策についてさえも十分ではない。例えば、小中学校の耐震補強は十分実施されているとはいえない（約52％、文部科学省平成17年）。その一方で、地域の脆弱性や防災資源についての情報公開に対して、必ずしも積極的な姿勢をとらないまま、自助、共助の重要性を市民に対して説いている。

以上のように現状は、自助、共助、公助の言葉の飾られた「幻想」、そして阪神・淡路大震災で崩壊したはずの「神話」が新たに形成されつつあると言わざるを得ない。

では、安全・安心な社会はどうあるべきなのか。それは、「持続的な自助・共助・公助の実現」である。これは、すべての主体が地域の防災性を共有し、すなわち、地域で起こりうる災害状況像についての情報をすべての主体が同じレベルで認

図2　安全・安心な社会のあり方

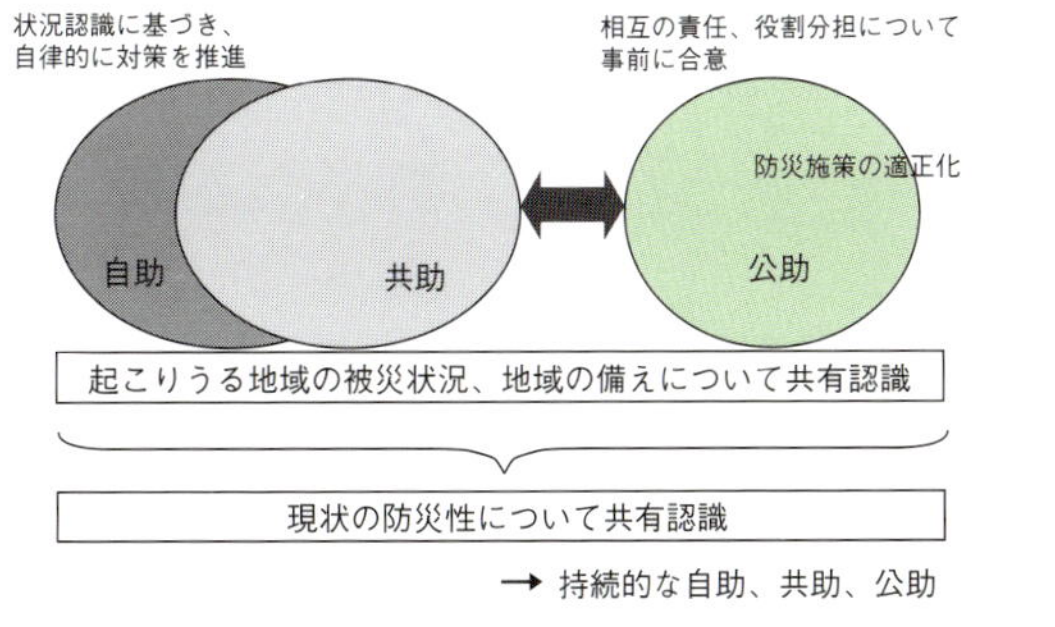

状況認識に基づき、
自律的に対策を推進
相互の責任、役割分担について

識し、それを基盤として「公助の責任を明確化」し、「自助・共助の自律的推進」につなげていける社会である。

「公助の責任」は、財政の制約の下での防災施策の適正化(最適化)、自助・共助の自律的推進の支援とその基盤となる地域の防災性に関する情報提供とそれを社会全体で共有するしくみをつくることである。ここで、公助の責任について、市民との間で事前に合意がなされていること、かつ、行政の防災施策の進捗について状況認識が共有されていることが不可欠である。自助・共助側からみれば、公助として何がなされるか、現状の公助の限界はどこにあるかについて理解でき、そうした状況下で自分たちの担うべき役割について考えることができるようになろう。

また、地域の防災性に関する情報提供については、自助・共助の次の行動につながるようなものとする必要がある。地震国である日本の市民で、地震の危険性について知識のない人はいない。それを自分の問題として認識していないことが問題なのである。したがってここで提供されるべき情報は、漠然としたものではなく、自分のまちの具体的な災害状況像が提示される必要がある。

こうした条件が揃うと、住民の「想像力」が喚起され、まちのことを誰よりもよく知る住民の「想像力」によって上乗せされた状況像をもとに、住民自らがまちの課題を理解し、何をすべきか考えられるようになるであろう。

こうした社会の実現にむけて防災行政、まちづくりに携わる人の役割は大きい。市民に対して地域の脆弱性について情報公開を躊躇する自治体がまだ多い。こうした情報は対策とセットでなければ公開できないというのが共通する考えである。行政が市民の安全を守るという自らの責任を過大に解釈し、行政に過大な要求を突きつける市民の過剰反応を恐れての判断である。現在想定されている、首都圏直下地震や東南海・南海地震のようなスーパー巨大地震[*1]、スーパー都市災害[*2]に対しては、行政の対応に限界があることは明らかである。むしろ行政の限界を社会全体で理解し、その上で被害そして震災後の被災者の困難さ、復興まちづくりの困難さをどれだけ緩和できるかということを考えることの方が重要である。行政の限界を受け入れられないような未成熟な市民社会ではない。

まちづくりに携わる人は、情報を咀嚼して市民に示し、市民の想像力を喚起し、一方で専門知識をもとに市民が地域の実情を適正に理解できるよう支援することである。さらに住民主体の自律的なまちづくりにつなげていくのが役割である。

とはいえ、行政と市民との間でのリスクコミュニケーションのノウハウの蓄積が十分ではなく、またそのためのツールも不十分である。また、防災行政、まちづくりの分野において防災を正しく理解する人材が不足していることも課題である。現在、いろいろな試みが行われているところであるが、その技術を確立し、一般化していくことが課題である。次の大都市震災までにこうした課題をすべてクリアすることが私達、都市防災研究者の役割の一つである。

防災まちづくりはどこに向かう?

客観性のある防災性評価に基づく自由度の高いまちづくりを

ここでは、防災まちづくりを地区スケールのハードを中心としたまちづくりに限定して論じたい。

「防災で生活スタイルが一意に決められたらたまったもんじゃない」「経験するかどうか分からない地震に備え、日常生活に箍をはめられるのはとんでもない」。一市民としての正直な感覚である。日常生活をみれば、災害に備えることを第一の目的に生活を送っている人はいない。ただ、災害のことを全く考えていないわけではなく、程度の差こそあれ、被害のリスクを自分なりに、少なくとも感覚的に見積り、自分なりの判断で生活スタイルを決めているのである。このことは、まちづくりについても言えることである。「防災で街の形が一意に決められたらたまったもんじゃない」。私の都市計画の専門家としての感覚である。都市計画、まちづくりにおける防災のあるべき位置づけは、少なくともまちの目標像を一つに定める決定打ではないし、そうあってはならないと考える。

では、まちづくりにおける防災の位置づけはどうあるべきか。まちづくりにおいて防災は、目標像を決定する制約条件と位置づけられるべきだと考えている。市民の日常生活の感覚と同じように、まちとしての防災性を把握し、それをもとにまちとして目指すべき安全性のレベルについて議論する。その上で、その安全性のレベルを実現するまちの形と達成する方法とを日常の論理によって決めていくというのが本来の姿と考える。ここでの重要なポイントは、ある安全性レベルを実現しうるまちの形は多様であるということである。こうした位置づけによって、まちとして目標とする安全性のレベルの実現という条件を満たす範囲内で、多様な目標像をまちづくりの現場において議論し、現実性のある実現方法として多様な手法の組み合わせを検討していくことが可能になるのである。結果として地域の特性に応じた多様な計画が策定され、多様な事業手法、多様な施策の組み合わせによる自由度の高いまちづくりがすすめられていくことになるであろう。一見、これまでの防災に関する様々な計画基準では、安全性のレベルとまちの形を決める構成要素が一対一対応であるかのようだが、実はそうではない。このことは最近の研究をみれば明らかである。例えば、不燃化率だけで延焼危険が決まるわけではない。また、道路幅員だけが道路閉塞による様々な活動の障害要因ではない。防災まちづくりの対象となる多様な空間要素が、まちの防災性を決定しているのである。現在、その関係の構造は、徐々に説明できるようになりつつある。

　これまでのまちづくりにおいて防災は、まちづくりのきっかけづくりとして確立し、そのノウハウは社会技術として定着してきたといえる。今後は、こうしたノウハウに加え、上記の視点に基づいた技術の蓄積と定着が期待される。すなわち、まちの防災性と市街地の多様な構成要素との関係をまちづくりの当事者に分かりやすく説明する防災性評価技術と、それをまちづくりの現場で運用していく社会技術である。

●防災まちづくり支援システム

　現在、「防災まちづくり支援システム」[*3]の社会的な普及に期待感を持って取り組んでいる。このシステムは、産官学の研究成果をもとに実用化したGISと防災性評価技術の組み合わせによる計画支援システムである。現在、本格的な普及、運用の段階に入り、この先数年間で全国の木造密集市街地のまちづくりで活用される体制としくみが準備されたところである。このシステムでは、延焼シミュレーションをはじめとする防災性評価技術によって現状のまちの脆弱性を把握した上で、計画の代替案をシステム上で入力し、計画によって実現される防災性を検証しながら計画検討を行っていくことができる。このシステムは、第一義的には計画検討の支援ツールではあるが、住民に適正にまちの脆弱性を伝えるツールとして、また、この道具を計画の当事者である行政、プランナー、住民が等しく利用することにより、相互のコミュニケーションのツールとしても位置づけられるものである。今のところ、まちづくりのワークショップでプランナー側が利用するところまではすすんでいる。近い将来、住民もシステムを使いこなして計画検討を行うことを期待している。こうした技術は概念的には以前から提案されたことはあるが、まちづくりの場で使えるようになったのは今の技術水準になってからである。今の時代を象徴する技術といえる。

　ただし、この技術は、単独で成り立つものではない。参加の技術等のまちづくりの技術、リスクコミュニケーション技術と併せて総合的な技術とし、さらにまちづくりにおける様々な局面での使い方のノウハウを蓄積する等、社会に定着させるための社会技術として確立していく必要がある。また、防災性評価技術についても評価精度の向上や未知の部分についての解明等、改善の余地はまだあると思われる。常に新たな知見を加えていく必要があると考えている。今後、実際のまちづくりでの利用を通して総合技術として確立していくことが私たちの役割である。

●都市防災は私たちの社会の永遠の課題か？

　都市防災は戦後一貫して都市計画上の課題であった。急速な都市の成長期に震災リスクの制御に失敗し、それが負の遺産となって現在に至っているのである。この30年間、この負の遺産の解消にむけた作業を行っているとも言える。その改善は遅々としているものの、着実に進んでおり、いずれ解消されるであろうという見通しを持つこともできよう。

　この負の遺産の解消に伴って都市防災は時代的な役割を終えるのであろうか？

　今後の社会変化のトレンドをみると、プラスマイナス両面の要素が存在する。プラス面としては、着実に防災対策が高度化していることが挙げられる。都市のストックマネージメント、都市生活を支える新たなシステム、しくみは、そのあり方によってプラスマイナスの両方になり得るであろう。マイナス面としては、少子高齢化による災害対応力の確実な低下、地域社会の脆弱化、人間そのものの脆弱化、また、日常生活の快適性の向上による社会が受容する危険性のレベルの低下等があげられる。ここ20年をみてもその兆候を読み取ることができる。

　別の観点では、都市防災の課題を抜本的に解決するチャンスが到来しているという見方ができる。本格的な人口減少社会を迎え、全国的に市街地の縮減が想定されている。それに対応する市街地のあり方として、コンパクトシティを含め市街地の再構築に関する議論がすすめられているところである。市街地の成長期と同様、都市が抱えるリスクを制御するチャンスである。今後の市街地のあり方の議論の中に都市が抱えるリスク制御という視点を織り込むことで、次の時代の安全な都市を創出することが可能ではないだろうか。現在は、この観点にたった新しい防災都市づくりの考え方を模索していく時期である。

　今言えることは、都市防災の課題は質を変え、今後も社会的課題であり続けるということである。予見される課題と時代認識に対して、都市の成長期のような「後追い防災」ではなく、今後の社会の変化のトレンドを読み、事前に処方箋を書き、事前に都市防災の観点を都市づくりの中に埋め込んでいくことが今、求められていると言える。

　甚大な被害が想定されている現在の市街地のまま震災が発生し、私自身、都市復興に人生を捧げるということにはしたくない。事前対策として想定される被害を受容レベルまで低減させ、次の震災を一生に経験できるかどうかの「お祭り」として楽しみたい。次の大震災まで残された時間がどれだけあるか分からないが、安全、安心な社会づくりに貢献していきたいと考えている。

（加藤孝明／東京大学）

●注

＊1　河田恵昭教授（京都大学防災研究所）による。

＊2　中林一樹教授（首都大学東京）による。

＊3　防災まちづくり支援システムHP（防災まちづくり支援システム普及管理委員会・委員長加藤孝明）http://www.bousai-pss.jp

復興まちづくり支援ファンドが育んだ被災地のソーシャル・キャピタル

「阪神・淡路ルネッサンスファンド」

ＨＡＲ基金助成活動を振り返って

阪神・淡路大震災後の被災地では、民間基金助成が複数存在し、まちやくらしの復興をサポートした。その一つに「阪神・淡路ルネッサンスファンド」（以下、ＨＡＲ《はる》基金）があった。ＨＡＲ基金は、「まち・すまい・くらしの再建支援」を目的とし、1995年12月第1回助成から1999年9月第7回助成まで、5年間に延べ95件、延べ53団体への助成活動を行った。本稿は、ＨＡＲ基金の助成活動と助成を受けた団体のその後の活動を振り返り、果たした役割と意義について考えてみたい。[※1]

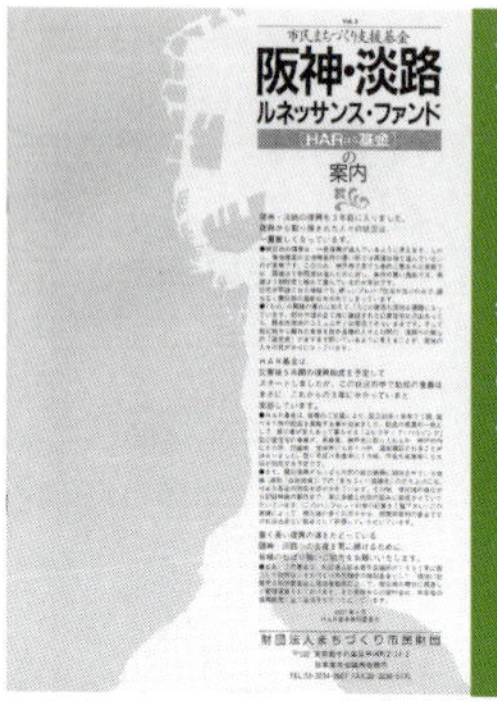

写真1　ＨＡＲ基金のパンフレット

写真2　ＨＡＲ基金のニュースレター

●ＨＡＲ基金の復興支援活動

ＨＡＲ基金は、震災後に東京をはじめとする被災地外の研究者・実務者により、震災復興の後方支援として企画された。1995年9月に準備委員会が設立、募金活動が開始され、同年12月、㈶まちづくり市民財団内に「ＨＡＲ基金運営特別委員会」および「ＨＡＲ基金特別会計」が設置、助成事業がスタートした。同時に、募金案内パンフレット「市民まちづくり支援基金　阪神・淡路ルネッサンスファンド〈ＨＡＲ基金〉の案内」（**写真1**）や、助成事業、助成対象団体・寄付団体の紹介などを掲載したニュース「阪神・淡路ルネッサンスファンド　ニュースレター：ＨＡＲ基金」（**写真2**）が配布された。

「住民主体の復興まちづくり支援」という同基金の趣旨に照らし、寄付は個人を中心とした草の根型方式が採られた。例えば、社員からの希望による寄付を企業の社会貢献担当がまとめたもの、本の印税を共同執筆者が一括寄付したもの、被災地外の地域住民有志による寄付などがあった。ＨＡＲ基金の草の根型方式は、新しい市民社会を支える寄付文化の育成の試みでもあった。

一方、助成事業への応募は、神戸の現地事務局から関係者へ周知された。助成対象の決定は「活動団体相互の交流や応募者の納得を高める」ため、公開審査会方式が採られた。その効果として、例えば長田区御蔵通りと灘区琵琶町のまちづくり交流や、南芦屋浜の地域住民の清掃・緑化活動への学生ボランティアの参加、被災地で活動する情報ボランティアと建築家ボランティアのつながりなどがあった。また、仮設住宅での星空映画会への助成がきまると、会場参加者も設営手伝いと映画鑑賞に加わるなどの交流もあり、公開審査会がきっかけとなって、交流を深め相互に協力して活動を展開した事例もみられた。

続いて、助成対象に決定した活動を見てみよう。住民主体の活動は28件、専門家主体の活動は43件、ボランティア・専門家・住民による協働活動は24件で、助成総額は4730万円であった。助成を受けた活動内容は、ＨＡＲ基金の事業対象である「まち」「すまい」「くらし」に、まちの復興の様子を記録する「きろく」を加え四つに分類できる（**表1**）。

表1　助成状況

回数	公開審査会	応募総数	助成数	助成割合
第1回	1995年12月	32件	11件	34.4%
第2回	1996年 6月	33件	16件	48.5%
第3回	1996年12月	25件	14件	56.0%
第4回	1997年 6月	17件	16件	94.1%
第5回	1997年12月	20件	11件	55.0%
第6回	1998年 9月	15件	14件	93.3%
第7回	1999年 9月	21件	13件	61.9%
	計	163件	95件	58.3%

助成対象に選定された活動は、震災後に始まった活動が少なくない。例えば、コレクティブハウジングの普及と実現を支援した活動や、鷹取教会救援基地を中心とした外国人被災者のくらしを支える活動、野田北部・鷹取地区の復興過程を撮影した記録映画の製作、被災直後から長田の復興を支え続けた災害ボランティア活動、被災地全体をつなぐ多分野の専門家による復興支援などがあった。[※2]

ＨＡＲ基金事業報告書によると、助成を受けた団体の多くが、「共鳴してくれる人が増えた」

図1　助成対象団体の活動展開と各団体のつながり（2000年時点と2005年時点の整理）

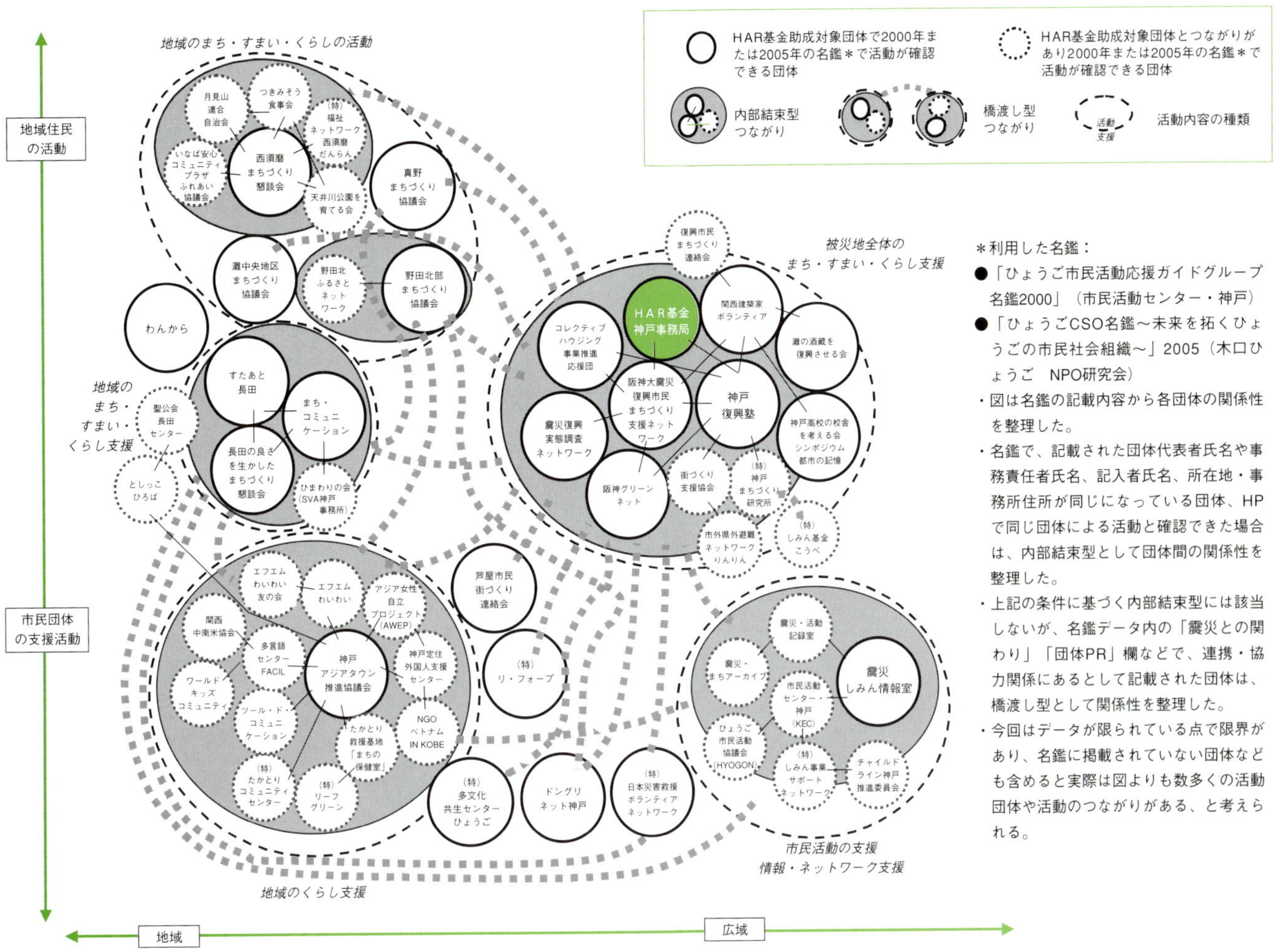

＊利用した名鑑：

- ●「ひょうご市民活動応援ガイドグループ名鑑2000」（市民活動センター・神戸）
- ●「ひょうごCSO名鑑～未来を拓くひょうごの市民社会組織～」2005（木口ひょうご　NPO研究会）
- ・図は名鑑の記載内容から各団体の関係性を整理した。
- ・名鑑で、記載された団体代表者氏名や事務責任者氏名、記入者氏名、所在地・事務所住所が同じになっている団体、HPで同じ団体による活動と確認できた場合は、内部結束型として団体間の関係性を整理した。
- ・上記の条件に基づく内部結束型には該当しないが、名鑑データ内の「震災との関わり」「団体PR」欄などで、連携・協力関係にあるとして記載された団体は、橋渡し型として関係性を整理した。
- ・今回はデータが限られている点で限界があり、名鑑に掲載されていない団体なども含めると実際は図よりも数多くの活動団体や活動のつながりがある、と考えられる。

「他団体との交流ができた」「地域と行政との連携が深まった」「活動グループが元気になった」「地域に根付いた運動となっている」などと助成の効果を語っている。この結果からも、HAR基金が助成団体相互のネットワーク化を支援し、被災地の市民同士のつながりを育み、新しい市民活動の醸成に一役担ったことが伺える。

HAR基金助成団体のその後

助成を受けた活動団体のその後はどうなっただろうか。震災後、2000年[*3]と2005年[*4]の活動状況を見ると、助成を受けた53団体のうち、2000年時点で23団体、2005年時点で12団体の活動継続が確認できた。HAR基金の助成を受けた団体の活動定着率は約2割。HAR基金の助成活動には、一過性のイベントや調査も多く含まれていたことを勘案すると、活動定着率は一定の評価に値するのではないだろうか。

これらの活動団体と関連する諸団体との関係を見たものが**図1**である。HAR基金は2000年度で助成活動を終了したが、助成団体には活動をさらに充実させたものもある。長田区鷹取の「神戸アジアタウン推進協議会」（鷹取教会救援基地）を中心とした外国人コミュニティ支援[*5]、長田区御蔵の「すたあと長田」「まち・コミュニケーション」による地域情報や地域

表2　助成対象主体と助成分野

助成対象主体の属性		
	住民主体	28件
	専門家主体	43件
	ボランティア・専門家・住民協働	24件
助成対象活動の分野		
まち	地区まちづくり	31件
	広域まちづくり	14件
すまい	住宅被災調査・再建支援	9件
	高齢者への住宅支援	9件
くらし	外国人コミュニティ支援	17件
	生活支援	2件
きろく	震災の記録	7件
	情報提供・交流	6件

のまち・すまいづくり支援、「市民活動センター・神戸（KEC）」（「震災しみん情報室」から発展）を中心とする市民活動情報・ネットワーク支援は、いずれも震災後に誕生し、この10年間の経験を通じて、神戸の市民活動をリーディングする有為な人材とノウハウを蓄積してきた。

HAR基金の助成対象となった団体は、震災後に誕生した新しい市民活動タイプと、旧来の地縁組織の発展タイプとの両方が存在し、その両者が協調関係にあることが特筆すべき点である。さらに、被災地外へも強いネットワークをもち、活動を展開している団体も双方のタイプでみられる。これもHAR基金助成活動が、各活動への資金支援を行うだけでなく、被災地内外の多様な分野や立場の人、情報・資金をつなぐ仕組みとして機能したことが一因と考えられる。

神戸市の「復興の総括・検証の中間報告」（平成15年10月）では、今後の神戸のまちづくりの基本的な考え方として「ソーシャル・キャピタルの醸成」を掲げている。ソーシャル・キャピタルとは「信頼」「規範」「ネットワーク」など、「人々の協力関係を促進し、社会を円滑・効率的に機能させる（中略）諸要素の集合体を意味する」[*6]。HAR基金が〝被災地における新しい市民社会を豊かにした〟と考えると、今日まで地域で活動を継続する団体は、従来の地域活動と震災後に生まれた市民活動をつなぎ、新たな市民社会をつむぐ「ソーシャル・キャピタル」として機能してきたと思われる。それらには、個の団体から派生し展開した「内部結束型」つながりの活動と、被災地での多様な活動を結びつける「橋渡し型」つながりの活動がみられ、それぞれの団体の活動が連携することで、被災地全体にダイナミックな市民活動が展開され、神戸の新しい市民社会を牽引しているといえよう。

新しい市民社会の形成を支えるまちづくりファンド

現在、神戸で活動を続けるまちづくりファンドには「しみん基金・神戸（平成11年設立）」やRIC基金（平成8年設立）、木口基金（平成10年）などがある。一方行政でも、神戸市市民参画推進局市民活動支援課の職員と市民スタッフとで運営する「協働と参画のプラットフォーム（**写真3、4**）」「パートナーシップ活動助成」、兵庫県社会福祉協議会が運営する「ひょうごボランタリープラザ（**写真5**）」「ひょうごボランタリー基金」があり、新しい市民社会の活動育成に力をいれている。

組織経営論の「資源依存モデル」[*7]では、非営利組織は公の組織の資金や政策への依存性が高いほど、公組織自体との間に協調的関係が成立することを期待し、協調戦略を採用するのに対し、依存性が低いほど、非営利組織の戦略的自律性は確保され、潜在的競争者よりも先行しようとする革新戦略がより多く採用される、という説がある。多様な市民活動を支えるには、HAR基金のような小規模でも機動力と助成金使途の自由度の高い民間による市民活動助成が重要であることを指摘したい。HAR基金では、課題解決に向けた意欲的な活動に対し、即時的、集中的かつ継続的に支援を行ったことが、その後の人材と経験の蓄積にも大きく貢献したのではないだろうか。結果的に、従来の地域活動と新しく生まれた市民活動との両方の成長と連携・展開を支援できたことで、地域の問題解決を担う力を持った団体がさらに蓄積され被災地全体のソーシャル・キャピタルを育んだ点でも、HAR基金が有意義であったと思われる。

最後に、今後の課題を3点あげたい。

まず1点目の課題として、複層的な基金の確保と役割分化または連携、それを運営する体制についてである。特に大都市が被災した場合、民間基金の本部も大都市にあることが多く、大都市の民間基金が被災直後は機能しない可能性が高い。それに対し、周辺都市や地方からどの程度の支援が可能であるか、どのような支援の仕組みが活用できるかを検討する必要がある。また、大都市と比べ、被災時に活動が可能な市民団体数が少ないと考えられる地方において災害に見舞われた場合、全国からの被災地支援に対する市民団体側の受入体制の組織化がどれだけ早くなされるかが鍵である。特に、受入体制の中で特定分野の専門家や地域に偏りがある場合、日頃の人材が確保できていない分野や地域への支援は不十分になる可能性が高いと考えられる。

2点目には、日頃の民間基金

写真3　協働と参画のプラットフォーム（神戸市役所1号館24階）からの眺望

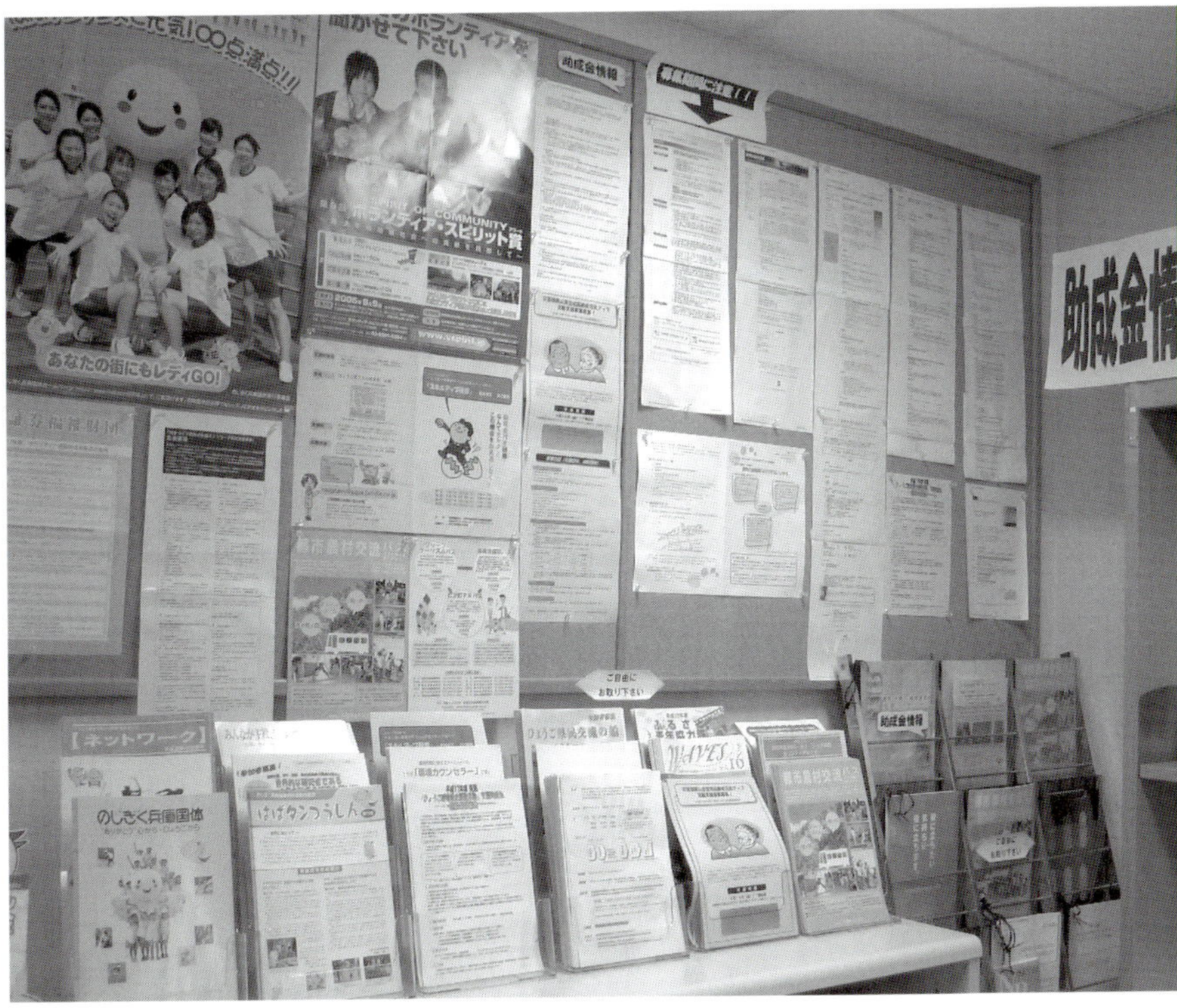

写真5　ひょうごボランタリープラザの助成金情報コーナー

写真4　協働と参画のプラットフォームにおかれた神戸各地のまちづくりニュース

の運営維持についての課題がある。財団法人の基金など大規模な助成事業を除き、一般に、基金助成のみを行う非営利民間団体が継続的に活動することは難しいように思われる。したがって、総合的にまちづくりを支援する専門家ネットワークや、まちづくり情報・市民活動支援を行う市民団体によって、他の常設活動事業と並行して日常的に助成活動が行われていることが望ましい。

3点目の課題は、助成対象団体が応募に至るための支援についてである。助成対象となる活動は、自らの生活や地域を復興させる活動と、被災地復興を側面から支援する活動があり、多くは、助成に応募するだけの活動実績や力量をもつ団体がほとんどである。なかには、全国ネットワークをもち、市民活動のノウハウを十分に蓄積し応募慣れした団体もある。被災者自らが立ち上がろうとする、まだ活動の形には至っていない志や試みへの支援が極めて重要である。特に被災地支援という側面を考慮すれば、助成を受けることで活動の精神的な支えになりうることは、HAR基金の事例からも明らかである。地域に従来からある組織の活動と新しく生まれた活動への両方の支援を心がけることも、地域に根付いた被災地復興支援の大切な要素である。HAR基金の活動では、住民自らの応募も複数みられた。その中には、現地の専門家や若手プランナーが仕事を離れた休日に住民の相談を受け、申請書類作成などのサポートを行った結果、応募に至ったケースもみられた。住民主体・市民主体による被災地復興の芽を育てるには、種をまき萌芽する最初の段階においてこそ、金銭的にも人材的にも豊富な支援が必要である。市民活動主体のまちづくりを支援する助成基金の今後に期待したい。

（河上牧子／慶應大学）

●注・参考文献

＊1　本稿での考察では、①日本建築学会地震防災総合研究特別研究委員会都市構造防災小委員会「公開研究会第8回復興まちづくりへの支援組織と支援基金—HAR基金の展開を中心に—」（2000年7月）、②HAR基金特別委員会「阪神・淡路ルネッサンスファンド」（2001年1月）を参考にした。筆者はこれら二つの報告書のとりまとめ作業に携わっている。なお、HAR基金に関する研究報告には、本山充秀・高見沢邦郎・岡崎篤行「阪神・淡路大震災の被災地における住宅市街地再建への支援活動に関する考察（HAR基金を中心に）」（日本建築学会大会学術講演梗概集F-1、1997年、891-892頁）等がある。

＊2　①の報告書で大阪市立大学藤田研究室が98年秋に実施したアンケート結果による。

＊3　市民活動センター・神戸「ひょうご市民活動応援ガイドグループ名鑑」2000年

＊4　木口ひょうごNPOセンター研究会「ひょうごCSO名鑑—未来を拓くひょうごの市民組織—」2005年

＊5　吉富志津代「震災救援活動から多文化共生のまちづくりへ　協働するネットワークの広がり」国際交流基金月刊誌『遠近』No.3，2005年

＊6　山内直人「ソーシャル・キャピタルと地域再生」大阪ガスエネルギー・文化研究所CELvol.73，特集「都市のソーシャル・キャピタル」2005年

＊7　小島廣光「非営利組織のマネジメント」組織科学vol.32.1，1998年、4-15頁。同論文の中で、小島氏は、全国200の事業型非営利組織を対象とした調査から非営利組織の環境状況と戦略類型との関係性について、判別分析および回帰分析を行っている。本稿で援用した説は、小島氏の「仮設1　非営利組織は、公組織の資金と政策への依存性が高いほど協調戦略を採用し、依存性が低いほど、革新戦略を採用する」の検証結果と考察に基づくものである。

防災協働社会における
これからの地方自治体

防災ネットワークのあり方について

将来の災害に備えた ネットワーク構築の必要性

２００５年１月18日～22日にかけて、神戸で国連世界防災会議が開催され、世界各地から国連加盟国１６８ヵ国、国連機関等関係機関78機関、ＮＧＯ１６１団体、一般公開されたパブリックフォーラムを含めると約４万人もの人が集まった。最後に兵庫宣言およびその戦略となる兵庫行動枠組みが示され、決議事項の中に「災害予防文化の醸成」「コミュニティ・レベルの防災力強化」が盛り込まれた。スマトラ地震津波災害からも明らかなように、持続可能な開発を推進するには災害後の対応では不十分であり、政府だけでなく民間も含めた災害への備えが必要との認識を踏まえたものと思われる。

表１　東海地震および東南海・南海地震被害想定

		東海地震	東南海・南海地震
死者数（人）	揺れ	約 6,700	約 6,600
	津波	約 400～1,400	約 3,300～8,600
	火災	約 200（風速 3m/s） 約 600（風速 15m/s）	約 100（風速 3m/s） 約 500（風速 15m/s）
	崖崩れ	約 700	約 2,100
	合　計	約 7,900～9,200	約 12,100～17,800
建物全壊棟数（棟）	揺れ	約 170,000	約 170,200
	液状化	約 26,000	約 83,100
	津波	約 6,800	約 40,400
	火災	約 14,000（風速 3m/s） 約 50,000（風速 15m/s）	約 13,200（風速 3m/s） 約 40,600（風速 15m/s）
	崖崩れ	約 7,700	約 21,700
	合　計	約 230,000（風速 3m/s） 約 260,000（風速 15m/s）	約 328,600（風速 3m/s） 約 356,100（風速 15m/s）
対象地域		地震防災対策強化地域： 8 都府県 263 市町村	地震防災対策推進地域： 1 都 2 府 18 県 652 市町村

世界的レベルで合意された防災の枠組みを、それぞれの地域に持ち帰って実践する担い手は、官では地方自治体であり、民ではコミュニティである。両者は車の両輪であり、官民双方の連携が地域防災力の向上に欠かせない。こうした流れを踏まえて、地方自治体は、今後防災ネットワークをどう構築・拡充すべきなのかについて、問題提起したい。

言うまでもなく、日本は世界でも有数の災害大国である。過去30年の間に起こった震度６以上の地震は16回にものぼり、一昨年は新潟県中越地震や全国各地で台風被害や集中豪雨による風水害が勃発した。さらに、近い将来に、東海・東南海・南海地震といったマグニチュード８クラスの海溝型巨大地震（**表１**）や、首都直下型地震のようなマグニチュード７クラスの内陸直下型地震の発生が想定されている。国では地震防災戦略を策定し、東海・東南海・南海地震では死者数および経済被害額を半減させるといった具体的な減災目標を定めているが、地域防災力を強化し将来の巨大災害に備えることは、防災先進国といわれる日本でも緊急に取り組むべき課題である。

「官－官」ネットワークから「官－民」対等のネットワークづくりへ

阪神・淡路大震災からの教訓を踏まえ、日本では自治体レベルにおいて様々なネットワークが構築されてきた。自治体の防災ネットワークの範疇は広い。災害協定関係では、都道府県同士や市町村間の相互応援協定や、自治体と生協、建設・土木業協会、警備業協会、報道機関等との災害時応援協定等がある。協定ではないが、地方自治体と警察、消防、自衛隊との連携も強化されてきた。また、通信ネットワークの分野では、兵庫県が震災後に被災状況等の早期把握のために、県内の出先機関や市町、警察、消防、関係省庁等を結んだ「フェニックス防災システム」を整備したように、情報共有化のためのネットワークシステムが全国の自治体で整備されてきた。

一方、こうした連携は、公的機関同士による災害発生後の応急対応に主眼が置かれている。しかし、今後は、災害への備えのための連携、加えて、官を中心にした「公助」に特化したものだけでなく、「自助」「共助」による地域防災力向上につながる自治体ネットワーク強化が求められる。もちろん、多くの自治体で自主防災組織の整備や地域防災リーダーの育成等の事業が展開されているが、これらは自治会等旧来型のコミュニティを対象に、自治体がお膳立てをするものが多い。これとは別に、近年、独自に活動を展開する災害救援ボランティアやまちづくりＮＰＯ等が台頭してきたが、災害直後は別として、自治体がこれら新興勢力と対等の関係で予防のためのネットワークを構築できた例は未だ少ない。阪神・淡路大震災後の被災地では、官民連携に「委託」という手段が用いられたが、委託契約の性格上、事業実施責任は委託者である「行政」にあり、受託者である「民間」は独自の判断で予算の使途を変更できず活動を縛られるとの批判がある[*1]ように、必ずしも効果的な連携手段とは言い難い。

この点、１９８９年のロマプリエタ地震や１９９４年のノースリッジ地震を経験した米国・カリフォルニア州では、行政が主に大多数の被災者に共通したサービスを提供する（マス・ケア　Mass　Care）のに対し、個々の被災者が有する少数だが

図１　米国カリフォルニア州における行政と民間の役割分担

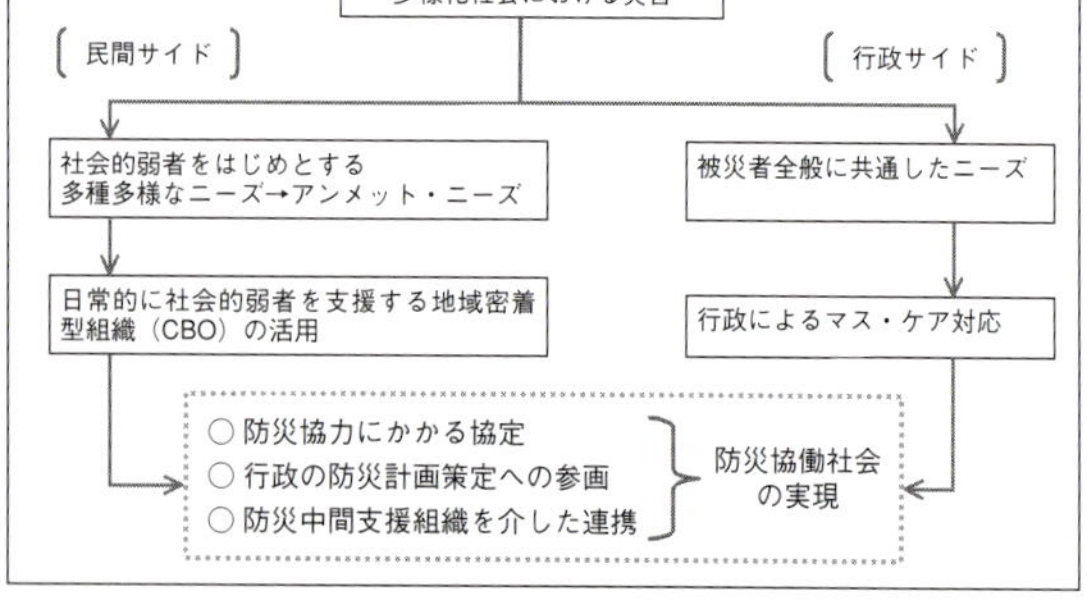

多種多様なニーズのうち、マス・ケアから漏れてしまったもの（アンメット・ニーズ Unmet Needs）には、むしろ CBO（Community Based Organization）といったコミュニティベースの民間団体が主体的に対応できるよう、両者で防災協力にかかる協定を結んだり、行政の防災計画策定に CBO が参画するなど、社会の中で役割分担がされている（図1）。あるいは、両者を媒介する防災中間支援組織の存在がある。我が国でも、行政だけでなく、NPO・NGO、自治会、企業、学校、研究機関、マスコミ等、社会を構成するあらゆる主体が、それぞれの得意分野を発揮しながら役割分担する防災協働社会の実現が必要である。

●「官─民」ネットワークによる災害予防文化の醸成

それでは、将来の災害に備えて防災協働社会を実現する上で、地方自治体はどういった分野でネットワークを強化すべきであろうか。いくつか例示したい。

災害による死者数を大幅に減少させる上で効果的なのは、住宅等建築物の耐震化である。阪神・淡路大震災では死者の約8

割が住宅倒壊による圧死であった。無料での耐震診断や、耐震化する際の補助金制度などを設けている自治体もあるが、耐震化率はさほど向上していない。この点、「行政」だけではなく「民間」の側からも、市民の視点に立った耐震化推進方策が求められる。例えば、神奈川県の平塚市ではNPOやPTA、自治会等市民グループからなる「ひらつか防災まちづくりの会」が結成され、木造家屋での耐震診断から耐震補強に至るまでのプロセスを市民に公開したり、そこから生まれた安価な補強工法を普及させるための検討を進めるなど住宅耐震化を推進している。

また、阪神・淡路大震災では発生しなかった帰宅困難者への対策に関しては、東京の大手町・丸の内・有楽町地区において、「東京都・有楽町駅周辺地区帰宅困難者対策地域協力会」が結成され、将来大地震発生に伴う帰宅困難者に対して、企業がオフィス・スペースを解放したり、専属の医師や看護士を負傷者に対応させる方策が検討されている。あるいは、和歌山県串本町では、南海地震の発生8分後に最大水位6.7mの津波の到来が見込まれており、地域

住民の手作りによる高台までの避難路が設置された。

民間による活動は、目の前の被災者のニーズに応じて、制度の枠に縛られることなく柔軟かつ迅速に支援できるもので、新たな発想を取り入れ将来の制度構築につながる場合がある。阪神・淡路大震災でも、コレクティブハウジングや高齢者見守り対策等、新たな被災者支援策がボランティアによる活動を発端として生まれた。

しかし、これらの活動が全国で恒久的に実施されるためには、民間、特にコミュニティベースでは「ヒト・モノ・カネ」等の面で限りがあり、ここに地方自治体が、民間の自主性を損なうことなく、積極的にこれらの活動に関与するようネットワークを組む余地がある。

●「官」「民」異なる文化を認識した上でのネットワークの試み

実際に「行政」と「民間」との連携が容易ではないのは周知の通りである。筆者は、以前、カリフォルニア州での行政およびNPO・NGOへのインタビューで、双方の当時者から「行政」と「民間」の世界では使用する言語が違うといった表現を

聞かされ、官民連携の先進地である米国でもそういうものなのだと強く印象に残ったことがある。例えば、西海岸に多い不法滞在者への対応に際して、「法適合性」「公平性」「一貫性」等の原則に留意せねばならない「行政」と、その場で出会った一人ひとりの被災者の抱える問題解決からスタートする「民間」等で互いの落とし所を探ることが可能であるが、文化の異なる民間に役所の論理でアプローチすれば、却って相互不信に陥る場合がある。図2は一般論として両者の特性の違いを図にまとめたものである。

これは、自治体職員にとって意識改革を伴うことを意味する。組織で動く自治体の場合、担当者とはその時期にその職務に専念する職員（いわゆる"宛て職"）を意味する。数年間の勤務で職務に精通しても、異動がくれば事務を従事する権限がなくなる。そのため、担当者の交代に伴い政策にぶれが生じないよう制度化や公文書等による取り決めが行われるなど、属人的要素を極力排除しネットワークを構築するところに特徴がある。

これに対し、「民間」の場合は、ボランティア・スピリットの世界の大きな推進力で、基本的に意欲があれば担当者になれ

る。すなわち、「熱い思い」を持った個人個人の属人的要素が活動を展開する上で重要であり、組織の論理を軽視できない「行政」と発想や見解が異なる場面が生じる[*2]。例えば、同じ文化圏にいる自治体同士であれば、協力協定一つをとっても、その内容や人員配置、経費分担等で互いの落とし所を探ることが可能であるが、文化の異なる民間に役所の論理でアプローチすれば、却って相互不信に陥る場合がある。図2は一般論として両者の特性の違いを図にまとめたものである。

このように考えると両者は、連携の重要性を認識しながらも、本質的には両極に位置するということになってしまう。しかし、徐々にではあるが、互いに雪解けし相互理解に努める例が散見される。三重県がボランティア団体とコーディネーター養成や東南海地震等に備えて連携している例や、愛知県と名古屋市が2000年9月の東海水害の際に地元のボランティア団体等と全国初の公設民営型ボランティア本部を役所に設置した例などがそうである。前述の通り災害前の連携こそ少ないが、災害直後では、被災地の社会福祉協議会が設置したボランティア

図2 民間と行政との特性の違い

【民間の特性】
○ 自発性・当事者性・感受性
○ 先駆性・創造性
○ 迅速性・機動性・柔軟性
○ 多様性・在野性
○ 自立性・独自性
○ 対象特定性

⇔

【行政の特性】
○ 規則性（法令順守）
○ 前例踏襲性・一貫性・一律性
○ 合意性・一貫性・普遍性
○ 単一性・独占性
○ 協調性
○ 平等性・公平性・中立性

（例：一般的な傾向として特性から生じる対応の違い）

	民　間	行　政
組織形成	自主的に形成	制度に則り形成
サービスの対象者	特定	全員
書類作成	書類より活動が大事	重視
意思決定	即断	合意形成
外部への公表	開放的	慎重
勤務・活動時間	不特定	特定

ティアセンターの運営に、全国から駆けつけたボランティア団体が参画するケースが全国的に増えてきた。

これらの事例からは、キーパーソン的な人材を軸にした「行政」「民間」両者の顔の見える関係の構築や、相互理解のための説明努力（アカウンタビリティ）の跡が窺える。両者が意識改革に努め試行錯誤を繰り返しながら、より良い連携を求めてネットワーク作りに励んでいる。現時点で、「行政」と「民間」との有用なネットワーク構築のための理論的ノウハウは完成されておらず、依然、過渡期にあるが、その出発点に「人材」があるのは間違いない。行政の視点からは、防災もまた数ある所掌事務の一つという位置付けとなり、人事異動が避けられないところだが、災害スパンが長い割には人命を左右するといった特異性に着目すれば、民間の地方自治体にも官民連携できる人材が必要である。その結果、将来の大災害に備え、我が国の地方自治体にも官民連携できる人材が必要である。その結果、ネットワーク作りの上手な自治体とそうでないところといった格差が生じるかもしれない。しかし、差別化により良い意味での地方自治体と、赤十字や地元のCBO等の民間団体が連携して迅速に被災者支援活動を行い、高い評価を受けた。いずれの担当者も経験や専門性を有し、互いの長所や弱点を認識していた。顔の見える関係はその後もい目で暖かく見守りながらインキュベートする姿勢が求められる。そして、マスコミをはじめとする周囲も、この試行錯誤を、プラス思考に立って、長い目で暖かく見守りながらインキュベートする姿勢が求められる。

米国ノースリッジ地震の場合は、（当時の）FEMAや被災地の地方自治体と、赤十字や地元のCBO等の民間団体が連携して迅速に被災者支援活動を行い、高い評価を受けた。いずれの担当者も経験や専門性を有し、互いの長所や弱点を認識していた。顔の見える関係はその後も続き、当時共同で設立した中間支援組織は、現在、災害予防のための活動を展開している。将来の大災害に備え、我が国の地方自治体にも官民連携できる人材が必要である。その結果、ネットワーク作りの上手な自治体とそうでないところといった格差が生じるかもしれない。しかし、差別化により良い意味での競争意識の生じることが期待できる。そして、マスコミをはじめとする周囲も、この試行錯誤を、プラス思考に立って、長い目で暖かく見守りながらインキュベートする姿勢が求められる。

（青田良介／ひょうご・まち・くらし研究所）

● 注

＊1　委託の問題については、コミュニティ・サポートセンター神戸の中村順子理事長が「CS神戸のあゆみ　コミュニティ・エンパワーメント─自立と共生を求めて─」の中で、受託事業の展開における困難と可能性について述べている。筆者はこの見解に全面的に賛同するものではないが、NPOにとって活動費を確保する上で行政からの委託は軽視できない反面、受託したが故に煩雑な事務処理や受託者（NPO）本来の目的とは異なる業務に追われるなど、ジレンマに陥るケースの多いことを紹介しておきたい。

＊2　阪神・淡路大震災災後に設立された「阪神淡路大震災地元NGO救援連絡会議」代表の故・草地賢一氏が「（行政から）言われなくてもやる、言われてもしない」と述べたのは、民間団体の自発性をうまく表している。

＊3　三重県の場合は、防災部署に所属経験のある職員がボランティア団体にも属し両者の橋渡し役を担っている。また、静岡県では防災職採用の専門職員を有し、県内はもとより全国的にも行政、民間を問わず連携を拡げている。民間でも、「震災がつなぐ全国ネットワーク」の代表者達がこれまでの災害対応の経験を下に現場および後方支援に貢献している。

● 参考文献

① 国連世界防災会議「兵庫宣言」「兵庫行動枠組み」
② 平成17年版防災白書
③ 中央防災会議「東海地震対策専門調査会」および「東南海、南海地震等に関する専門調査会」
④ 中央防災会議「民間と市場の力を活かした防災戦略の基本的提言」
⑤ 兵庫県復興10年委員会「阪神淡路大震災復興10年総括検証・提言報告」
⑥ 和歌山県「東南海・南海地震に備えよう」
⑦ ひらつか防災まちづくりの会ホームページ

双方からより良い連携を求めて活動している。

復興模擬訓練の取組みと展望

図1　震災復興マニュアルに示された地域協働復興のプロセス（出典：東京都震災復興マニュアル、2003年）

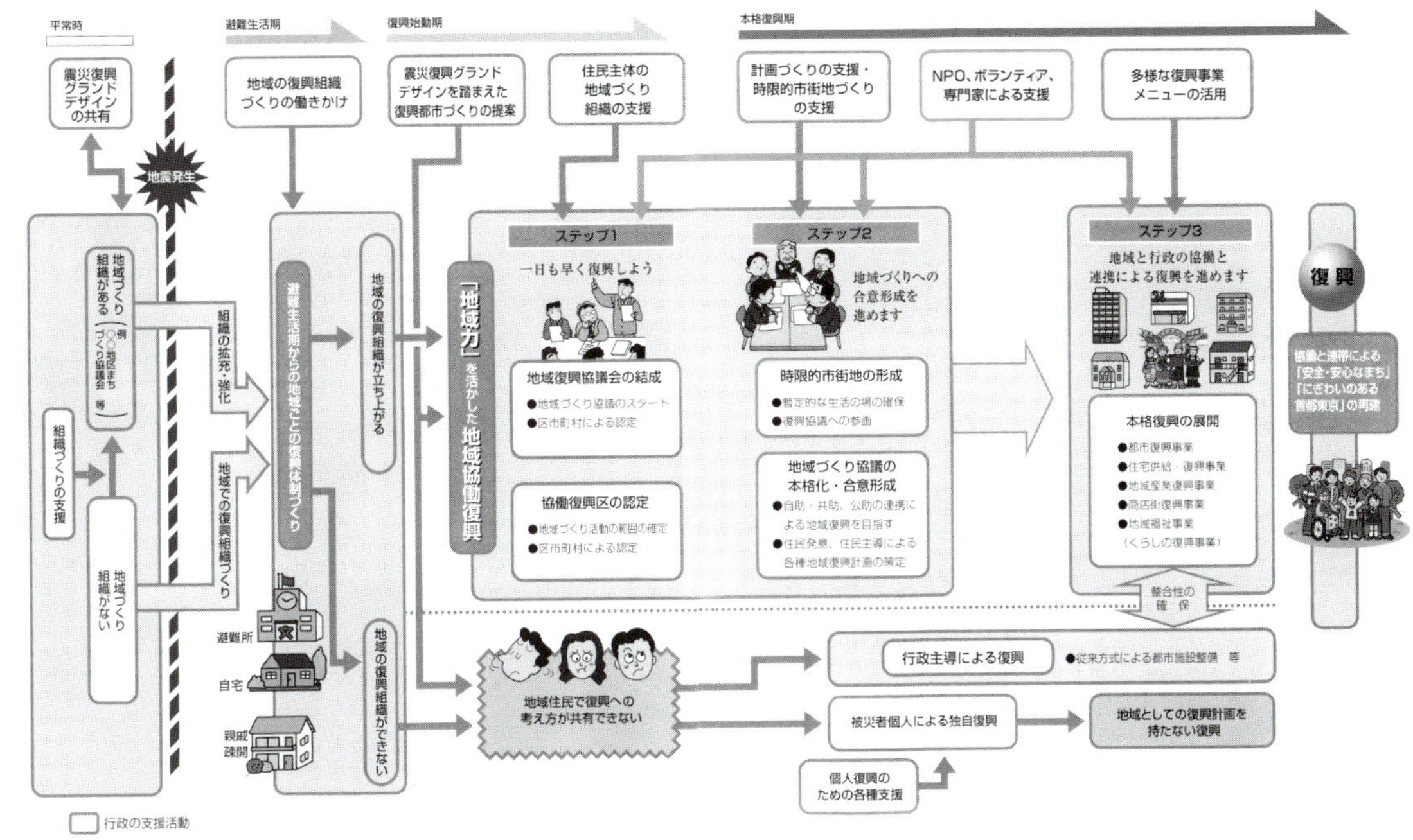

●「復興に備える」という視点から

中央防災会議はM7前後の首都直下地震が30年以内に70%の確率で発生すると公表している。大地震が来る前に、被害を受けにくいまちをつくる「防災まちづくり」が重要なことは言うまでもないが、被害が生じてしまった場合に、その影響を最低限に食い止める方策、避難生活の工夫、住まいの再建、都市の復興などの長期間にわたる対応策を事前に練っておくことも必要である。こういった取組みは、「事前復興」と呼ばれ、阪神淡路の経験を踏まえ、様々な取組みが提案と検証を繰り返しながら各地で展開されてきている。行政サイドでは、東京都や静岡県において、災害からの復興の手順を具体的に描いた「都市復興マニュアル」が策定されており、基礎自治体でもいくつかの同様の取組みが展開されている。市民サイドでも、「仮設市街地」の可能性や課題を社会実験を通して検証する「震災サバイバル・キャンプ」が99年に開催される（約1300人が参加）など、いくつかの取組みが進んでいる（「東京の防災都市づくり」『造景』14号参照）。

近年になって、復興まちづくりの進め方を地区のレベルで疑似体験し、様々な課題を検証する、住民参加型の「震災復興まちづくり模擬訓練」が実施されるようになった。ワークショップの手法を用いて、長期間にわたる復興のプロセスを学習し、対応するしくみについて議論をし、訓練後、まちづくりや地域の防災体制の強化につなげる、社会学習プログラムである。本稿では筆者らがこの訓練実施をサポートした経験を踏まえ、その概要と展望を述べたい。

●東京都における復興模擬訓練

東京都における復興模擬訓練は、都が「都市復興マニュアル」（97年）および「生活復興マニュアル」（98年）を策定したことがきっかけとなった。[*1]これを受けて東京都が基礎自治体の職員に呼びかけて、復興計画を立案する模擬訓練を毎年行っているほか、墨田区、世田谷区等、都内12区において、独自の「都市復興マニュアル」の策定が進められ、世田谷区三宿1丁目地区においては地区レベルで住民参加の復興模擬訓練が実施された（01年）。

03年に上記の二つのマニュアルを統合した「震災復興マニュアル」が策定された。「都市復興マニュアル」は主に行政担当者向けに、都市レベルの復興の手順が示されたものであったが、「震災復興マニュアル」は、都民に向けて、都市レベルだけでなく、地区レベルの復興の大枠と手順、都民が被災後にとるべき行動の指針や選択・判断基準が示されたものである。

具体的には、地区レベルで「地域復興協議会」が中心となって、復興まちづくりを進めていく手順が示された（図1）。復興のプロセスを「避難生活期」「復興始動期」「本格復興期」の三つのステップに分け、「地域復興協議会の設立」「協働復興区の認定」「時限的市街地の形成」「地域づくり協議の本格化・合意形成」「本格復興の展開」といった「地域力をいかした地域協働復興」の手順が示されている。

耳慣れないキーワードばかりであるが、「地域復興協議会」とは住民主体の組織で「協働復興区」とはその活動エリアである。言うまでもなく、この仕組みは阪神淡路の「まちづくり協議会」の経験から導出されたものである。「時限的市街地」とは遠隔地ではなく、被災地の中、旧居住地の近くに設営される仮

図2　東京都の事前復興の取組みの組み立て（東京都震災復興マニュアル〈2003年〉、震災復興グランドデザイン〈2001年〉より筆者作成）

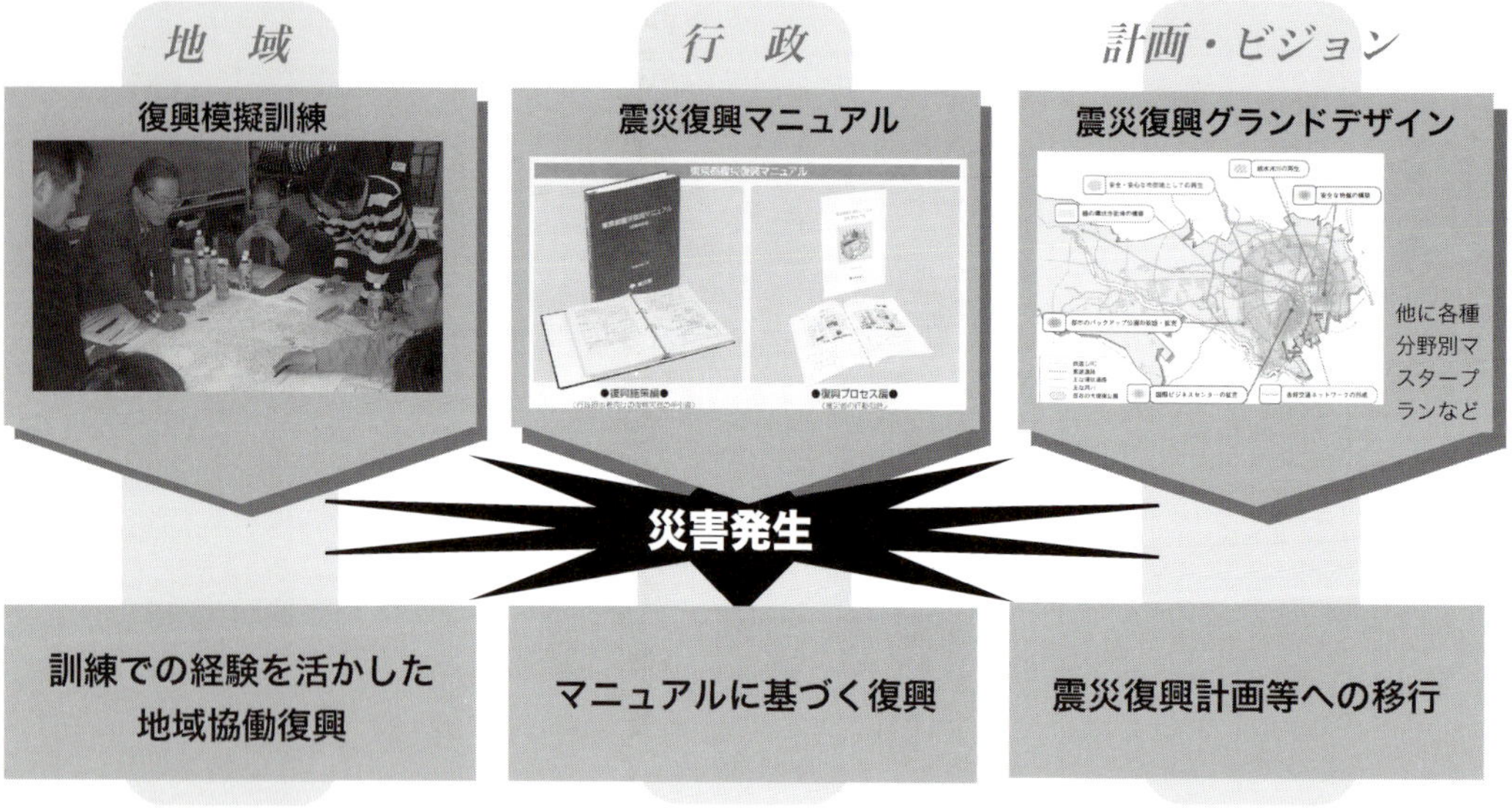

東京都は平常時の防災まちづくりを「防災都市づくり推進計画（03年改定）」により推進する一方で、「震災復興マニュアル（03年改訂）」「震災復興グランドデザイン（01年）」「震災復興まちづくり模擬訓練（03年〜）」を策定・実践している。どのような被害が発生するか分からないため、「グランドデザイン」は大まかなビジョンを描くにとどまり、「マニュアル」で詳細な復興の問題への対策や手順をまとめ、それを地域が使いこなすための「訓練」が実施される、という組み立てである。

設住宅、店舗、事業所や利用可能な残存建設物から構成される本格復興までの「暫定的な生活の場」である。要するに、住民が避難所から仮設住宅の段階においても地域にとどまり、「地域復興協議会」を設立してイニシアティブをとって復興計画の作成を進めていく、という手順が示されたものである。

現在筆者らが取り組んでいる復興模擬訓練は、この地区レベルの復興まちづくりのプロセスを、地域住民が自治体と模擬的に体験することで経験や知識を習得することを目指すものである。03年度は2地区でモデル的に実施され、04年度からは都の補助事業制度「復興市民組織育成事業」が立ち上がり、04年度は5地区、05年度は6地区で実施されている（**表1**）。筆者らはプロジェクトチームを組み、練馬区貫井地区、葛飾区新小岩地区の復興模擬訓練の企画立案にあたった。

●復興模擬訓練の手法

筆者らが実施している復興模擬訓練の具体的なプログラムを図にまとめておく（**図3**）。全体は4〜5回のプログラムで構成されている。震災前から震災後、そして復興に至るまでの時系列を体験できるようにプログラムが組み立てられ、参加者はそれぞれの回において、震災復興のそれぞれの時局で実際に起こるであろう課題を体験し、それに対して自分たちがどういった判断を組み立てるか、ということを議論する。

プログラムの具体を見てみよう。「まち点検を行って被害をイメージする」は、一連の訓練のごく初期に実施されるもので、地区の災害の危険箇所、避難路や避難所、仮設住宅適地を調査する「まち点検」を行い、その成果をまとめる訓練である。多人数でまちを歩くことにより、普段は気づかない問題を発見するとともに、一つの地域内で、被災、避難、仮設住宅のそれぞれの時期の市街地の状況や使われ方をイメージする訓練でもある。

「避難生活から復興を考える」は、「まち点検」の次に実施されるもので、被災後1〜2週間程度経過した時期において、住まいや生活をどう確保し、本格的な再建・復興にどう備えるかを考える訓練である。「商店街」「戸建て住宅居住者」「アパート経営者」「賃貸集合住宅居住者」「分譲集合住宅居住者」といった様々な役割になりきり、その役割から考えられる課題やとるべき行動を議論する。自らとは異なる役割を擬似的に経験することにより、地域住民の抱える多様な問題を理解することが出来る。

次いで行われる「理想の仮設住宅を考える」は、地域内に仮設住宅を建設する際の計画づくりの訓練である。1／100の模型や地図を用いて、地区内での仮設住宅の配置や、仮設住宅団地の住戸や商店のレイアウト等を考える。模型とCCDカメラを組み合わせることにより、よりリアリティのある空間の議論が可能になっている。

最後に行われる「復興まちづくりを考える」では、行政やまちづくり協議会が仮想で作成した地区の復興まちづくりの案を素材にして、自分たちでまちの将来像を考える訓練である。新小岩地域では地域のまちづくり協議会が、この訓練にあわせて復興まちづくり案を作成し、一般参加者と議論している。神戸市など

表1　復興模擬訓練の実施状況（平成15、16年度分）

地区名	練馬区貫井地区	墨田区向島地区	足立区西新井地区	北区赤羽西地区	墨田区向島地区（H16年度）	新宿区本塩町地区	葛飾区新小岩地区
訓練名称	震災復興まちづくり模擬訓練	復興模擬訓練	地域防災復興まちづくり模擬訓練	市街地復興セミナー	復興模擬訓練	復興模擬訓練	震災復興まちづくり模擬訓練
対象地区	貫井１～５丁目	東向島１～３丁目 堤通１丁目	西新井栄町１～３丁目 栗原３丁目	赤羽西１～４丁目	東向島１～３丁目 堤通１丁目	本塩町	新小岩１～４丁目 東新小岩１、２丁目
地区面積	約1k㎡	約0.73k㎡	約135.8ha	約0.6k㎡	約0.73k㎡	約0.08k㎡	約0.15k㎡
人口	約17,800人	約12,000人	21,773人	約11,300人	約12,000人	約600人	約20,200人
世帯数	約8,900世帯	約5,700世帯	10,450世帯	約5,800世帯	約5,700世帯	約280世帯	世帯数10,500世帯
地元訓練参加団体	貫井町会避難拠点運営連絡会 （練馬２小、練馬３小、貫井中）	一寺小学校地域防災情報連絡会 一寺言問を防災のまちにする会 商店会 第一寺島小学校	西新井地区震災対策を考える会	赤羽西地区地域住民	一寺小学校地域防災情報連絡会 一寺言問を防災のまちにする会 商店会 第一寺島小学校	本塩町会	新小岩南地区連合町会 （11町会8商店会）
専門家参加団体	東京都立大学 （財）東京都防災・建築まちづくりセンター	（財）東京都防災・建築まちづくりセンター 仮設市街地研究会	仮設市街地研究会 （財）東京都防災・建築まちづくりセンター		災害復興まちづくり支援機構 （財）東京都防災・建築まちづくりセンター	東京司法書士会 災害復興まちづくり支援機構 （財）東京都防災・建築まちづくりセンター	東京都立大学 災害復興まちづくり支援機構 （財）東京都防災・建築まちづくりセンター
訓練プログラム 第１回	震災後の地域の復興について皆で考える（7/14） →復興模擬訓練を理解する	避難から復興への全体像をイメージする（説明会）（8/24） →復興模擬訓練を理解する	オリエンテーション（8/7） →訓練の意義・全体像を理解する	大震災後のまちについて考える（10/30） →訓練の目的と進め方を理解する →被災地の町を想像し、復興に当たっての課題を考える	復興まちづくりを考える・その１（12/9） →久野都市計画マスタープランをもとに、復興まちづくりの課題や望むことを考える →復興まちづくりの課題について専門家と一緒に考える	まち歩き（12/4） →危険なところ、役立つところをチェックする →避難場所と経路を確認する	まち歩き・まち点検（12/27） →危険なところ、役に立つところをチェックする
第２回	まち点検を行って被害をイメージする（8/30） →１週間までの被災・避難状況を考える	検証まち歩き（9/6） →まちを歩いて確認する	まちあるき（8/28） →まちが被災したときに活用できる空間資源を確認する	まちの復興計画を進めるためには（11/13） →時限的市街地を検証する →地区の復興まちづくり計画（区原案）を考える	復興まちづくりを考える・その２（1/28） →住民、事業者、行政、専門家の協働による復興について考える →復興の際、地域ルールにすべきことについて考える	震災後のまちを考える（12/19） →まちや住宅の再建について望むことを考える →望みを実現するための課題を専門家と一緒に考える	復旧・復興の課題を考える（1/30） →避難生活期を想定し、生活再建やまちの復興への課題を考える
第３回	避難生活から復興を考える（9/13） →一人一人の立場で生活再建を考え、まちの復興を話し合う	避難所での秩序だった生活を考える（9/20）	避難所１泊訓練（9/18-19） →発災から１ヵ月間の避難所運営を考える →避難所閉鎖から復興を考える（１～２ヵ月後） →一時復興まちづくり（時限的市街地）を考える（２ヵ月以降）	まちの復興計画案をつくる（11/27-28） →まちの復興方針を検討する →復興の整備内容を検討する →復興まちづくり計画案をまとめる		みんなの力でまちを復興する（1/26） →専門家などとの協働による復興について考える →復興の際に重視することを考える	仮設のいえ・みせ・まちを考える（2/19） →被災後１ヵ月から２年くらいの間を想定し、「まち、いえ、みせ」の視点から時限的市街地を実現するための課題を考える
第４回	理想の仮設のまち・いえ・みせを考える（10/11） →仮設のまちで快適に暮らすには	地域での復興体制を考える（10/18）	復興への事前の備えを考える（10/16） →訓練を通じて得た認識を共有し、事前の備えの重要性を確認する	提案発表会（12/11） →復興まちづくり計画案を発表する →計画案に関する意見交換を実施する			復興まちづくりを考える（3/19） →区およびまちづくり協議会が作成した「復興まちづくり方針案」をベースに復興まちづくりの課題を考える
第５回	復興まちづくりを考える（11/15） →貫井が被災したらどうすべきか	時限的まちづくりを考える（11/8）					

図3　復興模擬訓練のプログラム

まち点検を行って被害をイメージする	避難生活から復興を考える	理想の仮設住宅を考える	復興まちづくりを考える
まちの震災に対する危険性や長所を点検する「まち点検」を行い、その成果を「図上訓練」の形式でまとめ、災害要因図、延焼被害想定図を作成する	被災後１～２週間程度経過した時期において、住まいや生活をどう確保し、本格的な再建・復興にどう備えるかを考える	地域内に仮設住宅を建設する際の計画づくりの訓練を、地区レベル、敷地レベルで行う	仮想で作成・提案した地区の復興まちづくりの案をチェックし、自分たちでまちの将来像を考える訓練を行う

まちあるきの様子

ロールプレイのカードを選択する

模型を用いて仮設住宅の配置を検討する

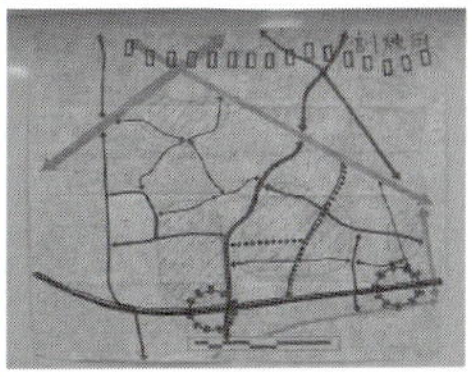

復興まちづくり方針の案

作成された災害要因図

各人が復興するステップをまとめる

地区で仮説市街地の適地を探す

写真を選んで市街地のイメージを議論する

で撮影した復興市街地のイメージ写真を用いてまちのイメージを考え、災害に遭う前のまちの問題を解決し、よいところを引き出したまちづくりの方針を議論する。

このように、プログラムにはロールプレイやデザインシミュレーションがふんだんに盛り込まれ、参加者は様々な立場になって、模型や写真などを用いて空間的なイメージをふくらませながら、復興のプロセスを疑似体験し、問題の構造を短時間で深く、具体的に理解できることになる。各回のプログラムの最後には、ワークショップを通じて広がったイメージや問題意識を現実世界と結びつけるために、主題解説や弁護士等の専門家による模擬法律相談が行われる。これはワークショップの中で「ディブリーフィング」と呼ばれるプロセスであり、得られた経験を、翌日からの具体的なまちづくりの取組みへと展開していくためのものである。[*2]

訓練実施場所の地域課題に加えて、阪神淡路の経験で蓄積された膨大な知識を短時間で身につけることになるため、出来るだけコンパクトに情報を参加者に伝え、かつ一方的な知識提供にならないように、参加者が自らの考えに立って議論や判断ができるようなプログラム設計を行った。幸いなことに、それぞれの地域で熱心な地域組織のリーダー、行政職員、地域の都市計画専門家、災害復興まちづくり支援機構[*3]が協働体制を組むことにより、高密度なプログラムが可能となった。このような地域ベースで構築される人的ネットワークも、復興模擬訓練の重要な成果の一つである。

また、復興模擬訓練には、筆者らのグループ（首都大学グループ）に加えて二つのグループが支援を行っている。05年になって、これらのグループに関わる専門家が一堂に介し、様々な情報を共有していく「復興市民組織育成事業支援プラットフォーム」が立ち上がっている。こういった地域をまたがった人的ネットワークが形成されつつあることも、もう一つの重要な成果であろう。

●訓練の評価・展望

東京の地域社会では大地震はホットな話題であり、これまで、模擬訓練そのものの意義は容易に地域社会に受け入れられ、多くの市民に真剣に取り組んでいただいている。もちろん、すべて順調ということではなく、参加者から異論が出てプログラムを組み換えたこともあった。しかし、これらの経験は、むしろ地域にとっては専門家との、専門家にとって見れば地域との議論のトレーニングになったとも言える。

地域社会の内部や外部との人間関係の形成、復興に対する問題意識の形成と共有、地域社会の中での役割意識の形成、そして議論や合意形成をスムーズに行う能力などを総合したものを「地域力」と呼ぶのであれば、その準備のプロセスも含め復興模擬訓練を行うことは、その向上に確実につながっていると言える。

ある地域で参加した、住み始めて20数年になり、子育ても一段落した女性からは、

「ワークショップという進め方がよかった。それは、少人数でのグループ討論を通して、みんなの話が一言ずつでも聞けたことや町会を担っている年長者の方々、また区役所の若い人たちの素直な意見など、異なった年齢、異なる立場の人たちからの話で地域に対する見方が変わった。復興は単にもとの姿に戻すことではなくて、土地に対する愛着、人と人とのつながりも含まれるのだなと感じて、自分の感覚として納得できた。すぐに始められることもあるだろう。たとえば、まちで会った人にはあいさつをする、とか。私はそんなことを実行し、私なりの復興に備える取組みとしたい」

というコメントが寄せられた。彼女の経験を通して、自立した個人が「滅私奉公」ではない「活私開公」として地域と向かい合う「地域力」向上のアプローチが見えてくるのではないだろうか[*4]。

04年度に訓練を行った新小岩地域では、復興模擬訓練をきっかけにして、都市再生モデル地区調査の調査費を獲得してのまちづくりが進められている。地域にはもともとまちづくり協議会が活動していたが、訓練を通じて新しいステージに進み、商店街の活性化、コレクティブ住宅の建設など、地域で燻っていたまちづくりの種が動き出している。このように、復興模擬訓練は自分たちのまちを客観的、長期的、鳥瞰的に見直すよい機会であるし、まちづくりの新しい展開の大きな動機になる。整備が進まない地域にもう一度まちづくりの運動を起こすよいきっかけにもなるだろう。

これまで6地区で復興模擬訓練は開催され、それぞれの地域でまちづくりへの波及効果をもたらしてきた。復興模擬訓練と訓練後のフォローアップも含め、都内をカバーするためには、前述の「プラットフォーム」だけでは力不足であり、各地での一層の専門家、行政職員の参画が求められる。その際に、狭小なセクショナリズムを排し、どんな町にも共通の根幹的な課題として事前復興を位置づけ、既存のまちづくり政策とも大いに連携させた総合的な政策を各市区町村ごとに構築していくことが今後の課題であると言える。

（市古太郎＋饗庭伸／首都大学東京）

●注

＊1 広原盛明は、東京都のマニュアルを「阪神淡路震災復興計画における重点復興区域の設定、都市計画事業のための建築制限、都市計画決定の強行、がれき処理と市街地の更地化という一連の『開発型復興』とは対局に位置する」と述べている。初版マニュアルにはすでに「仮設市街地」が登場している。

＊2 なお、ここで紹介した復興模擬訓練のプログラムは、筆者らが開発し、実践しているものであるが、他の専門家グループもそれぞれの工夫に富んだプログラムを開発している。2006年には、筆者らのものも含む多くのプログラムをまとめた「模擬訓練の手引き」が、東京都防災建築まちづくりセンターの機関誌『街並み』Vol.37（2005年秋）の誌上を使って発行されている。まだまだ開発の余地を残しているが、現時点での最新のまとまった「手引き」である。

＊3 「災害復興まちづくり支援機構」は、阪神・淡路大震災の復興過程で生まれた「阪神淡路まちづくり支援機構」を模して東京で設立された組織で、弁護士、司法書士、行政書士、社会保険労務士、税理士、再開発コーディネーター、建築士、土地家屋調査士等の士会が集まったものである。各地の模擬訓練に専門家を派遣し、訓練の現場で模擬法律相談などを行っている。

＊4 「活私開公」は公共哲学をめぐる金泰昌のコンセプトである。

コラム

防災・減災に関する市民参加手法の現在

阪神・淡路大震災以降、社会の災害に関する危機感は、途切れることなく続き、各地の地域社会で危機意識をベースにした様々な取組みが進められている。防災・減災は、地域社会の利害や意見対立を超えたところにある共通の課題であり、建物の耐震強度偽装問題や、ごく最近のエレベーターの事故などにもより、建物のリスクに対する意識も広く市民の中に浸透している。これらのことが、市民が参加する防災・減災のまちづくりの様々な取組みへとつながっている。

一方で、防災・減災まちづくりは、通常のまちづくりに比べて、「いつ、どんなものが来るか分からない」災害に備えるものであり、その問題を想像すること、そして具体の取組みや意識を持続させることが難しい。最初は意欲を持って取り組まれた防災訓練が年々形骸化していく、という経験をしたことがある読者も少なくないだろう。

このようなことを少しでも防ぐため、まちづくりに市民が参加する手法そのものの工夫も進んでおり、「ゲーミング」や「シミュレーション」の手法を導入した新しい手法が開発されている。

市民が参加して考えなくてはならない「防災・減災まちづくりの課題」の構図を描き、それぞれに対応する市民参加手法をみてみよう。縦軸に「課題の達成目標」を、横軸に「課題の具体性」をおいてみる（図）。

課題が具体的な場合での市民参加手法は多く開発されてきた。その成果はともかくとして、「防災小広場づくり」や「細街路」などの空間整備に関するデザインワークショップは多く実践されている。「耐震補強」のように、私的な財産の整備については、なかなか市民参加手法が組み立てられていないが、耐震補強の問題をある地域全体で解いていくという方法は模索されてもいいだろう。また、災害直後の意識形成のために開催されている「防災訓練」「避難訓練」に加えて、近年、災害直後の消火や避難の次のフェーズである、数日間～数ヵ月の避難所（多くの場合、小中学校の体育館が活用される）の運営訓練の取組みが広がっている。これらの訓練は、一時の経験になりやすく、形骸化せずに持続させていくことが難しい。また年に一度（9月1日）の防災訓練をこなすことで地域組織が手一杯のこともある。手法を簡易にする、選択可能性をもたせるなど改良の余地はあろう。

一方で、課題が具体的でない場合はどうだろうか。防災まちづくりのマスタープランに市民が参加するということは、80年代以降の木造密集市街地のまちづくりにおいて行われてきた。ある計画に対して何らかの合意を形成するという取組みである。では、合意形成よりも意識形成を重視する場合はどうか。災害の直後といった限定的な状況、想像しやすい状況ではなく、より中長期に、総合的視点を持って、復旧、復興の段階での様々な状況における意識を形成する場合である。前稿で紹介した「復興模擬訓練」はこういった部分を支えるために開発された手法であるが、他に開発されている「DIG」や「クロスロード」という新しい手法を紹介しておこう。

「DIG」はDisaster Imagination Gameの頭文字をとったもので、「災害図上訓練」とされることもある。文字通り、災害をイメージするゲームであり、1997年に、三重県で誕生し、以後全国各地で取組みが展開されている。方法はシンプルであり、ある地域の地図に、危険箇所や避難場所、公共施設などの情報を落とし込み、ある災害のシチュエーションを想定したうえで、参加者が共同で避難のシミュレーションを行うものである。開発の中心となったのは小村隆史氏（富士常葉大学）であり、氏らによる充実したウェブサイト（http://www.e-dig.net/0101.html）や、静岡県地震防災センターのウェブサイト（http://www.e-quakes.pref.shizuoka.jp/dig/index.htm）でその具体的な方法や成果を知ることが出来る。

「クロスロード」は矢守克也氏（京都大学）、吉川肇子氏（慶應義塾大学）、網代剛氏（中央学院大学）らが開発したゲームであり、災害後に起こりうる様々な状況に自らを置き、災害後に迫られる様々な「決断」を疑似体験するゲームである。こういった「決断」は、多くの場合ジレンマをはらんでおり、「正解が無い」ことが多い。矢守氏らは阪神淡路の復旧復興に携わった市民や専門家にインタビューを行い、様々な「決断」のポイントや、そこでの経験を抽出し、それらを疑似体験できるようにゲームを設計した。参加者はグループに分かれてカードを引き、そこに示された様々な状況に対してグループの多数派なのか少数派なのかを考えつつ「決断」を行う。そしてそれぞれの「決断」を比較し、なぜそのような決断をしたのかを議論することにより、お互いの考え方、カードの背景にある阪神淡路での経験を学ぶことができる。詳細は氏らによる「防災ゲームで学ぶリスク・コミュニケーション ―クロスロードへの招待」（ナカニシヤ出版、2005年）で知ることが出来る。

これらの手法に共通することは、参加をしていて「楽しい」ということである。防災・減災というと、問題を深刻にとらえがちである。もちろんその姿勢は間違えていないが、地域で取組みを持続させるには「楽しさ」が不可欠である。今後とも、多くの手法が開発されることを期待したい。

（饗庭伸）

防災・減災まちづくりの課題の構図

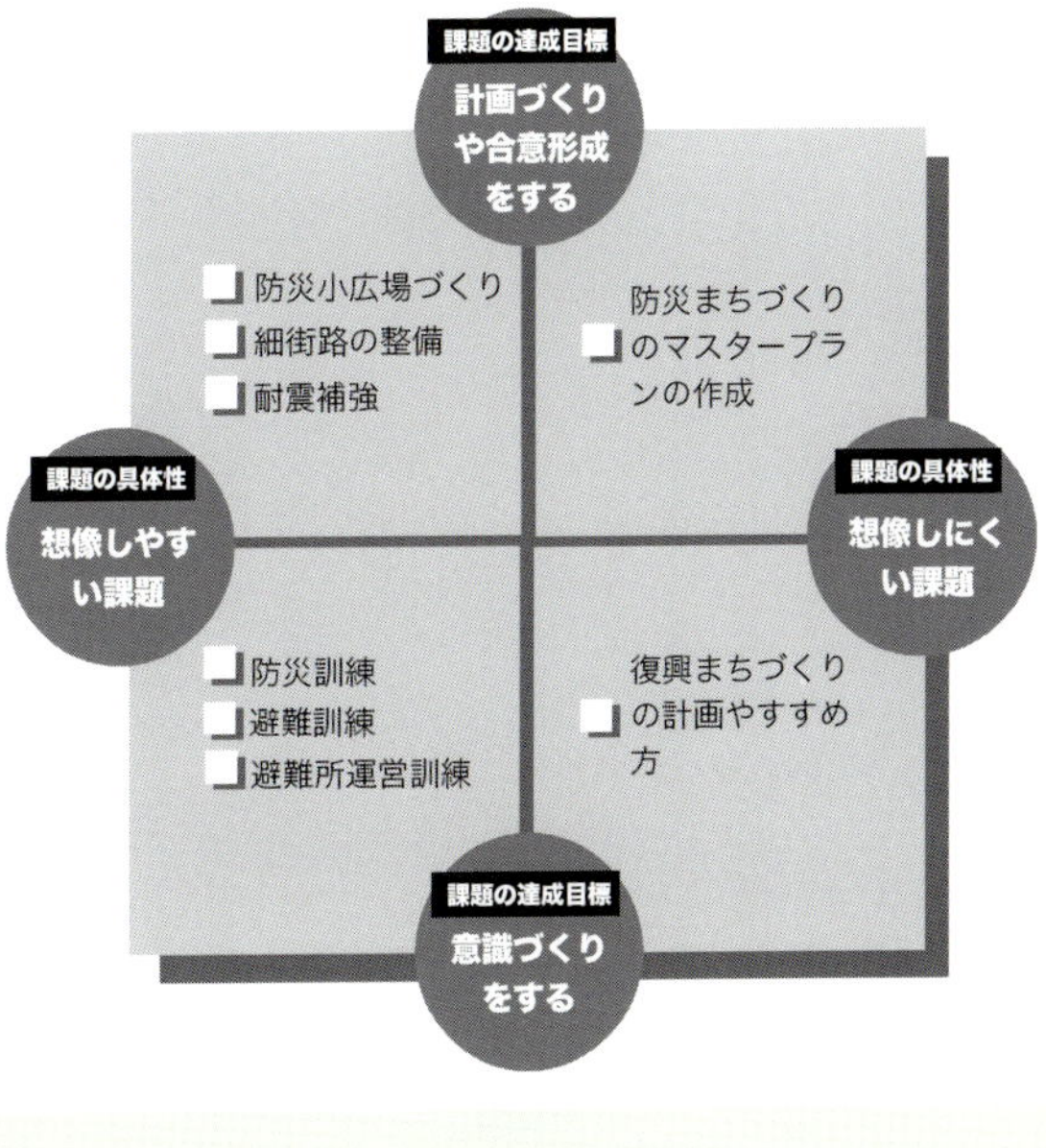

仮設住宅の適正な大量供給へのビジョン

配分計画策定システムの提案

図1　仮設住宅の配分計画策定システムの概要

従来、仮設住宅の供給計画は、避難所でのアンケート調査をもとに決定されているが、立地条件や間取りなどへの詳細な住民ニーズへの配慮は行われていない。構築する配分計画策定システムでは、詳細な避難所アンケート調査を実施し、世帯条件や住民ニーズに応じ最適な供給計画を策定する。

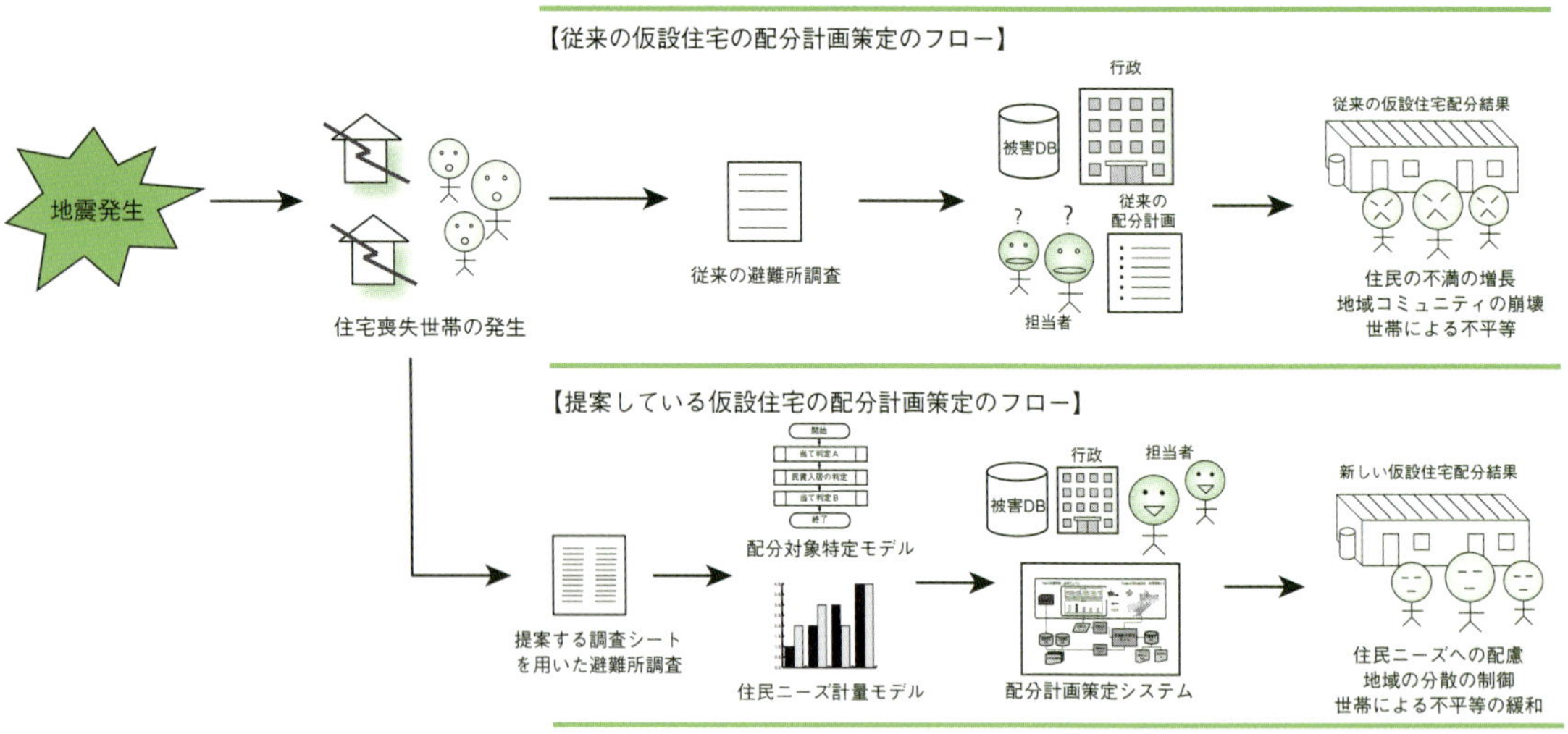

震災後の一時的な居住空間確保については、民間賃貸住宅など既存ストックの有効利用や、そもそも家屋の耐震化による被害の軽減などが議論されているが、大都市が大震災に見舞われた際は、これらの方策だけですべての住宅困窮者に対応することは困難であろう。

ここでは、一時的な居住空間確保において重要な役割を果たす仮設住宅の適正な大量供給方策について論じる。

●仮設住宅の不足問題と一部有料化

平成17年7月の内閣府中央防災会議・首都直下地震対策専門調査会報告では、東京都・埼玉県・千葉県・神奈川県の1都3県で、東京湾北部地震により約85万棟の全壊・火災消失棟数が発生するケースが想定されている。建物被害数に対する仮設住宅建設数の割合を阪神大震災時と同じであると仮定すると、首都圏では約40万戸の仮設住宅が必要となる。一方、都道府県自治体と協定を結んでいる㈳プレハブ建築協会の報告では、半年間での供給能力は12万2000戸にとどまり[*1]、被害の状況によっては仮設住宅が不足する可能性がある。阪神大震災、新潟中越地震など最近の地震災害では、希望者全員に仮設住宅を供給するという方策が取られたが、供給能力を超えるような被害が発生した場合は、従来型の仮設住宅だけでは限界があり、自力仮設住宅建設への補助など他の建設方式が必要であろう。

その際に、従来型の仮設住宅利用世帯と他の建設方策を利用する世帯で、負担費用に不公平が発生する可能性がある。そこで、仮設住宅も原則有料化し、ある一定の経済的条件以下の世帯のみは無償とする策を検討すべきと考えられる。徴収したお金は、仮設住宅用地として民有地を確保する際に使う、あるいは自力仮設住宅の建設支援に回すなど、追加分の建設補助に用いることで、限られた予算の中でより多くの仮設住宅が供給できる。

●仮設住宅の最適な供給計画策定

仮設住宅を大量供給する際、立地や間取りの異なる多様な仮設住宅を、世帯構成や経済的条件の異なる多様なタイプの世帯にどのように割り振るのかという配分問題がある。阪神大震災

図2　仮設住宅へのニーズ計測のための階層図

仮設住宅へのニーズは、他の応急居住策との比較、3条件の比較、立地条件の比較という三つの階層を用いて聞き取る。被験者は階層ごとに一対比較を行い、収集したデータはAHP（Analytic Hierarchy Process）の計算式を用いて数量化する。

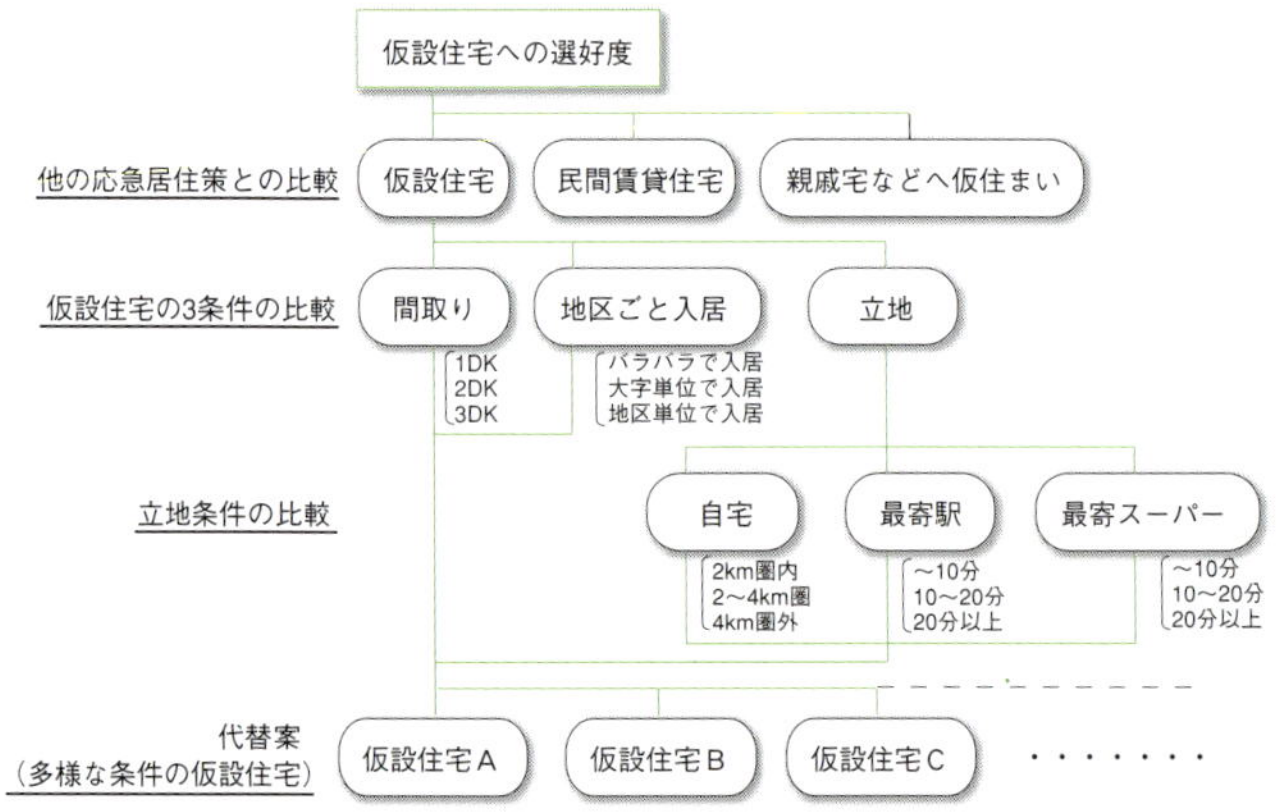

では、高齢者と障害者を優先して入居が決定された。その結果、高齢者ばかりの団地ができるなど偏りが生じ、地域コミュニティの破壊や独居老人の孤独死の問題が指摘された。[*2] 神戸弁護士会は、仮設住宅の配分について、平等・地域性・コミュニティの維持・弱者優先などの総合的視点をもつこと、一定の目標をもって抽選と優先入居を組み合わせることなどを提言している。[*3]

加えて、被災世帯が希望する条件（立地や間取り等）の仮設住宅へ入居できることも検討すべき事項と考えられる。それらを現実の計画へと展開するには、被害情報・住民ニーズ・行政意向・地域社会データなど多様で複雑な情報から適正かつ迅速な計画策定を可能とする情報環境の構築が必要と考えられる。筆者らは、マークシートを利用し[*4]た住民ニーズ解析システム、立地や間取りなど多様な被災者のニーズを最大限満たすための最適配分モデル、さらに弱者入居優先や地域維持など背反する指標を調整するための適正配分計画モデルが連動する仮設住宅の配分計画策定システムを構築している。[*5] 地震災害後、避難所アンケート調査を実施し、迅速に被災者特性に配慮した供給計画が策定できる仕組みである。事前に被害想定と連動した精緻な仮設住宅対策シミュレーションをすることで、地域レベルでの具体的な用地確保戦略、さらには一部有料化に関する詳細な検討が可能となる。

（佐藤慶一／東京工業大学）

●参考文献

＊1 ㈳プレハブ建築協会『災害対策業務関連資料集』２００４年８月

＊2 高橋正幸「被災者の住宅確保に係わる課題と対策」『都市政策』no.86、神戸都市問題研究所、１９９７年、26頁

＊3 神戸弁護士会『阪神・淡路大震災と応急仮設住宅』１９９７年、15頁

＊4 慶應義塾大学ＳＦＣ金子郁容研究室、オープンソースのマークシート処理システムＳＱＳ（Shared Questionnaire System）http://sqs.cmr.sfc.keio.ac.jp/

＊5 神奈川新聞「仮設住宅被災者本位に　小田原で慶大　供給モデル策定」２００５年７月19日（火）朝刊１面

図３　仮設住宅の配分計画策定システムの詳細

「震災後の居住推移モデル」は、親戚・知人宅や民間賃貸住宅への応急居住についての被災者ニーズと空家データのマッチングの処理をするもので、それらに入れない世帯を仮設住宅の配分対象としている。「住民ニーズ計量モデル」は、AHPを利用したもので、仮設住宅の間取り・立地・入居方式について選好度数を計量する。「適正配分数理モデル」は、多目的計画法の満足化トレードオフ法を援用したもので、住民選好度数・高齢世帯入居数・低収入世帯入居数・従前居住地区の分散制御・入居世帯構成のバランスの五つの指標の適正化を図る数理モデルである。「住民意識調査」では、世帯属性とともに、仮設住宅に支払える家賃の限度額を段階的に尋ねており、一部有料化の対象とする世帯や家賃額などの詳細なシミュレーションを行うことが可能である。

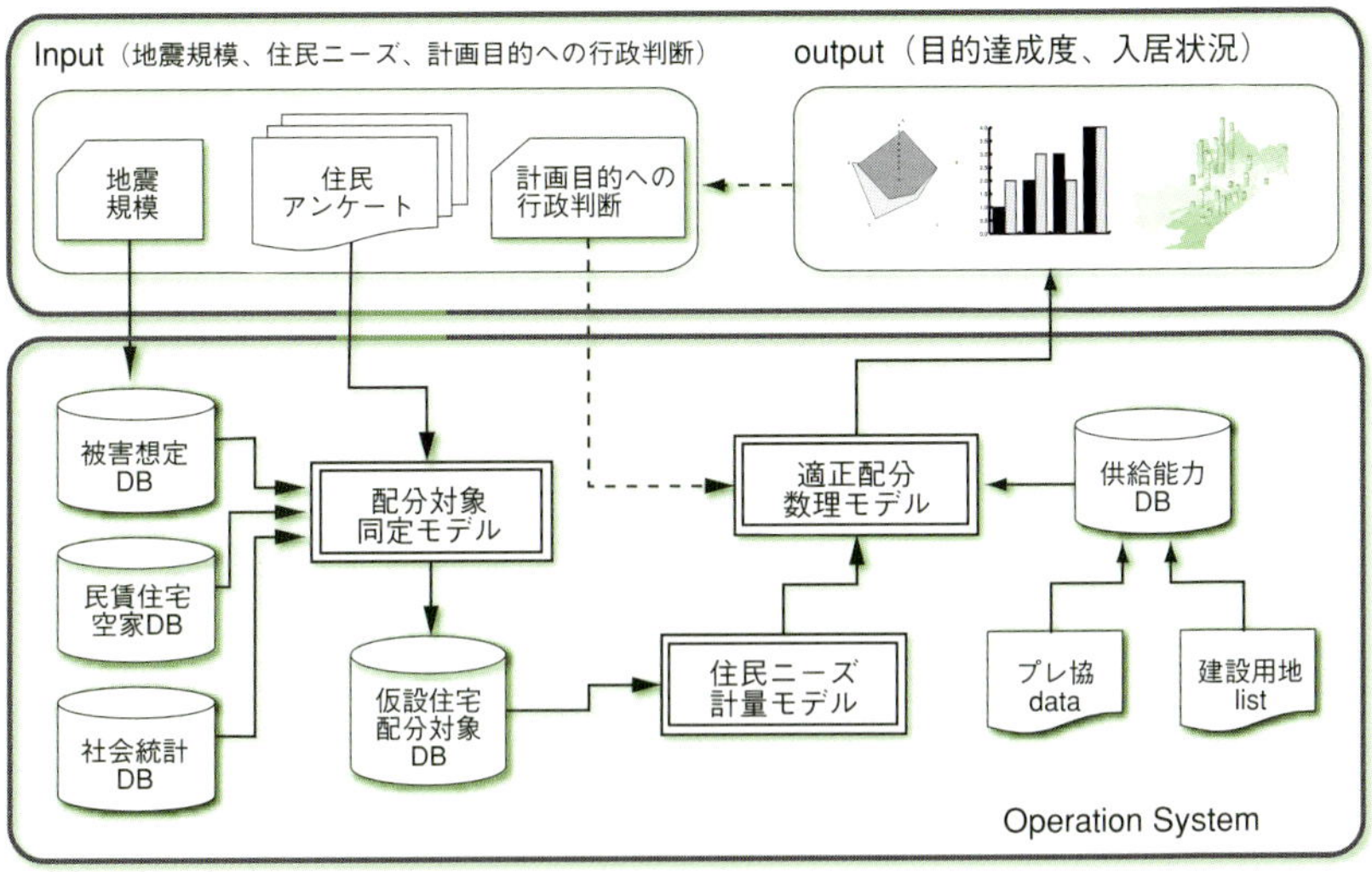

木造の自力仮設住宅の可能性

仮設住宅の不足問題に対して、さらなる大量の仮設住宅建設を考えると、最も可能性があるのが木造の自力仮設住宅である。わが国の住宅着工量を見ると、木造住宅が占める割合が大きく、地域の工務店をうまくネットワークできれば木造自力仮設住宅の大量供給の可能性がある。また、仮設住宅の用地不足の問題に対しても、自力であるとすると、一般住宅の庭を用いることができ、遠く離れた公的な仮設住宅に住むより望ましいと判断する世帯が多いと思われる。

写真１の仮設住宅は、トルコの事例で、セルフビルドで７人が１ヵ月程度で建設したものである。必要最低限の仮住まいを建設した後、家族や地域の工務店の人などと協力しながら、少しずつ恒久的なものへと増改築をしていく。地域の専門家と協力しながら復旧・復興していくプロセスは、被災者のこころの復旧・復興にも寄与するだろう。

トルコ・デルメンデレ郊外にある自力木造住宅の外観。３家族が協力して１ヵ月程度で建設したもの。基礎は電柱木、壁・柱は地元のポプラ、屋根はトタンと身近にある材料が使われている。

大きな計画・小さな計画

まちづくり協議会、フィジカルな都市計画を越えて

2004年に発生した新潟県中越地震で大きな被害を受けた小千谷市では、延べ200人以上の市民が参加する2回の復興市民ワークショップが行われ、六つの復興計画から構成される復興計画の原案が策定された。川口町においても全地域で参加型の復興ワークショップが実施され、町全体の復興計画にその議論が反映されている。

復興には10年以上の長い年月を必要とし、復興計画はその地域の10年以上に渡る活動を規定するものとなる。復興計画とは将来のビジョンを実現するための計画なのである。お金や人といった復興資源の分配に関する意思決定を行う最小単位が市町村である以上、最低限、市町村レベルの復興の基本的な考え方については市民参加型のワークショップで決定する必要がある。全市レベルでの参加型ワークショップなんて無理だと考えるかも知れないが、2001年の米国同時多発テロで崩壊したワールドトレードセンター（WTC）の復興計画策定のプロセスでは4000人以上の人が参加する参加型のワークショップが行われた。4000人が10人程度の小さなグループに分かれ、行政の示した復興案について議論し、行政が作成した計画案にNOという判定を下した。

住民参加による地区デザインから市民参加によるまちの復興ビジョン作成へ

その地区に住む人が地区のデザインを決定するという当然の仕組みが実現されたという意味で阪神・淡路大震災の復興都市計画事業が成し得た成果は大きい。しかしながら、「大きな」レベル、被災した各市町村、さらには阪神間という「大きな」レベルで見た場合、地域の人々の考えを反映して復興のための資源（お金や人）が分配されたのかどうかについては疑問が残る。神戸市では被害の大きかった西側の地域で多くの都市計画事業が行われた。復興のための都市計画事業の地域的配分の基準が、基本的には地震による被害程度だったことがよかったかどうか、という根本的な問題にまで遡って考え直す必要があるれ、被害の大小に従って事業の配分を決めたことが問題と言っているのではない。これは基準の設定に市民の考えが反映されなかったことが問題であると言っているのである。

復興に関する意思決定の流れは、論理的に考えると、①市全体の復興の方針を作成し、②その方針に従ってどんな分野に、どの地区に人とお金を投入するかが決定されるということになる。各地区における「まちづくり」活動は同時並行的に行われる必要があるが、その事業にお金がつくかどうかは市全体の復興の方針に基づき決定されていくことになる。その場合参考にされるだけ多量の仕事をこなすことはできない。そのため、復興事業の多くは被災地外の企業により行われ、復興のためのお金が被災地外の企業に流れてしまう一方、被災地では特に建設業を中心として今後10年以上分の仕事を数年の間に実施してしまうため、復旧・復興の工事が終わるとしばらく仕事がないという事態も発生している。

1989年に発生したロマプリエタ地震でサンフランシスコ、サンタクルーズといった都市が大きな被害を受けた。しかし、計画当時には夢を持って語ら

急がず、「夢」を追うのではない復興

論理的にはそうだが、復興というのは「急ぐ」ものだから住民参加のプロセスに費やす時間はないという意見もあるだろう。しかしながら、様々な災害の復興のプロセスを見る中から分かってきたことは「復興はゆっくりと」ということである。阪神・淡路大震災の復興では1兆円近い公費が投じられ、さらに被害を受けた住宅の再建にも多くのお金が使われた。しかし、被災地内の企業だけではそれだけ多量の仕事をこなすことはできない。そのため、復興事業の多くは被災地外の企業により行われ、復興のためのお金が被災地外の企業に流れてしまう一方、被災地では特に建設業を中心として今後10年以上分の仕事を数年の間に実施してしまうため、復旧・復興の工事が終わるとしばらく仕事がないという事態も発生している。

阪神・淡路大震災の復興計画では「長江プロジェクト」、「副都心の再開発」（六甲や新長田の再開発）等様々な大型プロジェクトが掲げられた。WTCの復興では、世界一の高さを持つダニエル・リベスキンドの原案によるフリーダムタワーの計画が注目を集めた。

続いている。歴史的建造物であり、サンフランシスコの海のランドマークとも言えるフェリービルディングの復興が終了したのは震災から10年以上が経過した2003年のことであった。民間ディベロッパー主導で行われたそのプロジェクトは、建物の元の姿を守るというコミュニティの意見を採用しながらも、様々な不動産開発の手法を組み合わせ、中2階を新たに設け床面積を増やすことで採算がとれる形式での再建が行われた。サンタクルーズでは、震災復興計画で策定されたマスタープラン・デザインガイドラインに基づく中心市街地の復興が現在も粛々と続けられており、中心市街地には空地が残る。それは果たして悪いことなのだろうか。

被災という辛い経験から立ち直るために、復興計画には「夢」が必要だと言われる。阪神・淡路大震災の復興計画では「長江プロジェクト」、「副都心の再開発」（六甲や新長田の再開発）等様々な大型プロジェクトが掲げられた。WTCの復興では、世界一の高さを持つダニエル・リベスキンドの原案によるフリーダムタワーの計画が注目を集めた。

計画当時には夢を持って語ら

れた計画であるが、神戸では10年、ニューヨークでは4年が経過した現在、どのように考えられているのであろうか？　長田の再開発では事業規模の縮小が行われ、プロジェクトの採算性が疑問視されるようになっている。ニューヨークにおいても計画のような高層のオフィスビルに対して果たしてそれだけのオフィススペースの需要があるのかという議論が行われるようになっている。

フィジカルな復興都市計画の限界

　復興の最終目標は被災した人々の「くらしの再建」にある。「くらしの再建」は全ての復興の基本となる「ライフラインの復旧」、さらには「住宅の再建」「都市計画」「雇用の確保」「経済の活性化」という総合的な対策の成果として達成されるものである。フィジカルな「都市計画」はあくまでも「くらしの再建」のための一つのツールに過ぎない。阪神・淡路大震災のまちづくり協議会でも「まち」が物理的に美しく、安全に再建されても、地域の活力が失われては何の意味もないという議論が行われた。阪神・淡路大震災の復興では、「雇用の確保」「経済の活性化」を目的とした様々な対策が行われたが、どれも成功したとは言い難い。震災前から停滞しつつあった地域をなんとか以前の状況に戻そう、現状を守ろうという「復旧」的な取組みが行われたのであるが、震災復興のための巨額の資金をもってしてもその地域のトレンドを変えることはできなかった。神戸の経験から分かることは、地域の活性化のためには、それまでの地域の産業構造に捕われるのではなく、震災を契機として全く新しいまちに生まれ変わるという「復興」的な試みが必要であるということである。

　1999年に発生した台湾・集集地震の復興まちづくりでは、阪神・淡路大震災の教訓を活かしフィジカルな「都市計画」よりもむしろ「地域の活性化」に重点を置いた復興活動が行われた。中寮郷の永平村では震災後、震災前とは全く異なる試みとして草木染めの工房がつくられ、今では工房に観光バスが乗り付けるようになっている。また、紹興酒で有名な埔里の奥に位置する桃米里ではエコツーリズムによる地域の復興が行われた。これらは震災後に始まった全く新しい試みである。

　「くらしの再建」のためには、「総体」的な計画（台湾でまちづくりは「社区総体営造」と呼ばれる）、日本のまちづくり協議会の言葉を使うと「全方位」なまちづくりが必要となる。フィジカルな計画（地区計画等）、都市計画事業を進めるための技術（2段階都市計画等）だけではなく、地域の活性化等も含めたより「大きな」観点からのまちづくりにどのようにして取り組むのかが復興を考える上での最重要課題なのである。

市民参加による「大きな」計画へ

　阪神・淡路大震災の経験を踏まえた上で考えるべき論点は二つある。一つは、市民参加を原則として、地区の計画だけでなくまち全体や地域、さらには日本全体をどのようにするのかという「大きな」スケールでの計画についても、もう一度考えていく必要があるということである。1962年以来五次に渡って策定されてきた「全国総合開発計画」のような「大きな」計画、特に「開発」のための計画が上手く機能しなくなった時代に都市計画を学んだ若い世代は「大きな計画」を立てることに対してほとんど関心を持ってこなかった。「全国総合開発計画」の根拠法となっていた「国土総合開発法」は今年（2005年）改正され、名称も「国土形成計画法」と改められた。計画の主眼も「開発」ではなく「成熟社会型の計画」となり、「国民」という言葉遣いは気になるが、計画策定への多様な主体の参画のために「国民の意見を反映させる」ことも謳われている。日本の人口が減少していく中で21世紀、さらには22世紀の日本の国土をどのようにしていくのかという「大風呂敷」を拡げたような計画に、市民参加を基本として再度取り組む必要があるのではないだろうか。

　二つ目のポイントは物理的な都市計画、都市計画制度を乗り越えてあらゆる分野の計画に関わることの重要性である。計画技術、特に参加型の計画技術ということに真剣に取り組んでいる分野は実は都市計画の分野以外には存在しない。参加型の計画技術の専門家であるという自負をもって経済からまちのデザインまであらゆる分野の計画の策定に関わっていく必要がある。計画の詳細については各分野の専門家の参画を求める必要があるが、市民の声を引き出し、それを計画にまとめていくコーディネーションの専門家として都市計画分野が果たすべき役割は大きい。アメリカの都市計画の専門家が日本の都市計画教育の欠点として常に指摘するのは、日本には「プランニング・スクール」が無いということである。震災からの復興において地域の人々が都市計画の専門家に求めていたのは、フィジカルなデザインを描くことだけではない。人々のその地域の将来に対する「想い」を汲み上げ、さらにそれを実行可能な計画としてまとめあげ、さらに計画を実行に移していくことであった。そのためにはデザイン、法律、参加の技術、経済といった様々な知識が必要になる。日本においても、これまでの建築・土木・経済・行政学という既存分野の横断的な枠組みを越えたプランニング・スクールを創設し、総合的な「計画」に関する人材育成を行う仕組みの構築が必要となっている。

（牧紀男／京都大学）

＊タックスクレジットとは、NPOが政府からある一定の減税枠の権利を得ることにより、その減税枠の権利を民間企業に販売し、開発費用を捻出する制度。例えば、150万円の税金を支払う必要のある企業が100万円の減税枠の権利を購入すると、税金の支払額は50万円になる。

復旧・復興施策の立案と論点

未来の震災に向けた復興計画のあり方

はじめに

「復興計画」とは通常、県や市町村が策定する行政計画を指し、政策の基本方針や構想を示すという役割や行政分野全てをカバーする総合性、有識者や住民代表を交えた策定プロセスなど平時における総合計画に近い性格を持つ。

ただし、緊急時の計画であるが故の制約もある。一つは、策定期間の短さである。通常総合計画は数年の策定期間を設け、市民や有識者の意見を反映させていくが、緊急性を要する復興計画は、例えば阪神・淡路大震災では半年という短期間で集中的に検討している。

二つ目は、各地域・各分野の計画が並行して検討されることである。平時なら上位計画である総合計画の策定後、都市計画マスタープランなど各分野の計画が、また広域を対象とする県の計画に沿って市町村の計画がつくられることになる。しかしながら復興計画では、相互の調整を行いながら同時並行的に進めることになる。例えば、雲仙普賢岳噴火災害では、地元ニーズを踏まえて市町が先行的に復興計画を策定し、その内容が県の島原半島復興振興計画に反映されることとなった。また阪神・淡路大震災でも、建築制限区域や重点復興地域等の指定など都市計画的な規制や事業が先行して決まり、その結果が市街地復興計画として神戸市の復興計画の中に含まれている。

三つめは推進体制である。特に大規模災害の場合、自治体ではなく国の支援が必須であり、阪神・淡路大震災では国の復興対策本部や阪神・淡路復興委員会との調整が必要であった。また、復興基金や特別法のような平時とは異なる条件への配慮も欠かせない。

表1において阪神・淡路大震災における復興計画策定の状況を、兵庫県の取組みを中心に整理した。これら復興計画の概要や課題については、復興10年総括検証・提言事業を始め、様々なメディアで議論されている。

しかしながら、阪神・淡路大震災の復興の最前線にいた方からも「復興の姿はその時の社会の力量を示した一つの特殊解」[*1]という意見があるように、一つの災害の検証や教訓だけでは今後の必要な対策の全体像は見えてこない。ここでは今後想定される大震災、特に首都直下地震や東海地震、南海・東南海地震を想定しながら、今後の復旧・復興施策に係る課題と論点のフレームを検討したい。

どのような地震なのか

阪神・淡路大震災は観測史上初の震度7を記録した大地震で

表1　阪神・淡路大震災後の復興計画策定に向けた取組み

有識者会議	兵庫県	その他（国・神戸市）
1995年3月 「阪神・淡路震災復興戦略ビジョン」 （都市再生戦略策定懇話会） 1995年6月 「阪神・淡路震災復興計画への提言」 （阪神・淡路震災復興計画策定調査委員会）	1995年4月 「阪神・淡路震災復興計画 ―基本構想―」 1995年5月 兵庫2001年計画の総合的点検 1995年7月 「阪神・淡路震災復興計画」	1995年2月（国） 阪神・淡路大震災復興の基本方針および組織に関する法律に基づく「阪神・淡路復興対策本部」の設置 閣議決定による「阪神・淡路復興委員会」の設置 1995年3月（神戸市） 「神戸市復興計画ガイドライン」 1995年6月（神戸市） 「神戸市復興計画」
	2000年11月 「阪神・淡路震災復興計画 後期5ヵ年推進プログラム」 2002年12月 「阪神・淡路震災復興計画 後期3ヵ年推進プログラム」	2000年10月 「神戸市復興計画推進 プログラム」

表2　阪神・淡路大震災と今後想定される地震の比較（中央防災会議資料より）

	阪神・淡路大震災	首都直下地震	東海地震	東南海・南海地震
ﾏｸﾞﾆﾁｭｰﾄﾞ	7.3	7.3	8.0	8.6
犠牲者数	6,433人	約11,000人	約4,600～5,900人	約9,800～12,500人
避難者数	約30万人	460万人	180万人	420万人
被災戸数	約25万棟	約85万棟	約32 - 46万棟	約43 - 63万棟
経済被害	直接　約10兆円 全体　約13兆円[*2]	直接　約67兆円 全体　約120兆円	直接　26兆円 全体　37兆円	直接　29 - 43兆円 全体　38 - 57兆円

図1　阪神・淡路大震災と今後想定される地震の震度分布比較（同一縮尺）
（中央防災会議資料、「Kajima monthly report 2003,September」より作成）
※なお震度分布は比較のためおおよその範囲を示したものであり、厳密なものではない

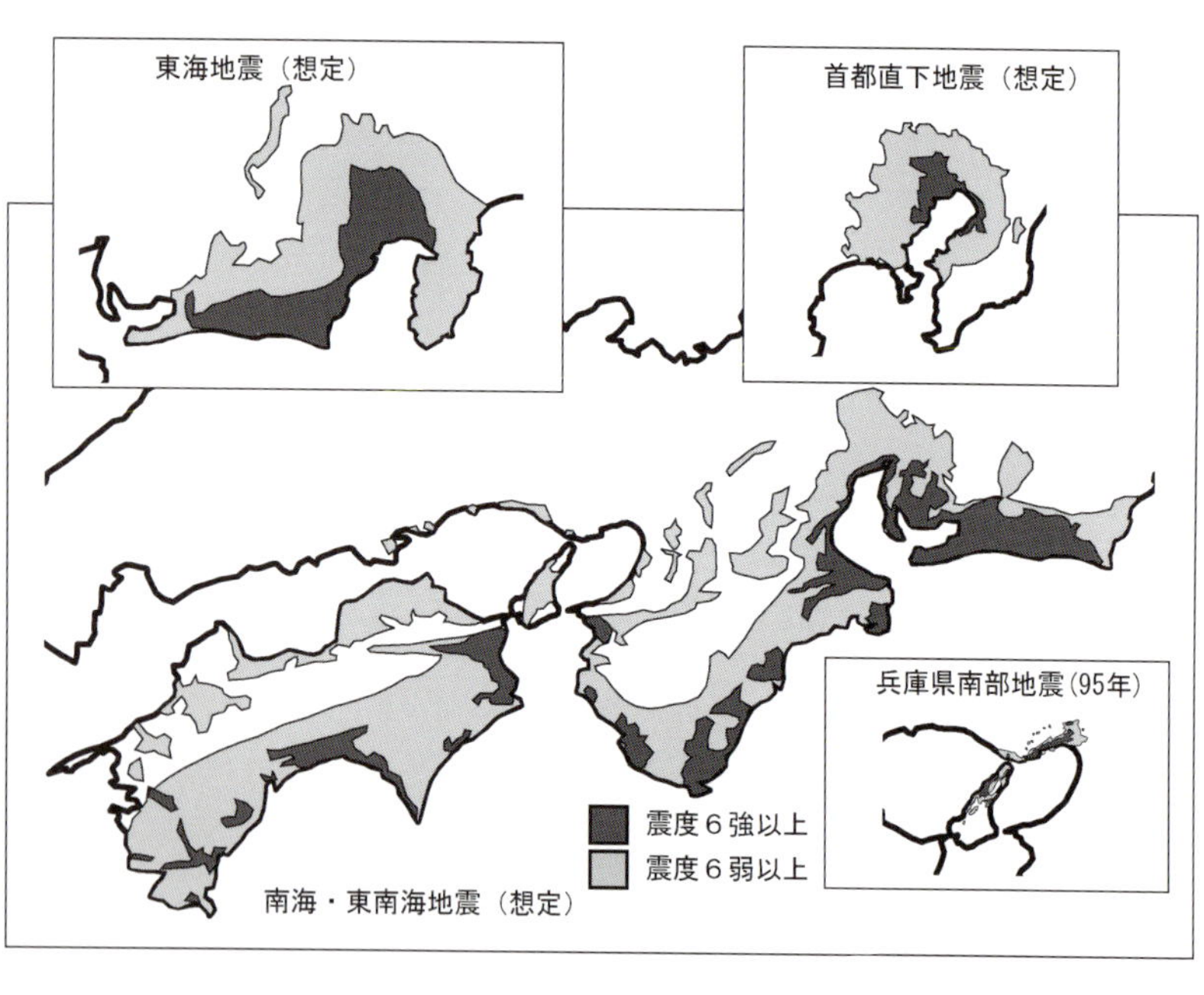

あったが、被災エリアは局所的であり、被災地以外への経済的影響も限定的であった。一方、今後想定されている東海地震や南海・東南海地震、首都直下地震は、阪神・淡路を遥かに上回る被害が想定されている（表2）。

被災面積もケタ違いである（図1）。被災エリアが大きいと、消火や救急救命など復旧・救援活動のニーズが膨大になる一方、周辺からの支援は困難になる。大阪が被災をまぬがれ支援拠点となった阪神・淡路とは異なり、都道府県単位を超えた広域での応援とその調整が重要となる。

表3　阪神・淡路大震災当時と現在の指標比較

	阪神・淡路大震災当時	現在	
国内総生産	500兆円	501兆円	95、04年度　※1
租税総額	88兆円	77兆円	95、04年度見込　※1
地方の借入金残高	125兆円	205兆円	95、05年　※1
年度末国債残高	207兆円	600兆円	94、04年度　※2
国債依存度（当初予算）	18.7%	44.6%	94、04年度　※2
地価水準	126.1	69.1	95、05年　※3
高齢化率	14.4%	19.2%	95、04年　※4
小売業商店販売額	143兆円	135兆円	94、02年　※5
工業製造品出荷額等	299兆円	269兆円	94、02年　※6
住宅耐震化率	51%	61%	98、03年　※7
地震保険加入率	9.0%	18.5%	94、04年度末　※8

※1：地方財政要覧　平成16年12月　（財）地方財務協会
※2：平成17年度財政関係資料集　平成17年2月　参議院予算委員会調査室編
※3：市街地価格指数（（財）日本不動産研究所）全国市街地　全用途平均
※4：住民基本台帳人口
※5：商業統計調査
※6：工業統計調査
※7：「閣議決定にかかる社会資本整備長期計画に関する取組の状況」（2005年1月）より
※8：損害保険料率算出機構調べ

●どのような時代の震災なのか

■成熟期に入った日本

阪神・淡路大震災後の10年間で、日本は人口や経済面で成熟期へと移行した。高齢化により所得の少ない年金生活者等が増えると、住宅再建や生活復興での障害が大きくなるため、復興に占める福祉関連施策の比率が高まるのは間違いない。また、地価や小売業販売額、工業製造品出荷額等の指標も右肩下がりであり、２００５年をピークに人口が減少に転じたことを考えると、規模の拡大を前提とした従来型の都市計画事業による復興は困難である。中心市街地活性化のように各省庁が連携し、建物だけでなく導入機能や産業・雇用をセットで考える必要が高まるだろう。地価を顕在化させない借地方式の再開発や広域圏での出店調整、計画的な産業クラスターの形成など、成熟社会に相応しい新たな復興事業スキームの構築が必要となる。

■悪化する日本の財政

大規模な災害であるほど行政への期待が高まるが、財政は悪化の一途をたどっている。阪神・淡路大震災が起こった95年と現在の経済状況を比較すると、税収は10兆円以上減少、国債発行残高は3倍に膨れ上がり、国家財政は危機的状況にある。そんな中、直接被害額67兆円と想定される首都直下地震が起こったならば、復興資金の調達は可能なのだろうか。郵政民営化で財政投融資に期待できないとなると、復興債の発行や恒久的な基金の設立など財政面での検討は必須と言えよう。[※3]

これまで復興には被害額と同程度の財政支出が必要と言われてきたが、今後の首都直下地震等では、これまでにない緊縮型復興計画になる可能性が高い。「限られた予算や人的資源で効果を上げる復興」を実現するため、国や自治体の「公助」の効率化を進めることに加え、住宅再建共済制度や地震保険など各被災者の「自助」「共助」の取組みを進める必要がある。

また、復興費用をこの国が耐えられる範囲内に抑えるためには、何よりも「壊さない」ための事前対策が重要である。政府において今後10年間で住宅の耐震化率を90%とする数値目標が示されたが、耐震補強等への集中的な予算配分など実現に向けた具体的方策の実現が求められている。

●今後の復興施策のあり方

首都直下地震等の「阪神・淡路大震災を上回る巨大震災」に対して、「予算をかけずに効果的な復興」を実現するため、特に重要と思われるポイントを整理してみる。

(1) ビジョンに基づく体系化と、評価・見直しの仕組みづくり

■非常時の思想で既存の事業・制度を運用する

阪神・淡路大震災の復興計画は、既存の制度・事業を積み上げ、取りまとめたものである。そのため、災害時の状況にマッチした運用が困難だったこと、各施策の連携や効率化が不十分であったこと、また全体として何を目指すのかというビジョンが不明確であったことなどが課題とされた。

「災害時にスムーズに取り組めるのは、平時で取り組んでいることである」という原則に基づけば、既存事業がベースになるのはやむをえない。今後求められるのは、個別事業を束ねる明確な復興のビジョンを示すこと、既にある事業を非常時の発想で柔軟に運用（規制や補助要件の緩和等）すること、部門の縦割りや前例主義など事業の効率化を妨げる慣例から脱することである。

これらは、現在各地で進められている構造改革や都市再生などの取組みにも共通するものであり、規制緩和や包括補助金な

どの成果の検証は、今後の災害復興手法の大きなヒントになろう。

■復興施策の評価と見直しの仕組みをつくる

災害直後の復興計画に完璧を求めるのは不可能であり、復興のプロセスの中で見直しと改善を続けなければならない。そのためには、阪神・淡路大震災当時には普及していなかった行政評価の手法を復興計画に導入し、PDCAのサイクルをきちんと位置づけることが重要である。

行政評価の指標には、インプット指標（ある施策や事業に投入された予算・人員）、アウトプット指標（ある施策や事業の実施量）、アウトカム指標（ある施策や事業の結果として、市民生活や社会に及ぼされる変化・影響）の3種類がある（**図2**）。復興計画の各段階において、アウトカム指標を最大にするためにはどのような事業を実施し、アウトプット指標、インプット指標をどう設定すれば良いのか、評価・見直しを行うことで、事業・施策の効率化を進めることが可能である。[*4]

図2　復興施策の評価指標の例（住宅施策の場合）

(2) 様々なレベルでの「復興計画」を重ね合わせる

「復興計画」は、国や自治体の業務を定めたものである。しかし実際の災害復興は、行政だけでなく、企業やまちづくり組織、自治会などの各種団体、そして市民一人一人の取組みの積み重ねとなる。自助・共助による復興の実現には、各団体・各家庭など大小様々な単位での「復興計画」が必要である。例えば、各家庭ごとに、被災による収入の変化や住宅の建替え・修繕に備えたファイナンシャル・プラン、ショックを受けた家族の心のケア・プラン、利用可能な福祉制度・住宅再建支援制度等の計画をまとめた「世帯の復興計画」があっても良い。

その狙いの一つは、施策の供給側である行政の視点から、受け手である市民や企業の視点への転換である。復興支援のメニューが数多く用意されていても、その存在や活用方法を知らない市民・団体も多い。各世帯や各地域・団体等の事情に合わせて、「どの施策を活用し、どのようなプロセスで復興するか」という相談やコーディネートが重要であり、官民様々なレベルでの復興の取組みが重なっていくことで、地域の再建が実現される（**図3**）。

図3　今後の復興計画のあり方

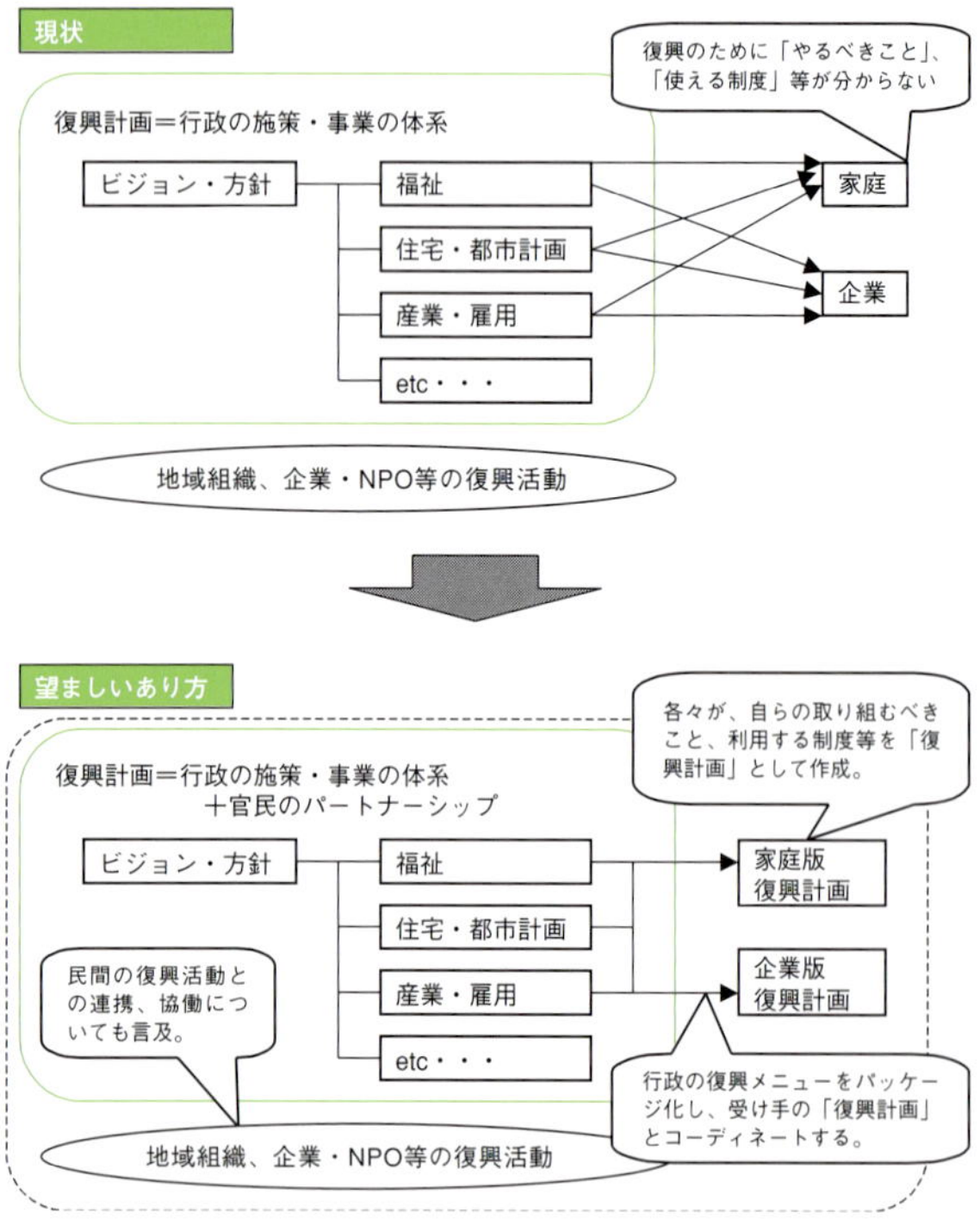

残念ながら、各家庭での防災対策についての冊子は数多くあるが、災害後半年～1年後の復興の課題やその方法について一般向けに説明したものは数少ない。市民や企業に対し、平時から復興への心構えを啓発することが重要である。[*5]

(3) 復興事業を地域経済の再生につなげる

■雇用の確保が復興につながる

阪神・淡路大震災では「東高西低」と言われる復興格差がみられたが、その要因の一つに各地域の就業特性がある。ベッドタウンとしての性格が強い被災地東部エリアは、被災を免れた大阪の企業に勤めるサラリーマン層が就業者の1／3を占め、住宅を失っても仕事や収入への影響が少なかった。

一方、長期的に復興が遅れている長田区や兵庫区は、就業者の8～9割が被害の大きかった地元で働いている。生活の場である住宅と職場の両方が一度に破壊されれば、資産・収入の双方にダメージを受けるため、生活再建は非常に困難である。

■地域の企業を支援する

大都市圏、特に東京が被災した場合には、経済面で被災地外や日本全体への悪影響が懸念される。本来、企業活動については、各企業が平時からBCP（業務継続計画）を策定し対応すべきである。しかし、個々の被災者の家計の復興が、企業の経済活動により支えられていることを考えれば、復興事業を通して特に地元の中小事業者を支援し、地域でお金が循環する仕組みづくりが重要である。

例えば、阪神・淡路大震災では、兵庫県内の復興需要の約90％は県外に流れたとされる。[*6]その一方、被災者向け弁当を地元の業者に発注することで被災事業所の営業再開が促進され、地域経済が活性化された新潟中越地震での小千谷市の「弁当供給プロジェクト」もある。[*7]

仮に10万人の被災者に対して1日1000円の弁当を1ヵ月支給したならば、そこに30億円の需要が発生する。これが被災地外に流出するのか、被災地内の企業や家計に循環するのかは地域経済にとって大きな違いである。被災後の地域経済のボトルネックを見極め、地域内部でまかなえるものは極力地域の人材や資源で調達することが重要である。

さらに、行政が一部の企業から大量購入するよりも、その費用を直接被災者に現金（あるいは被災地限定の金券等）で渡し、個々に購入・消費してもらった方が、地域の小さな企業にまで効果が行き渡り、経済効果は大きいと考えられる。「現物支給主義」を固持する限り被災者にお金を直接渡すことは困難であるが、今後、地域への経済効果や効率性重視の復興を進める上では検討の余地があろう。[*8]

(4) 復興に向けた体制

立派な復旧・復興計画も実行されなければ意味がなく、行政や地域の体制は重要である。阪神・淡路大震災では、特別立法による国の体制整備は行われず、地方自治体の取組みを国が支援するという枠組みで実施された。

しかしながら、想定される南海・東南海地震のように県境を越える災害の場合には、阪神・淡路型の都道府県単位の体制が効果的に機能するかどうかは疑問である。特別立法により国が前面に出るか、あるいは被災都道府県が連携組織をつくるなど、何らかの広域行政の仕組みが必要である。また、災害経験の少ない自治体に対しては、災害の復旧・復興の経験や幅広いネットワークを有する国や他の自治体の職員が支援に入る仕組みも求められる。

また現在、阪神・淡路大震災の復興に大きな力を発揮した都市再生機構（当時の住宅・都市整備公団、地域整備公団）や住宅金融公庫など政府系機関の改革が進められている。今後の復興においては、政府系機関の担える機能が限定される可能性にも留意すべきである。

行政だけでなく民間の役割も重要である。阪神・淡路大震災の被災地である神戸や阪神間は、まちづくりの伝統がある地域であり、市民の地域への愛着も強かった。まちづくり協議会方式をはじめとする協働のまちづくりは、災害後、簡単に出来るものではなく、平時からの活動の積み重ねの結果である。

復興計画の策定プロセスにも市民やNPO、企業等が参加し、自らが果たすべき「自助」「共助」の役割を計画に位置づけることによって、「行政の役割だけを記した復興計画」から「民間を含めた地域全体が取り組むべき復興計画」へと発展させることが望まれる。[*9]

おわりに

現在の復興政策には、個人財産への補償制限や原型復旧主義、現物支給主義などいくつかの〝原則〟がある。しかし、本当にそれを守ることが良いのだろうか。災害との戦いに限ってはフェアプレイ精神は必要ない。反則だろうが何だろうが、災害の拡大を防ぎ、人の命を救うためには、ありとあらゆる手段を使うべきではないか。そのためには、既存制度を逸脱した対応が困難な行政機関ではなく、首長や議会など政治のリーダーシップの下、トップダウンでビジョンの提示や規制緩和、予算の選択と集中など非常時の対応を進めることが重要である。

また、「それぞれが特殊事例」である過去の教訓の分析だけでなく、首都直下地震や東海地震の復旧・復興計画で何が課題になるのか、想像力を働かせて未来を予測することが何より大切である。「帰宅難民はどこに収容するのか」「ガソリン満載の自動車の走る道路は安全なのか」「地震により脱線事故が起きないのか」など、過去から回答を得られない問いは数多く存在する。もし、実際に悲劇を目にしなければ学ぶことが出来ないのなら、そもそもプランナーや研究者などの存在意義はない。専門家や市民一人一人の防災力・復興力を高め、少なくとも次の災害では、想像力の貧困を「想定外の事態」というフレーズで繕うのはやめにしたいものだ。**（紅谷昇平／神戸大学大学院）**

●注

*1 垂水英司「阪神・淡路大震災から10年〜住宅・まちづくり復興で出来たこと、残された課題」『建築と社会』社団法人日本建築協会10-13頁、2005年1月

*2 経済被害は、阪神・淡路大震災の間接被害のみ全国への波及効果を考慮していない。首都直下地震は、東京湾北部地震の冬夕方18時、風速15m／sの場合。東海地震、東南海・南海地震は夕方18時に発生した場合。

*3 2005年10月5日の共同通信によれば、ハリケーン「カトリーナ」「リタ」の被害による財政悪化により、ニューオーリンズ市では市職員の約半分が一時解雇されるという。

*4 例えば兵庫県の「阪神・淡路震災復興計画」のフォローアップである「後期5か年推進プログラム」および「最終3か年推進プログラム」では、限定的ではあるが、データによる検証とその復興施策への反映を行っており、「復興10年総括検証・提言事業」へとつながっている。

*5 生活者の視点から幅広く復興を語る書籍として、高嶋哲夫編「巨大地震の後に襲ってきたこと」（宝島社）などがある。また、首都大学東京を中心としたグループによる震災復興まちづくり模擬訓練などの動きもユニークである。

*6 復興10年委員会『復興10年総括検証・提言報告』における「復興資金—復興財源の確保」（林敏彦放送大学教授担当）より。

*7 永松伸吾「被災後の経済復興　災害特需　地域で循環を」（2005年11月11日神戸新聞）

*8 実際、雲仙普賢岳災害の「食事供与事業」では食費相当額を現金で各被災者に渡している。

*9 阪神・淡路大震災では、被災者復興支援会議やNPOと行政の生活復興会議、生活復興県民ネットなど、官民パートナーシップによる復興の動きがあった。これは我が国では先進的であったが、NGO・NPOが盛んな海外に比べるとさらなる推進が求められよう。

コレクティブタウンは地域福祉を担えるか

コレクティブハウスの経験を踏まえて

震災復興でコレクティブハウスが取り上げられた背景

コレクティブタウンという言葉が使われるようになってきた。コレクティブハウスというものが日本でも定着するようになって、それをタウン（町）の規模に広げて考えるようになったのが、そのきっかけであろう。

私が学生であったバブル絶頂期、恩師はコレクティブハウスの日本での実現について唱えていたものの、社会で注目する人は少なかった。しかし阪神・淡路大震災以降、行政の提供できる福祉サービスや被災者ケアには限界があることが明らかになり、いかに住民同士が支えあう仕組みをつくるかが大きな関心事となった。特に増えつづける高齢者への福祉サービスや居住の問題を解決する手段として、コレクティブハウスは大いに注目を集めたのではないだろうか。しかし、その期待は間違っていると思う。場合によっては〝収容〟された高齢者が、しんどい思いをするだけであろう。

本稿では、これまでのコレクティブハウスの経験の積み重ねから、コレクティブタウン形成に向けて留めておきたい示唆を整理しておく。

コレクティブハウスとは

「コレクティブハウス」（北米ではコウ・ハウジング）という言葉は、既に新しい言葉ではなくなり、建築関係者でなくとも知る人が増えた。しかし今様々な理解があるので、そのルーツである北欧の研究者の定義をここに示す。

D. V. Vestbroによるコレクティブハウスの定義

①協同の食事運営に関する何らかの義務がある

②インドアで居住者の密接なふれあいがある

③すべての人に開かれている

④私的な住戸が完備している

つまり、〝高齢者用住宅〟でもないし〝特定の人だけが入居できる場〟でもない。居住者が集まって食事をすることのできる部屋が、独立した各住戸とは別に存在し、ともに生活の一部を共有することで、より豊かな生活にしようという住まい方（生活のスタイル）を支える家である。そのため、共に住む仲間との考え方の共有が、非常に重要な要素となる。

つまりコレクティブハウスでの生活には、コミュニティとしての運営が一般の住宅以上に大切であり、それを楽しむ人が入居すべきであろう。またコレクティブハウスの入居者は、物理的にも精神的にも独立した生活を送ることができる状態でなければ、運営は難しい。生活の一部分を共にすることで、自分ひとりではできなかった、より豊かな生活を営むことができるようになる。

確かに北欧でも高齢者向けのコレクティブハウスがあるが、介護が必要な場合には、別途依頼している。多世代居住のものも多く、コレクティブハウスごとに多様な暮らし方を展開している。これらの住宅を訪問していて気がつくことは、以下のような点である。

・住宅ごとに、雰囲気や共有するものが大きく異なる。

・新たに入居する人は、既存のコミュニティの交流について納得の上で入居する。

・コミュニティ運営をサポートし合う（経験交流をする）仲間や支援組織がある。

・気軽に転居できる。

コミュニティ運営をサポートする組織があり、合わなければいつでも別の住処を見つけることができる気軽さがあって成り立っているのが、コレクティブハウスという住まいであろう。

また同時に感じることは、食文化や生活への考え方の異なる北欧や北米での試みを同じように日本で行う必要があるだろうかという点である。日本らしい方法で取り組むことができれば良いのではないだろうか。

短時間で気の合う仲間との生活に馴染むコレクティブハウス

そもそも日本には、下町の長屋生活といった、お互いの顔をよく見知り、また井戸等の生活必要空間を共用する生活スタイルがあった。

近代化以降も、建物の美しさの点でも失われる建築として惜しまれることの多い同潤会アパートメントの事例がある。多くの場合、各住戸は独立して整備されていたが、共用部分が豊かに用意され、団地ごとに特徴ある住まい方が見られたことで知られる。例えば代官山アパートメントでは、各独立した住戸とは別に食堂があり、団地内住民の交流の場となっていたようである。また大塚女子アパートメントでは、各住戸としての完結度は低いものの（キッチンやトイレが室外にあり、寮的な側面も持つ）、居住者同士での団地運営がなされていたという点では、興味深い。その後建設された団地の中には、共用の空間（集会所）などを持つものも多く、様々なコミュニティ活動に利用されてきた。

個人的な付き合いの中から、自然発生的に生活の一部を共有するような生活スタイルを築き上げてきた交流も数多くあったろう。夕食のおかずを持ち寄って食事をするような、気軽に生活を楽しくするための付き合いも少なくはなかろう。しかしこのような個人的な関係を築くには時間がかかり、気の合う相手を見つけるのは、望んでいても難しいことも多い。その点、欧米で見られるコレクティブハウスでは、気軽に新しい仲間と暮らし、受け入れることができるコミュニティがある。その背景には、このようなコレクティブハウスの多くが賃貸住宅であることや、必ずしも定住のみが良い住まい方だと思っているわけではない居住者の考え方がある。コレクティブハウスの入居希望者は、自分の考え方にあった住宅を探し、空きが出るのを待つ。入居にあたっては、予め何日か一緒に過ごしたり食事をしたりして、気が合うことを確認してから先に入居している人々によって決定される。また自分の生活スタイルがそのコレクティブハウスのコミュニティに合わなくなれば気軽に転居している。

長い人生の中で自分に必要な一時をコレクティブハウスで過ごすという人も少なくはない。新たな入居者も、受け入れる入居者も、気軽に仲間になるための受け入れ態勢と環境を持っていると言えよう。

写真1　コレクティブハウスに付き物の図書室もある、「サンセゾンI」

業者を活用—民間賃貸住宅ハートフルハウス—

日本でのコレクティブハウスの先行的な例として挙げられるのは、ハートフルハウス「サンセゾンI」ではないだろうか。東京の住宅地内に建つ集合住宅で、1Kから2LDKまでの72戸と、コミュニティ空間としての共同の食堂・キッチン、ゲストルーム、キッズルーム、ホビールーム、共同浴場、図書室からなる賃貸住宅である（**写真1**）。共用の空間は一階と地下に集中しており、中庭を囲んで各住戸が並んでいる。管理費は一般の住宅に比して割高に設定されているため、やはりこの住宅の共用空間に魅力を感じない限りは、入居へのハードルが高い住まいである。

食堂での食事は業者により提供される。協同の食事運営に伴うコミュニティ醸成はないが、親の帰宅の遅い子供や、単身者（単身赴任の男性も多く住む）に活用されていて、コミュニケーションのための大切な機会となっている。仕事以外での人間関係を築きにくい単身居住者でも、職場から離れた飲み仲間ができるなど、単身生活を豊かにする効果を持っている。

ここは居住者同士が自主的な住運営を積極的に担ってはいない。しかし入居経験が浅くても、また時間に十分なゆとりが持てなくても、ある程度の交流の機会が確保された住まいの形であると言えよう。

ネットワークで支えられた「ふれあい住宅」

復興公営住宅の中でも、コレクティブハウス形式として作られた住宅は「ふれあい住宅」と呼ばれ、10地区で作られた。物理的な空間や物資の提供だけでは人の生活は復興しないことが改めて認識され、孤独な高齢者への、新しい復興住宅のあり方として検討されたのがコレクティブハウスであった。特に共用空間を配し、単身高齢者の生活支援と食事等の生活空間を共用する「地域型仮設」と呼ばれた仮設住宅で入居者の評判が良く、共用空間のある生活のメリットを実態として示す場があったことが理由の一つであろう。住戸数にして合計341戸分が、1997年から1999年にかけて供給され、全国の自治体・住宅関係者の関心をひいた。しかしシルバーハウジング制度の利用戸数が多いことなどから、コレクティブハウスという居住形態を望んで入居した人ばかりでなく、立地条件の良さや、高齢者向けであるということを理由に入居した者も見られた。ふれあい住宅の特徴の説明が十分に行き届かず、コレクティブハウス的な居住スタイルを楽しみたい入居者ばかりとは限らなかったのである。

また特に今回は、共同の食事やその他共用の空間管理等、従来のコミュニティ運営ではかなり成熟してから行われていたようなことを始めようとしたため、戸惑った人も多かった。そもそもコミュニティ運営を突然突きつけられても、知らない人同士でのコミュニティ形成に戸惑うのは当然のことであろう。

このような状況を打開したのが様々な専門家を中心として構成された「コレクティブハウジング事業応援団」やその他市民団体であった。入居者同士が話し合うためのサポート、交流のためのお茶会の実施等が提供された。また各団地住民のネットワーク組織「ふれあい住宅連絡会」の結成も、市民団体の支援が大きい。日本で経験のない住まいの住みこなしには、やはり仲間の団地の経験を活かすことは大切で、コミュニティ運営の難しさや苦労を共有し合える仲間がいたことは、不安を抱える居住者にとって大きな支えとなっていたことであろう。

ふれあい住宅の経験は、全国の高齢者の住宅供給に悩む自治体でコレクティブハウスを検討する動きに繋がった。しかし、大阪府門真市、長崎県長崎市、愛知県豊橋市などで供給されたものの、「ふれあい住宅」ほどたくさんの戸数の供給はなく、入居者同士のネットワークを身近に形成できる環境にはない。

限られた空間でも柔軟に活用するコレクティブ居住

北欧でもともと見られたようなコレクティブハウスの日本での実現は非常に難しい。北欧でも北米でもコレクティブハウスは特殊な住まいであり、誰でも入居できるような住まいという認識はない。しかし、コレクティブハウスの考え方をうまく活用した住まいは、様々な形で可能であろう。生活の一部を何らかの形で共にするネットワークを持ち、空間的にも近い住まい方を、筆者は「コレクティブ居住」と呼んでいる。①個々人の住まい方に対する理念に基づいて、住まい方を議論しながら決定しており、②生活の一部を何らかの形で共有しながら営み、③「コモン」と呼ぶことのできる共用の生活空間を有するものを指している。

コーハウス喜多見は、東京にあるコーポラティブハウスで、「愉快な住まいをつくる会」が、住まい方のイメージを共有しながら作った住宅である（**写真2**）。地価が高いために室内での共用空間をつくらず、代わりにゆったりとした廊下・階段室を設け、屋上や1階に集まることのできる空間をつくった。**写真3**は一階のバーベキューコーナーである。夕方誰かが炭をおこし始めると、自然に食べ物を持ち寄り、バーベキューパーティが始まるという。設備は十分には整っていないが、生活の一部を共有しながら豊かな暮らしを実現している事例である。

写真2　コーハウス喜多見

写真3　バーベキューコーナー

コレクティブタウンに向けて

近年コレクティブタウンという言葉が使われるようになっている。コレクティブハウスにあったような人のつながりを、まちに拡げ、地域の様々な問題を解決しようというものであろう。特に福祉に関連した面について、お互いに助け合い生活し、超高齢化社会を前に、福祉行政への負担を少しでも軽減しようという期待があるのだろう。阪神・淡路大震災の被災地域でもそのような言葉を使う地区が見られる。例えば真野地区では、震災前からの積極的なコミュニティ活動の経験があり、それが災害時に活かされたこともあり、震災後も様々な活動が展開されている。また小規模な商店、喫茶店、風呂屋等が町に散在しており、これらの施設の利用が、住民同士を繋げているという調査結果もある*。つまり、目的ごとに居住者は自主的なネットワークをつくりあげているのである。気に入った喫茶店で気の合う店主や客と話をすることで、自分の居場所と楽しみを築くといったネットワークは、どこでも見られるかもしれない。

本稿で整理してきたコレクティブハウスの経験から得られる示唆を整理してみたい。

- ・コレクティブな生活を望む自立した人のための住まい。
- ・じっくり時間をかけなくても、コミュニティに溶け込むチャンスが多い。
- ・必要なサービスは、別の手段で解決することもある。
- ・類似したライフスタイルを楽しむ人同士でのネットワークが支えとなっている。
- ・既存のストック・空間の中でもコレクティブな生活の場にうまく変えることができる。

コレクティブタウンで、より豊かな住まい方を実現するためには、以上のようなコレクティブハウスでの経験が、有効に活用されるのではないだろうか。

コレクティブタウンと地域福祉

コレクティブタウンの実現に期待が寄せられるとき、地域福祉という言葉も頻繁に飛び交う。仲良く人々が暮らす町なら、従来行政の担っていた特に高齢者のための福祉機能を、肩代わりしてくれるのではないかという期待であろう。しかし既述のようにコレクティブな生活は、福祉目的の中から生まれるものではなく、自立した人が交流を楽しみながら暮らし、全面的に生活を依存するのではなく、気軽に人間関係を築き上げる生活である。勿論コミュニティのつながりは結果的に安否確認の役割を担っていたということもあるし、給食サービスの代わりをすることもあろう。しかしコミュニティに「福祉の代わり」を期待するのはおかしい。

北欧でも、福祉施策が充実しているからこそ、コレクティブハウスが成り立つという背景がある。コレクティブハウスやコレクティブタウンの実現は、不要な福祉依存を減らす効果はあったとしても、必要とされる福祉をなくすための手段ではない。日本のどこかで福祉予算削減のための手法としてのコレクティブタウンを考えているとしたら、それは改められるべきであろう。まして災害復興の現場で、行政が解決が困難であることを押し付ける場としてのコレクティブハウス、コレクティブタウンの計画は入居者等に無理を強いることになりかねない。

日ごろから関心の共有できる場をもつことで、お互いの生活を高めるネットワークの築かれたコレクティブタウンでは、災害が起きた時やその後の復興まちづくりの中で、苦労が少ないかもしれない。あるいは、災害復興をきっかけに、コレクティブタウンが形成されるかもしれない。そのためには、住民一人一人が、自立した生活やコミュニティ活動に取り組むことができ、住んでいる地区内での趣味活動に興じることを容易にする場づくりに対する支援も大切だろう。従来のように、永い時間をかけて築くばかりでなく、転入者でも気軽にコミュニティ内の様々な活動にアクセスできる窓口があると良い。転入者のためには、その町の人と対話ができるような場があると良い。それは偶然にも福祉センターであるかもしれないし、八百屋さんかもしれないし、あるいはフィットネスクラブかもしれない。「この町なら楽しく暮らしていけそうだ」と思わせるきっかけがあると良い。

　コレクティブタウンは、生活を楽しもうという人が、共通の考え方や価値観を持つ人とともに、時間や空間を共有できる環境を整えることで成り立つ。地域で福祉を担おうなどと気負わず、一人ひとりに必要な福祉サービスは、別途提供された上で、コレクティブタウンを実現すれば、快適な暮らしのある災害復興に繋がるだろう。

（薬袋奈美子／福井大学）

●注

＊乾亨「高齢者の『安心・自立居住』を可能にするコレクティブタウンの成立要件に関する実践的研究―真野地区における高齢者の生活実態調査を通して―」『立命館産業社会論集』第38巻第3号、2002年12月

●参考文献

①小谷部育子編『コレクティブハウジングで暮らそう―成熟社会のライフスタイルと住まいの選択』丸善、2004年
②小谷部育子『コレクティブハウジングの勧め』丸善、1997年
③石東直子＋コレクティブ応援団『コレクティブハウジング　ただいま奮闘中』学芸出版社、2000年
④コウハウジング研究会、チャールズ・デュレ、キャサリン・マッカマン『コウハウジング』風土社、2000年
⑤乾亨、前掲書

コラム

災害復興の中から創り出された「ふれあい住宅」

ケア付き仮設住宅

　阪神・淡路大震災では、多くの高齢者が住まいや家族を失い、心や生活へのダメージは非常に大きかった。この問題が大きく取り上げられたのは、特に仮設住宅での孤独死が多かったためである。このことはメディアでも大きく取り上げられ、仮設住宅団地内における茶話会、訪問活動といったボランティアを中心とした活動に繋がったり、また尼崎市では「高齢者・障害者向けケア付き地域型仮設住宅」（ケア付き仮設）という、高齢者の生活をケアする担当者が24時間常駐する仮設住宅が用意されることとなった。ケア付き仮設では、居住者同士がコミュニケーションを深めることができるコモンルームの設置などに対する重要性が認識された。

ふれあい住宅

〈ふれあい住宅の考え方〉

　ふれあい住宅は〝コレクティブハウス〟の考え方を活用して阪神淡路大震災後に被災者向けに建設された住宅である。公営住宅ではあるが、各独立した住戸とは別に、共用の食堂やキッチンが備えられた。

　その多くは、「シルバーハウジング制度」対象の住宅であり、高齢でかつ多少の生活への支援を求める人が生活する住まいとなった。兵庫県あるいは神戸市、尼崎市で試みられた住まいの形は、自立した生活のできる人々が、住運営を自分自身で担っていくことを前提に、供給された。

〈設立主体〉

　ふれあい住宅の設立主体としては、兵庫県（7件）と神戸市（2件）および尼崎市（1件）がある。神戸市の1件（久二塚西）が再開発事業の受け皿住宅として建てられた以外は、復興公営住宅として建設された。戸数は、6戸のものから71戸のものまで多様である。コレクティブハウスとしてどのような規模が適正なのか、多くの議論があるところである。6戸（6人）での生活であれば、居住者同士の関係がうまくいっている場合は良いが、少し濃厚な関係となりすぎる場合もあろう。一方で、71戸もの規模になると、例え中でさらにグループわけをしたとしても、一つの生活を共有する主体としてのまとまりをつくることが大変な組織体となるであろう。今回の供給はある意味で実験的な試みであり、色々な規模のものがつくられたことで、今後の供給についての検討の材料となることは間違いないだろう。

　また、多くの住戸は、単身高齢者向けに供給されている。単身高齢者の孤独死の問題が取り上げられていたことや、単身者にこのような住まいの需要が大きいことを見込んでのことであろう。しかし、単身高齢者、それもシルバーハウジング適応者（つまり60歳以上）ばかりのコミュニティが形成された住宅が多かったことは、後述するように、コミュニティ形成が容易でなかった原因になったと言えよう。

ふれあい住宅の設計

　兵庫県内で供給されたふれあい住宅は、各団地ごとに規模も違い、また立地条件なども違うことから、各々特徴的な空間が形成されている。それらの住宅の中から大規模団地の一角につくられた大倉山ふれあい住宅と、独立した建物として供給された南本町ふれあい住宅の例を取り上げる。

　大倉山ふれあい住宅は、県庁近くの市街地内に建つ大規模なマンション型の復興公営住宅の一角に位置する。図1に示すように、普通のマン

表1　兵庫県内のふれあい住宅一覧

名称	所在地	設立主体	戸数	シルバーハウジング	単身者向け戸数
久二塚西ふれあい住宅	神戸市長田区	神戸市	58	0	45
真野ふれあい住宅	神戸市長田区		29	21	15
久々知コレクティブ住宅	尼崎市	尼崎市	22	22	19
片山ふれあい住宅	神戸市長田区	兵庫県	6	6	6
岩屋北町ふれあい住宅	神戸市灘区		22	22	16
南本町ふれあい住宅	神戸市中央区		27	27	19
大倉山ふれあい住宅	神戸市中央区		32	32	32
福井ふれあい住宅	宝塚市		30	23	14
金楽寺ふれあい住宅	尼崎市		71	32 22*	32
脇の浜ふれあい住宅	神戸市中央区		44	44	32

＊金楽寺には、高齢者世帯向特定目的住宅が22戸含まれる。

ションに一工夫凝らした形態である。一列に並ぶ住戸の真ん中に共用室を用意し、各住戸はバルコニーを通じて行き来できるようになっている（**写真3**）。外部者が入れず、居住者同士でのコミュニケーションがとりやすい形態となっている。このようなブロックが4層重なって32戸の供給となった。ブロックごとに、自由にコミュニティ活動を行っているが、全体で行うような交流の場も設け、活発でないブロックの住民も、何らかの形でコミュニティ活動に参加できるような状況づくりが行われた。

南本町ふれあい住宅の平面図を図2に示すが、ふれあい住宅では、このように共用空間をふれあい住宅用に特別に設けるものと、大倉山のように普通の住戸にもなるような共用空間を設けるものと二種類供給された。今後とも長くふれあい住宅がコレクティブハウスとして住まわれ続けることができれば、特別に用意された空間は、大いに活用されよう。しかし、公営住宅という枠組みの中でのコレクティブハウス運営が困難であり不要となった際には、使われ続ける方法を工夫しないと、無駄な空間ともなりかねない。そんな柔軟な将来を考えると、大倉山ふれあい住宅のような供給方法は、公営住宅におけるコレクティブハウジングの試みとしては、注目される事例である。また逆に、大倉山のような住宅形態であれば、既存の公営住宅からも転換できるであろう。

●市民参加型計画

もともとコレクティブハウスを震災復興住宅に取り入れようというアイディアは、見知らぬ人と仮設住宅で居住する高齢者の姿や、芦屋市に設置されたケア付高齢者・障害者向け地域型仮設住宅での居住者の生き生きした様子を見て、市民からあがった声である。建築家や福祉等の専門家が集まり「コレクティブハウジング事業推進応援団」（コレクティブ応援団）が結成され、実現に向けて活動を展開した。神戸市はこの考え方を取り入れた住宅をつくろうと、専門家などを交えて検討を重ねた末に、真野地区で建設することとなった。計画に際しては、入居ができるかどうかは別として、真野地区の住民を中心としてワークショップを行い、新しい住まいの形が形成された。結果的にそのワークショップに参加した人が居住することとはならなかったこともあってか、十分に想定された使い方となっていない面が見受けられる。

震災前からのまちづくり活動で有名な神戸市の真野地区では、地域の拠点施設の一つとして「真野ふれあい住宅」をともに住まうかたちとして計画した。外の通りに面した場所には、食堂が設けられ、地域の交流拠点として期待が持たれた。また、南側からアクセスする住戸を設け、住戸内外のコミュニケーションが豊かになるように工夫したり、幅員の広い廊下にして、ベンチなどを置くことで、路地的な空間を創出しようとしている。

久二塚ふれあい住宅は、再開発事業の受け皿住宅として整備されたこともあり、実際に入居する人がプランニングに参加し、十分な議論を重ねた上での計画づくりが可能となった。そんなこともあり、ここでは、入居当初から、活発に趣味の仲間が集ったり、お茶会をしたりと積極的な活動が行われている。

「コレクティブハウジング事業推進応援団」は、震災直後から仮設住宅団地を訪問する建築・都市計画の専門家らが、従来のようなマンション型の鉄の扉で閉ざされた復興住宅の供給ではなく、高齢者が安心して住むことのできる復興住宅はできないだろうかと考え、組織されたグループであった。神戸市の担当者へ働きかけを行い、震災以前からコミュニティ活動が活発であった「真野」を第一号とし、そして再開発の受け皿住宅としての「久二塚」を第二号として建設を行った。

●住運営

コレクティブハウスで大切なのは、その空間形態ではなく、どのように住まうのかという住運営の面であろう。本文にも示したとおり、コレクティブハウスとは、そこに住む人のライフスタイルを示す言葉であるといっても過言ではなく、生活の一部を共有するのは難しいことである。だからこそ北欧やアメリカで見られる先行事例の多くは、一緒に住みたいと希望した入居者同士が同じコレクティブハウスに入居している。既存の入居者がいる場合は、新たな入居希望者は、何度かその住宅を訪れ、夕食やコミュニティ活動を体験して、「気が合うな」「この生活スタイルを楽しみたい」と願い、既存の入居者も共に生活したいと願った場合に、初めて入居決定される。

しかし日本の公営住宅制度では、このような入居者選定方法は取り入れることはできないので、ふれあい住宅の入居募集でも、コレクティブ住宅の特徴をパンフレット等で案内するに留まる。復興公営住宅への需要はあるにも係わらず、最初に募集を始めた県営片山住宅では、最初の応募期間は応募者ゼロであった。それは宣伝活動が不足していたことが原因であるとの指摘がされているが*、それ以上に新しい住まい方への不安もあったのではないだろうか。行政でも説明会を行い、また市民のボランタリーな説明活動により少しずつ理解を広げた。また新しい住まい方への対応方法として、公営住宅としては異例のグループでの応募をする等、従来に比して柔軟な対応を

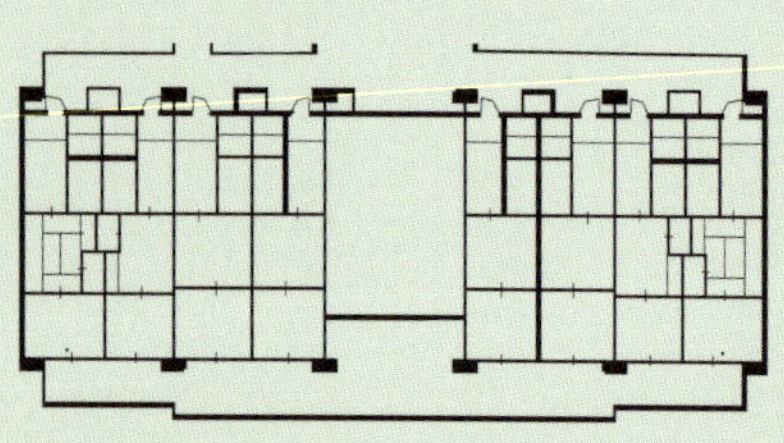

図1　大倉山ふれあい住宅。北側は写真2のように普通のマンションのような入り口であるが、南側には続きバルコニーがあり、自由に交流ができる。また真ん中にはコモンスペースがとられている。

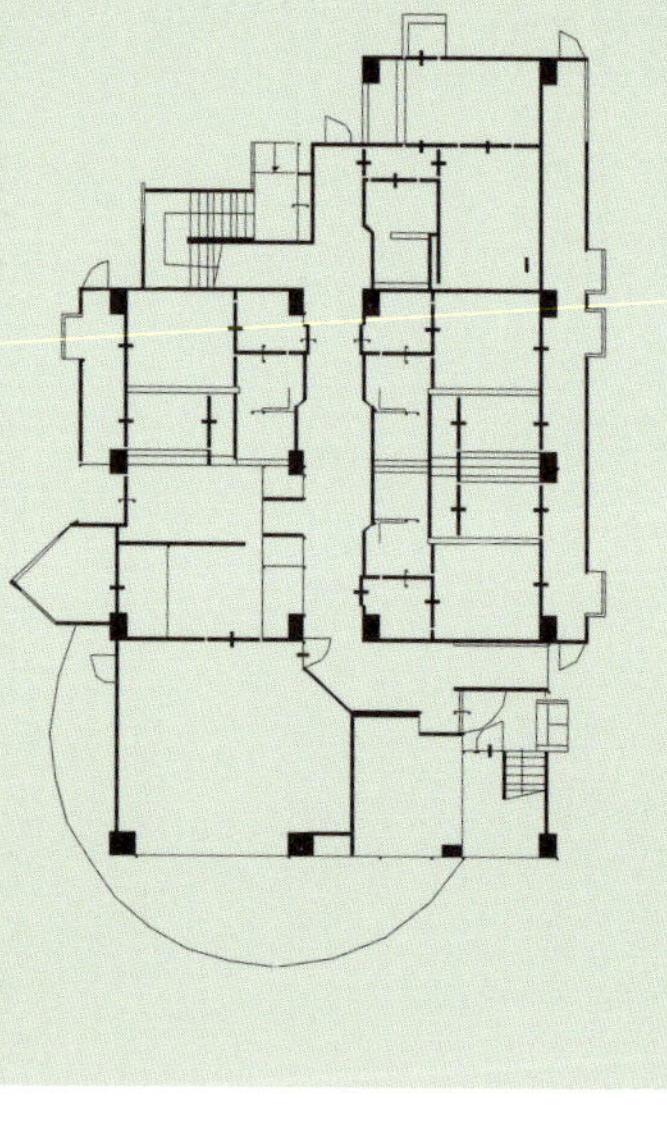

図2　南本町ふれあい住宅。南側に、コモンとなる広いリビング・ダイニングがある。

写真１　大倉山ふれあい住宅のコモンルームの様子。来客をもてなす場でもある。

写真２　大倉山ふれあい住宅の玄関側。外出するときに使う、通常の出入り口。

写真３　大倉山ふれあい住宅の続きバルコニー。日常使うのはこちらの通路である。

写真４　真野ふれあい住宅外観。一階の通りに面した場所には共同のダイニングルームがあり、地域の人も入りやすいよう工夫された。

写真５　真野ふれあい住宅。ゆったりした廊下には、ベンチも置かれた。

とることができた。ふれあい住宅の多くの住戸はシルバーハウジングの扱いであり、市に委託されたＬＳＡの派遣により、入居者の生活面が支えられている。しかしライフ・サポート・アドバイザー（ＬＳＡ）は、コミュニティ活性化のための専門家であるわけではなく、住民と係わることのできる時間は限られていることも多く（団地専属のＬＳＡが居るとは限らない）、各ＬＳＡのボランタリーな気持ちでの応援しか受けられない。また管理する行政は、他の公営住宅と同様に、ハード面での修繕、家賃等の徴収といったことが中心であり、ソフト面、入居者同士でのコミュニケーション、あるいは運営組織の形成といった点については、積極的な関与は行われていない。入居後、孤独感、入居者内でのトラブルがあった際、入居者が電話などで担当者に相談したりしているが、コレクティブハウスにおける特有の悩みなどに十分に対応できるわけではない。通常の公営住宅と同様の扱いであるので、他の住宅への転居は容易ではなく、そのコレクティブハウスでの生活が合わなくなった時の対応も難しい。また最近では、入居者の一層の高齢化や、転入者がコレクティブハウスであることを十分に理解していないことがあるなど、更に住運営は難しい局面にある。

コレクティブハウスのような〝住まい方の提案〟も含めた住まいの供給には、公営住宅であっても、より柔軟な対応方法を考えるべきであろう。コレクティブハウスの供給を通して、ハード供給に重きのある公営住宅供給方法のあり方を、改めて考え直す機会とするのも良いかもしれない。

●ふれあい住宅入居者への支援とネットワーク

上記のような入居者には様々なコミュニケーションを行うための自助努力が求められたが、住宅供給主体以外からのサポートもあった。専門家等により構成される「コレクティブハウジング事業推進応援団」の存在は、入居者を積極的に支援する専門家集団として重要であった。特に入居に際しての説明や、家具の調達に対する支援をきめ細かに団地ごとに行うこともあった。また学生やその他有志とともに、どのようなコミュニティ活動をしたらよいのか困り、またきっかけをつかめずにいる団地に出向き、定期的なお茶会やイベントの実施・運営の支援を行った。

このような支援により、次第に入居者も住運営の大切さや難しさを理解し、住民同士のネットワークを築き、お互いに情報交換したり、悩みを相談したりするような場が生まれた。ふれあい住宅ネットワークである。前例のない住まい方であったために、共用空間の利用ルールや共益費の問題への情報共有、日々の居住者同士のコミュニケーション方法など、お互いに試行錯誤している状況を知り合うだけでも、大きな支えであり、また支援となっていたのである。この会では、バスツアーの企画等も含めた、住民同士の交流に繋がる幅広い活動を実現させている。

●災害復興住宅として

災害は不幸であったが、コレクティブハウスという名を広めることに貢献し、集まって住まうことの意味を再考させることとなった。高齢者向け住宅が多く「コレクティブハウス＝高齢者住宅」のイメージを定着させてしまった人が多いことや、空間さえつくれば高齢者の孤独な生活の問題を解決するかのような印象をもってしまった人がいることは反省材料である。これは災害復興のあり方を再考する材料ともなろう。人は巨大な仮設住宅団地のように屋根さえ提供されれば良いわけではなく、また誰でもいいから集まって住まわせれば、愉快に暮らせるわけではない。生活者の視点に立って、ソフト面とハード面をうまく考え合わせることが大切である。

（薬袋奈美子）

●注

＊石東直子他『コレクティブハウジングただいま奮闘中』学芸出版社、２０００年８月、１０９頁

被災マンションの建替え

「阪神型」の再建支援は今後も有効か？

阪神大震災は多数のマンションに被害を与えた。全壊・半壊は計172棟であり、このうち108棟が被災建物を取り壊し新しく建設する「建替え」を選択、震災前の約3倍もの数の建替えが一気に行われることとなり、様々な課題に直面した。中でも次の3点が問題となった。

(1) 合意形成：建替えには5分の4以上の区分所有者の合意が必要であり、個々の所有者の賛同を得られるように事業の計画と手続きを進めなければならない。

(2) 費用負担：建替えに必要な多額の費用を工面しなければならない。特に従前建物購入時のローンが残る場合が問題となる。

(3) 既存不適格：従前建物の建設後に都市計画の規制が強化された場合、建替えに際して従前と同じ床面積が確保出来ない。

本稿では、阪神大震災ではこれらの問題にどう対応したか、震災後に建替えを巡る仕組みはどう変わったか、今後発生しうる被災マンションの建替えはどうなるか、を考察する。

●阪神大震災での対応

合意形成に関しては、特別措置法が制定され（表1①）、建物全部が滅失しても通常と同じ条件の建替え決議で再建可能とされたほか、決議の期限も1年に延長された。具体の支援では、初動期の所有者内や近隣の合意に関する活動への助成がなされたほか（②）、計画策定や合意形成に関わるコンサルタント等を県・市のセンターを通じて派遣、その経費を阪神・淡路大震災復興基金の助成がマンションにも適用された（③）。この制度等を通じて、建築士やコンサルタント、弁護士等による幅広い支援が行われた。

この他、建替えに参加しない所有者の権利を買い取って再建後に分譲することで、県の住宅供給公社が不参加者への対応を支援した（④）。公社が関与したのは42団地3815戸で、不参加者分、保留床分、および住宅ローンを受けられず途中で契約を破棄した350世帯分を合わせて、計850戸を一般分譲した。公社では、費用負担の軽減を図るため区分所有者から土地を取得して定借マンションとして再分譲する事業も行っており（⑤）、復興基金が設計調査費および定借の地代を助成している。

費用負担に関する補助・助成では、公費解体が行われた（⑥）。被災建物一般を対象としたものだが、マンションの解体撤去費用は多額のため影響は大きい。建設費への補助は、従来の制度を拡充して敷地面積要件の緩和、空地面積の弾力的な運用、補助率の嵩上げなどが行われた（⑦）。適用は93件、従前戸数計3586戸で、建替え物件の86.1％に当たり、総事業費の15～25％程が補助されている。⑧は⑦の要件に満たない小規模物件にも対応すべく、マンションも対象としたものである。

建設資金の借入で、マンション建替えのみが対象の融資ではないが、借入金への利子補給が行われた（⑨）。一般の住宅再建を対象としたものよりも補給期間・利子補給率の面で条件は良く、1999年度までに受けたのは6287人・合計約10億8900万円で、建替え戸数計に対する割合は約85％となる。

既存不適格に関しては⑩が創設された。震災後3年以内の着工を条件に、要件を緩和、容積率の割増限度を拡大し、建替え後も従前の容積が確保出来るようにした。合わせて⑪の方針が示され、制限の緩和・不適用などが行われた。全半壊の被害を受けた既存不適格75棟のうち、総合設計が適用されたのが43棟、日影規制緩和・高度地区緩和により従前容積での再建が可能になった物件が14棟である。

以上の再建支援は図1のような形で行われており所有者の団体に対する金銭的支援を中心に

表1　阪神大震災での主要なマンション建替え支援策

問題	種別	支援策
合意形成	法制度の整備	①被災区分所有建物の再建等に関する特別措置法 ・建物が全部滅失しても敷地共有者等の議決権の5分の4以上の賛成で再建可能 ・建物の一部が滅失した際の復旧または建替え決議の期限を施行後1年以内に延期
合意形成	計画策定支援	②被災マンション建替等支援事業 ・所有者合意（概略設計、再建事業計画）および近隣合意（周辺環境基本調査、周辺住民説明資料）活動への助成
合意形成	計画策定支援	③復興まちづくり支援事業 ・計画づくりや合意形成に関わるアドバイザー等を派遣、費用を復興基金が助成
合意形成	公的機関の事業への関与	④被災マンション再建支援事業［県住宅供給公社］ ・県公社が建替えに参画　・建替えに参加しない所有者の土地持分を公社が買い取り、建設後に一般に分譲
費用負担	公的機関の事業への関与	⑤定期借地権による建替支援制度［復興基金］ ・公社が所有者から土地を取得し定借マンションとして再分譲する事業に対し、復興基金か設計調査費（20万円／戸）、地代軽減補助費（260万円／戸）を助成
費用負担	建設等資金の補助助成	⑥被災建物の公費解体
費用負担	建設等資金の補助助成	⑦優良建築物等整備事業（マンション建替えタイプ）の拡充 ・敷地面積要件の緩和（300㎡以上）、敷地内空地の弾力的運用 ・補助率の嵩上げ（調査設計計画費、土地整備費、共同施設整備費の5分の4［通常3分の2を増額］）
費用負担	建設等資金の補助助成	⑧小規模共同建替等事業補助［復興基金］ ・調査設計計画費、土地整備費、共同施設整備費の3分の2を補助（上限260万円／戸）
費用負担	建設資金の融資・利子補給	⑨被災マンション建替支援利子補給[復興基金] ・公庫の復興資金融資等を受け、再建する区分所有者および公社等が建替えを代行したマンションを購入する被災者に利子補給
既存不適格	建築規制の緩和	⑩震災復興型総合設計制度（中高層住宅復興型） ・容積率を従前延べ床面積まで割増　・敷地最低規模の引き下げ（500㎡以上）　・有効公開空地の最低限度緩和、割増係数拡大
既存不適格	建築規制の緩和	⑪建築制限に関する弾力的運用 ・日影制限の緩和（従前の日影より少なくなればよい）　・高度地区による高さ規制の不適用（再建に限り規制しない特例許可）

図1　阪神大震災でのマンション建替え支援の枠組み

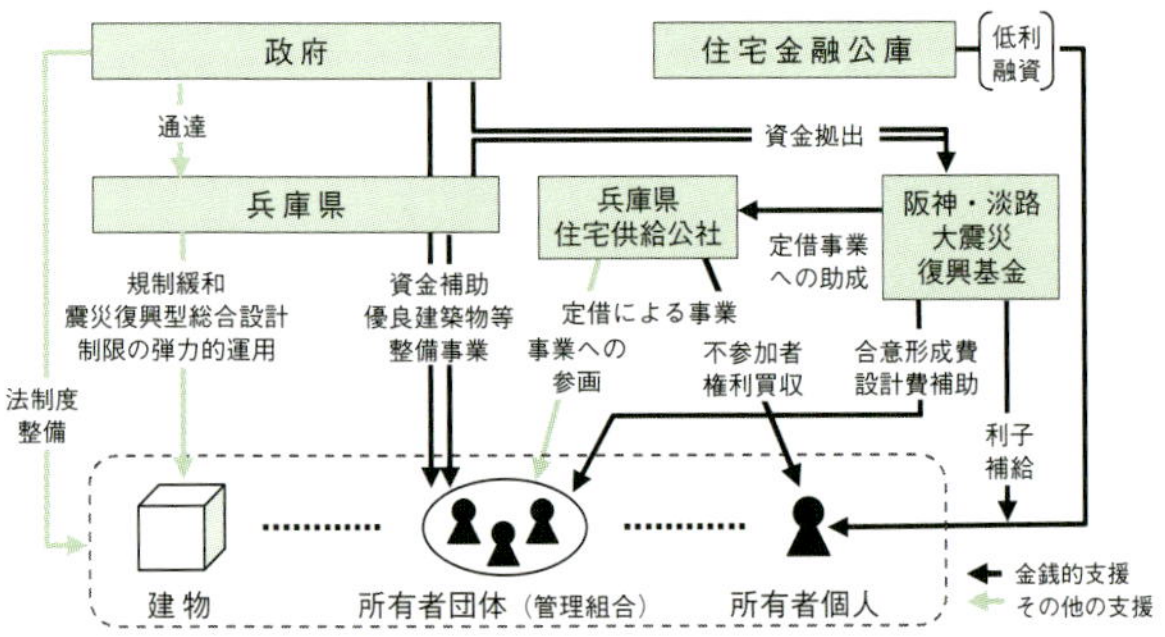

支援の枠組みが組まれている。

阪神以降の変化

阪神大震災での教訓を受けて、その後10年間に建替えを取り巻く環境は大きく変わった。

最も大きな変化は、表2①の制定と②の改正である。2002年施行の①では、建替えに参加する区分所有者等が建替組合を結成出来るようにしたこと、および権利変換の仕組みを用いて従前従後の権利の移行を円滑にしたことがポイントである。

被災再建の合意形成の特徴

被災マンションの再建と、一般の老朽化マンションの建替えとでは、合意形成の仕方はどう違うだろうか？　左図の上部が被災再建、下部が老朽建替えの、典型的事例の合意形成プロセスを模式化したものである。横方向に「合意形成に関するマニュアル」でのモデル的手順の項目が並んでおり、記号が個々の活動を表す。記号が横に並んでいればモデルに近い形でプロセスが進み、縦に重なる場合は手順の後戻りやり直しが多いことになる。

被災再建のプロセスは、老朽建替えに比べて総じて直線的な部分が多く、モデル的手順に近い。これは、全壊または被害大の場合には建替えの方向を選択せざるを得ないこと、補修も想定される場合は検討段階で比較した上で建替えを選択していること等によると思われる。また、方針や建替え計画に対する意思確認が明確に行われる傾向があり、そのため手順の先取りや後戻りが少ない。厳しい状況下で早急に進めようとするからこそ、手続きに意識的である様子がうかがえる。

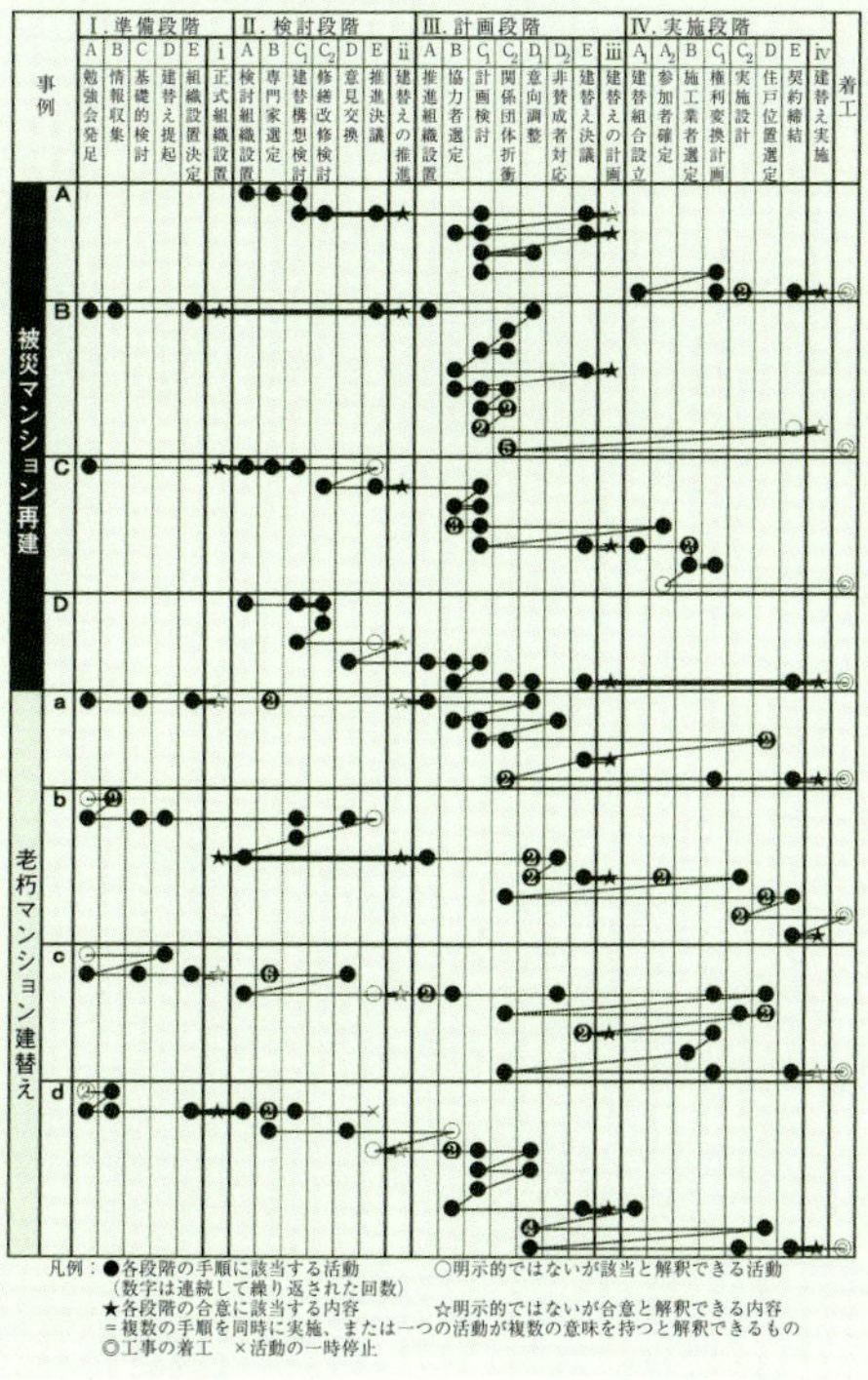

2003年施行の②では、建替え決議について各種要件を廃止し5分の4の合意のみで可能としたこと、および団地での一棟建替え・全棟一括建替えの決議を制定したことがポイントである。これらにより建替え決議の手続きおよび決議後の事業推進がより安定したものとなり合意形成上の課題解決に寄与する。

また、2003年には国土交通省が③合意形成、および④建替え・修繕判断の二つのマニュアルを発表し、合意形成の基本的なプロセスと留意点、修繕で対応しうるか、建替えを行った方がよいか、を判断するための指針を示している。この他、老朽化が進み建替えを要する建物に対する勧告や支援を地方自治体が行うとされ、相談窓口の設置や専門家の派遣が行われている（⑤）。専門家としては、マンション管理士やマンション建替えアドバイザー等の新しい資格が位置づけられる。

費用負担に関しては、震災前からの⑥の補助で、建替え円滑化法に基づく場合の要件が緩和されたほか、再開発等の際に従前居住者向けの住宅供給を行う⑦都市再生住宅制度（2002年創設）でマンション建替えが対象事業にされており、共同施設整備費への補助がなされる。合わせて⑧の融資が組合等事業主体および参加する個人に行われ、⑨の債務保証も行われる。

既存不適格関連では、東京都が⑩を2002年に創設し、既存不適格も含めたマンション建替えに対して容積率および斜線制限等の緩和を行うとしている。また、1998年創設の⑪を用いれば、隣接敷地の未使用容積率を移転でき、既存不適格への適用が想定される。この他、前述の②区分所有法改正により、建替え決議の際の同一敷地要件が廃止されたため、隣接する敷地を買い取った上での建替えもやりやすくなっている。

このように、関連法律の制定および改正を受けて、様々な支援策が一気に整えられている。これらの仕組みは一般の老朽建替えを対象とするもので、いずれは必要になるものだったが、阪神大震災での諸問題が制度の整備を加速させることにつながったといえる。支援の枠組みは**図1**の阪神大震災と同様であり、震災という特殊な状況での経験が、平時の仕組みに大きく

表2　阪神大震災以降の主要なマンション建替え支援策

問題	種別	支援策
合意形成	法制度の整備	①マンションの建替えの円滑化等に関する法律 ・マンション建替組合の設立　・権利変換手法による関係権利の円滑な移行など
		②区分所有法の改正 ・建替え決議要件の明確化（過分費用要件、同一敷地・同一用途要件廃止） ・団地内の建物の建替え承認決議、団地の一括建替え決議の制定
	合意形成に関する情報	③マンションの建替えに向けた合意形成に関するマニュアル ・合意形成の段階と手順　・建替え決議までのプロセス　・決議後のプロセス
		④マンションの建替えか修繕かを判断するためのマニュアル ・老朽度判定と改善水準の設定　・修繕および建替えの効果・費用の把握と比較
	相談体制の整備	⑤相談窓口の設置、専門家の派遣制度 ・地方公共団体等が実施　・マンション管理士、マンション建替えアドバイザーなどによる相談・支援
費用負担	建設等資金の補助助成	⑥優良建築物等整備事業（マンション建替えタイプ） ・要件：地区面積（円滑化法適用：300㎡以上 それ以外の三大都市圏：500㎡以上） 空地面積 円滑化法適用：適用なし　それ以外：法定空地率+20%など ・補助率：調査設計計画費、土地整備費、共同施設整備費の3分の2
		⑦都市再生住宅制度（従前居住者用住宅に対する補助制度） ・要件：地区面積（H15-19着手：300㎡以上　それ以外：1500㎡以上） 従前住宅戸数（H15-19着手：10戸以上　それ以外：50戸以上）など ・補助率：共同施設整備費の3分の2、家賃対策補助
	建設資金の融資	⑧都市再生住宅制度居住融資（住宅金融公庫） ・建替え決議が行われ、敷地・空地面積要件（優建と同様）等を満たす物件に融資 ・組合等事業主体向け（初動期資金、建設費）および個人向け（再建マンション取得費）
		⑨民間再開発促進基金による債務保証 ・円滑化法による建替えで、地区面積1500㎡以上・従前住宅戸数50戸以上等の要件を満たす事業の、調査設計計画費・土地取得整備費・建設費を債務保証対象に
既存不適格	建築規制の緩和	⑩共同住宅建替誘導型総合設計（東京都） ・築後30年経過の共同住宅建替えに適用　・従前の住宅用途以外の延べ床面積が建替え後も増加しない場合　・環七内側で基準容積率の最大0.75倍まで容積割増
		⑪連担建築物設計制度 ・区域内の複数の建築物を一敷地内の建築物として集団規定を適用 ・隣接敷地の既存建築物が利用していない容積率を移転可能

寄与したといえよう。

今後の被災マンション建替えの見通し

では、これらの仕組みは、今後起こりうる都市型地震で被災を受けるマンションの建替えに十分に対応しうるのだろうか。

合意形成面では、改正区分所有法では決議の際に費用の過分性を考慮する必要はなく、この点を巡る争いはなくなるだろう。また、建替え円滑化法の適用を受ければ権利変換により建替え後、建物への抵当権の移行ができ、抵当権者の同意は得やすい。全部滅失の場合も特別措置法で区分所有法に準じた手続が規定され、決議後は円滑化法に基づいて進める形となろう。

決議およびそれ以降は円滑に進むと期待されるが、問題はそこに至る過程である。前述の「合意形成に関するマニュアル」は、徐々に所有者の理解を得ていく形であり、震災時に必要な短期間での効率的な合意形成を想定したものではない。「建替えか修繕かを判断するマニュアル」も、改修工事による改善水準およびその費用と、建替えで得られる水準・費用を比較する形であり、復興で問題となる建物の安全性の判定、補修工事の内容選定、および補修による回復度合と建替えとの比較には対応していない。震災時の困難な状況を想定した上で、所有者の参加を十分に得ながらも早期に合意を形成する方法、および合意された判断の適切性を担保する方法が求められる。

費用負担面では、優良建築物等整備事業等の補助制度が、阪神大震災同様に要件が緩和されるなどして適用され、合わせて建替え向けの融資や利子補給が行われるだろう。ただし、高齢化が進み空家も増える今後の状況を考えれば、建替えに参加したいがローンが組めない高齢所有者や、参加せず権利を売却する不在所有者等が増えると予想され、それらの対応が問題となる。高齢者に関しては、リバース・モーゲージ等により再建資金の調達を可能とする仕組みが必要となろう。不参加者分は建替組合が買い取り、再建後に分譲する形となるが、組合が必要な資金を調達し売却先をみつけるのは難しい。この意味では、阪神で県住宅供給公社が果たした役割（不参加者の権利買取、土地取得し定借化等）を担う主体が求められるが、近年多くの公社で見直しや廃止が検討され、都市再生機構も直接の住宅事業を行わなくなっており、採算性の低い建替え事業を支援する主体はいなくなるかもしれない。となれば、事業を支える別の仕組みが必要である。

既存不適格に関しては、おそらく阪神大震災同様に震災復興型の総合設計が適用されよう。しかし、従前容積を確保出来るよう空地の扱いや斜線制限等に関する弾力的な運用が行われた結果、必ずしも公開空地とは言い難い形状の空地を持ち、周囲と調和しない高さのマンションが再建された側面もあり、同じことを繰り返す危険性も高い。不適格の再建支援とあるべき規制とをどう整合させるかが問題である。場合によっては、空地確保以外の地域への寄与を認める形や、地域の合意に基づいて不適格での再建を許容する仕組みもありうるのではないか。

また、人口が減少し住宅が余る時代には、従前容積が確保できたとしても、不参加者分を組合が買い取った住戸、あるいは増えた分の住戸が売却できるとは限らないのであり、むしろ適正に縮小する手法が不可欠となる。さらに言えば、敷地面積や必要空地率等の要件が相当程度緩和されても、総合設計が適用しえない、適用されても従前容積が確保出来ない物件は多数存在するとみられ、この観点からも超過した容積を適正に縮小する再建手法が求められる。

こうみると、被災マンション建替えを取り巻く環境は、平時の仕組みの整備を通じて改善されたものの、震災時特有の問題への対応という点でまだ課題は多い。これらの課題——十分な参加のもと早期に適切な合意を得る、個人の住宅確保を社会的に支える、地域合意に基づき規制と整合させる、過大な容積を

震災復興型総合設計

この制度が適用された既存不適格の被災マンションは、従前の平均戸数は約90戸、平均敷地面積は約2000㎡で、約半数が中高層住居専用地域の指定容積率200%に立地している。従前建物の利用容積率は250～400%の間に主に分布しているから、指定値の1・2～2倍のボリュームとなる。再建建物もほぼ従前と同じ床面積で、かつ公開空地を設けるため建ぺい率が抑えられ建物はより高くなる傾向もあり、周囲との差が目立つものもみられる。また、確保すべき公開空地に関して柔軟な判断がなされた結果として、一般市民がアクセスしにくい公開性の低い空地や実際には通り抜けが難しい空地、連続しておらず歩道としての利用価値の低い歩道状公開空地等が見受けられる。空地の確保が周辺環境に寄与するので容積を緩和するとの総合設計の考えが必ずしも有効に機能していない。

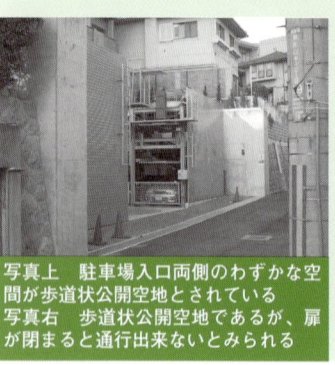

写真上　周囲に高い建物がなく、再建マンションのみが突出している
写真右　再建マンションと隣接する戸建てとの高さのギャップが著しい

写真上　駐車場入口両側のわずかな空間が歩道状公開空地とされている
写真右　歩道状公開空地であるが、扉が閉まると通行出来ないとみられる

用いず事業を行う——は、今後の都市の整備一般にあてはまる重要な課題でもある。

再建支援の方向性

ここまでは「被災マンションをいかに建て替えるか?」との観点から、実態と課題を検討した。この場合、被災前と同じ場所で同じ住まいを取り戻し、従前の居住者が住むことが前提となっているが、今後はこの前提が成り立たない可能性も高い。

個々の所有者がとりうる住宅再建を、**図2**左のように「所有—賃貸」「現地—移転」の二軸で整理すると、現地で建て替える他に、生活を早期に再建すべく住宅を購入して他所へ移転する、住戸を処分し生活資金を得て賃貸住宅へ転居するなどが考えられる。また、他者に権利を売却した上で賃貸として継続居住する形も考えられる。この他に被災を機会に当該物件から撤退する不在所有者もいる。今後の住宅事情の変化を考えるならば、従前通りの建替えを選択する所有者が少数派になる事態も想定されよう。その際には、言うなれば「阪神型」の再建支援、元通りに再建して全員が住めるよう、所有者を建替えに同意させるための援助や、事業費用を軽減させる補助、既存不適格を救済する規制緩和等を行い、所有者集団が実施する事業を後押しする形は、必ずしも有効ではなくなるのである。

となれば建替えの際には、個々の所有者の選択を受けて、参加する所有者の人数や構成、建物の形状や権利形態も変わりうるとした上で、全体の再建方法を検討する必要があろう。建替え希望が相対的に多ければ移転者分を除いて縮小建替えを行うことをはじめ、費用負担が難しく賃貸への転換・転居が必要な人が多い場合には定借化・賃貸化等で現地での居住を継続させる、あるいは移転希望が大多数であれば解散して精算することも含めて、取りうる方向性を幅広く捉えることが求められる。また、所有者全体が同一の方向で再建を目指すだけでなく、個々の所有者が望む方策が複合する形で全体の再建を行える仕組みも必要であろう。「建て替えない」所有者を排除するのではなく、許容しながら再建するのが望ましく、その受け皿として区分所有以外の形態も求められよう。集団で生活と資産を共有・共同する点が、区分所有マンションが経済的で合理的な住宅である所以だが、共同性の縛りが個人の生活再建を阻害するのでは逆に不合理であり、震災復興に際しては一旦共同性を緩めた上で、再建の方向を考えることも必要ではないか。

この他、建替えを早急に実施するだけでなく、再建に至る過程を中長期で捉えることも必要である。阪神大震災での被災マンションは大半が2年目には着工し4年目には完成しているが、個人の生活は5年や10年の期間をかけて再建されていくものであり、生活再建の途上で住宅再建のための多大なコストがかかるのでは負荷が大きい。よって、最終的には従前通りの区分所有マンションに住むのだとしても、その過程で別の形を取ること、例えば一定期間のみマンションの全体または一部を定借あるいは賃貸マンションとする、他所や賃貸住宅に数年間住んだ上でいずれ建て替えられた元の住まいに戻る、というような方法も必要になろう。このような個別の段階的な住宅再建がとりうるのであれば、震災2、3年後に建替えに参加するのは困難な所有者でも、10年後に戻ることを見越して事業に参画する形もありうると思われる。

所有者が一体となって建替えに取り組むことはもちろん重要であるが、と同時に個々の住戸＝所有者毎に最適な再建策を選べるようにし、また段階的に居住地や権利関係を変えながら最終的な形へと至るような、複線・複合・段階的な再建のあり方が必要となろう。

（米野史健／国土技術政策総合研究所）

定期借地権による負担軽減

費用負担が困難な場合に、県住宅供給公社が土地を取得して定期借地権付マンションを建設、元の所有者に再分譲する事業が行われた。当初は300戸が対象の計画だったが、適用は2物件・108戸に過ぎない。相談は10件程あったが、土地に対する執着が強く、再建困難な状況でも定借が選択されなかったという。適用された芦屋第8コーポラスでは、1戸当たり平均1千万円の負担が軽減されたが、自己資金が確保できる所有者は反対しており、通常の建替えと異なり全員合意が必要なため、説得を繰り返して理解を得ている。

この方式が選択されないのは、50年後に建物を解体し借地を返却しなければならないからだろう（図中①）。将来必ず転居しなければならず、かつ土地の権利も失うのでは、居住性・資産性の両面で理解を得るのは難しい。その意味では、定借マンションとするが建物譲渡特約を付加してスケルトン定借に移行しその後も賃貸で住める形（②）や、事業者が借地し建設した集合住宅を一定期間賃貸した上で元の所有者に建物を譲渡する形（③）など、その他の選択肢も考えられるのではないだろうか。

定期借地権方式および想定される代替案の概念

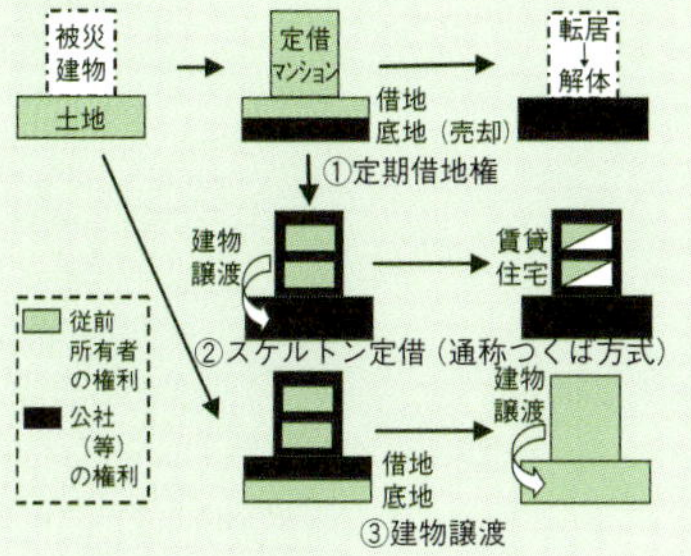

図2　今後の再建のあり方に関する概念図

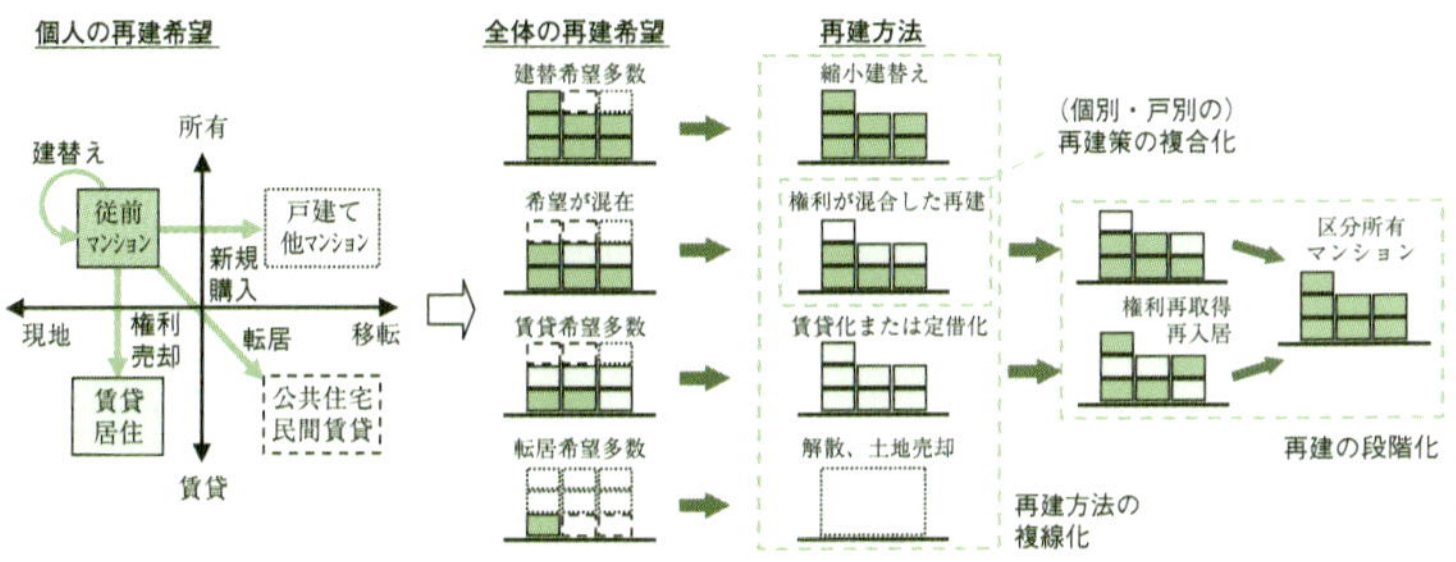

被災者の生活再建問題と事前復興準備の課題

図1　生活構造の全体像とプロセス

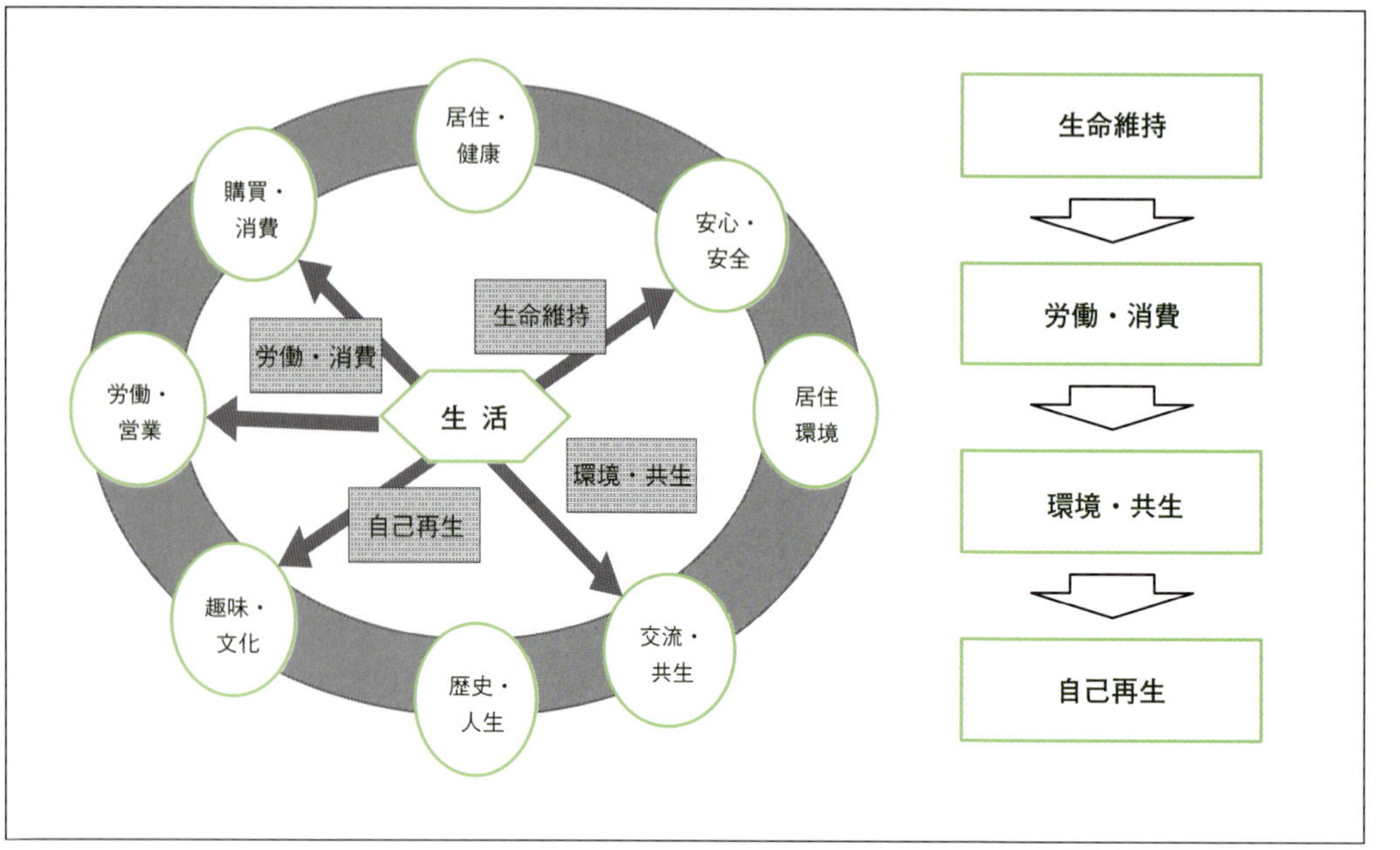

はじめに

災害とは、人々のそれまでの生活を瞬時に崩壊し、その後回復するまでの間、様々な局面で苦難を伴うものである。したがって、災害からの復興を議論する場合にも、この災害がもつ「生活障害」[*1]という性格を十分に踏まえた上で、そこからの再建の問題と事前準備のあり方を中心課題とする必要がある。

都市型大災害での復興問題が本格的に注目された阪神・淡路大震災では、生活や住宅の再建支援のあり方や、都市復興におけるプロセスをめぐる問題、産業復興や就業支援、福祉・医療・保健の施設・サービスをめぐる問題等、様々な復興問題が浮き彫りにされた。こうした復興問題に対する行政の事前準備はどの程度進んでいるのであろうか。

防災都市計画研究所が2002年度に内閣府の委託を受けて行った全国の都道府県に対する調査結果によると、以下のような特徴がうかがえる。[*2]

① 復興準備の必要性は相当認識されているものの、具体的な取組みは都道府県によって、あるいは、項目によって相当バラツキがある。

② 都道府県別では東京都を先頭に、静岡県、兵庫県、北海道等の取組みが進んでいる。これらは災害経験を持つか、災害への危機感が強い地域である。

③ 項目別では、公営住宅、被災状況調査、防災施設整備事業、ボランティア活動の取組み、応急仮設住宅への取組みが進んでいるが、民間賃貸住宅の活用、市街地・集落の復興（地域住民組織の活動支援等）、復興本部の設置、地域経済復興支援、マンション再建等への取組みが進んでいない。

④ 復興準備の取組みが遅れる理由として、それが被害軽減や緊急対策に比べて必要性、優先性に欠けるとの回答が上位を占める。

ここでの問題は、復興準備の具体的な取組みが遅れており、中でも生活（住宅）再建における民間活力の活用や民間組織の再建支援に関する分野が遅れていることである。

さて、我々は、被災者の生活再建の欲求にどこまで準備しておく必要があるのか。

小論では、被災者の生活再建に着目して、その定義、問題点を明らかにした上で、復興準備の課題とあり方を検討することを目的とする。

生活再建の問題とは何か？

生活再建の概念はこれまで漠然と使われてきた感があるが、いくつかの代表的な定義をあげると、例えば、兵庫県「阪神・淡路震災復興計画」では、「被災者一人ひとりの復興には、地震直後の人命救助、救援活動に続く生活再建やこころの健康の回復を急ぐなかで、安全で安心して快適に暮らせることが何よりも優先されるべきである」（基本目標の冒頭）、東京都「生活復興マニュアル」では、「被災者が生活の変化にうまく適応するための営み」とされている。より踏み込んだ意味づけをしたものとしては、兵庫県が、2002年1月に実施した「生活復興調査」をもとに、生活再建を、「すまい」「つながり」「まち」「そなえ」「こころとからだ」「くらしむき」「行政とのかかわり」の7要素で構成されるものとして分析したものがある。[*3]

しかし、ここには、アンケート調査によって析出された最大公約数としてのバラバラの生活再建の構成要素を見出すことはできても、現実の被災者の生活再建の総体イメージを見出すことはできない。

筆者は、生活再建の欲求が、

図1のとおり、被災者（家族）の「生命維持」「労働・消費」「環境・共生」「自己再生」で構成され、それらは生活単位としての個人（家族）の中でワンセットになって関係しあっているもの（これを「生活構造」という）であり、災害後の基本的な欲求から徐々に高次の欲求へとステップアップしていくプロセスであると考えている。[*4]

具体的には、震災直後、まず被災者にとって必要なのは雨露をしのぐ生活空間であり、ケガや病気、余震や空腹等からの安全確保である（「生命維持」）。その後、日常生活での必需品や災害で損壊したモノの購入や、稼得者の仕事再開等も考えるようになる（「労働・消費」）。一時的な生活がある程度落ち着いてくれば、住宅再建の見通しをたてながら、居住環境や近隣・知人等との交流を図る等、周辺環境との調和も考えるようになる（「環境・共生」）。そして、復興過程や復興後の地域社会において家族生活が徐々に定着するにつれて、趣味や文化活動等に取り組むようになり、自分のこれまでの歴史・記憶（生活史）を振り返り、自らの生きる目標をあらためて考えるようになる（「自己再生」）。

このような複数の要因を全体的に、しかも相互連関的に解釈するためにはヒアリング調査による事例研究がすぐれている。ここでは、被災者の生活再建問題について、我々が3年間に渡って悉皆調査を続けてきた神戸市長田区特定街区でのヒアリング調査結果の中から、この問題を考える上で象徴的なインフォーマントであるAさん（地震当時長田区在住、57歳、女性）の事例を紹介したい（事例1、1998年8月19日にヒアリング）。[*5]

●事例1　長田区Aさん（借家人）の震災後の生活構造

Aさんは、借家人で一人暮らしであり（居住面）、生活保護で毎月の生活を支えていた（消費面・労働面）。娘夫婦宅や病院が近く、近所に友人・知人も多く、買い物等の交通も便利な場所に約50年も暮らしてきた（共生、健康、消費、歴史面）。

そこに大地震が発生し、住宅は全壊、約2ヵ月半の間、子供の家を転々と避難したが長続きせず、郊外の仮設住宅に入居した（居住面）。しかし、地域にもなじめずに躁鬱病にかかってしまう（交流面・健康面）。その後、持病のリウマチも悪化して障害者（2級）に認定され、病院4ヵ所に通い16種の薬を飲む生活で、食事の回数も減って胃も悪くなった（健康面）。通院のためのタクシー代がかさむ（消費面）。その後、元の居住街区に比較的近い老朽文化住宅に引っ越してきたが（居住面）、家賃が高く、急な坂道を歩けない（消費面・健康面）。趣味の編み物やカラオケ、旅行、そして孫を抱くことも、この身体ではできなくなった（文化面）。「いつでも死んだるわ」と思うこともある（人生面）。「長田に戻りたい一心」で、できれば地下鉄から歩ける距離で、家賃5万円くらいの民間賃貸住宅でもいいから住みたい（居住面）。

Aさんの地震前の生活が、住宅を基盤にして、健康、安心、消費、交流、共生、文化、歴史などの生活構造のワンセットとして成り立っていた。と同時に、地震によって住宅を失い、それが解決できないまま、そのワンセットが次々と崩れ、自らの生きる目標を失い、苦悩の日々を続けていることが分かる。生活構造の最も基底的な構成要素である住宅が安定的に確保できていないことから、いつまでたっても次の段階にステップアップできない状況がうかがえる。Aさんのいう「長田に戻りたい一心」は、前住地に生活構造のワンセットがあり、そこを離れれば生きていけないことを痛切に物語っている（以下、Aさんのように、自力での生活再建が難しい被災者を「復興要援護者」と呼ぶ）。

ここで、我々が復興要援護者の生活再建問題を考える際に大事なことは、以下のとおりである。

①災害によって被災者の生活構造は大きな被害を受けること

②とくに生活基盤である住宅を失うことによって、生活構造のワンセットが崩れてしまうこと

③前住地を離れ新しい生活環境下でそれを再構成することが難しい被災者もいること

ちなみに、Aさんの住む街区では、1997年8月時点で、賃貸住宅が全く再建されておらず、また、借家人12世帯のいずれも街区に復帰できていなかった。さらに、その内の10世帯が「できれば街区内の公営住宅（低家賃住宅）を希望」していた。

以上より、生活環境の変化に対応できない被災者に対して、前住地での生活再建ができるような支援策を積極的に考慮する必要があることをここでは指摘しておきたい。

●被災自治体による生活再建支援策とその課題

被災自治体による生活再建支援策は、阪神・淡路大震災を例に見ると、まず、住宅については、応急仮設住宅の供給、恒久住宅への円滑な移転のための支援、災害復興公営住宅等の供給、家賃低減化対策、持家再建支援、民間賃貸住宅家賃負担軽減制度の創設等があった。[*6] 住宅以外の生活については、地域での見守り体制、総合的な情報提供・相談、こころのケア、地域活動・ボランタリー活動の支援、限定的な生活再建支援金、雇用・就

写真1　神戸市長田区特定街区の被災状況

業機会の創出・確保等の支援策が実施されてきた。

しかし、これらの対策の内、そもそも郊外・臨海部での応急仮設住宅、恒久住宅の建設という行政主導型の住宅供給方法の結果生じる問題への弥縫策として実施されてきたものも少なくないように思われる。例えば、地域での見守り体制、地域活動等への支援策等である。

例えば、恒久住宅入居者の生活再建問題については、我々が既に１９９８年3月と9月に神戸市東灘区六甲アイランドの災害復興公営住宅（**写真2**）において実施した「生活実態調査」（有効回答１７２世帯）の結果からも明らかである[*7]。

写真2　六甲アイランドの災害復興公営住宅

つまり、入居者には高齢者、有病者が多く（高齢者比率：52％、有病率：78％）、心的ストレス（精神不安や疲労感、睡眠不足）を抱える者も半数前後を占める。高齢者からは、前住地近くに通院する人が多く、島外への移動の不便さや、在宅福祉サービスの利用のしづらさ等の問題が指摘され、ご近所づきあいを持たない者が6割にも上っていた。さらに、「いつ死んでもいいんだ」と生きる気力すら持たない高齢男性も目立っていた。

既述の見守り体制、地域活動等への支援策等はこうした高齢者の生活再建問題を背景に導入されてきたものである。

しかし、本質的に大事なことは、前節で検討したように、Ａさんのような借家人でも前住地に戻れること、そのための支援策を用意することである。

では、次に、賃貸住宅が再建されなかった理由について考えてみる。先程のＡさんと同じ街区の家主のＢさん（50歳代、女性）がそれを代弁しているので紹介したい（事例2、１９９８年8月20日にヒアリング）。

●事例2　長田区Ｂさん（家主）の震災後の不動産経営

Ｂさんは、父親の不動産（地震時の賃貸住宅）を引き継ぐ不在地家主である。収入は家賃収入（老朽住戸1～2万円台／戸、修繕済み住戸5万円台／戸）とサラリーマン収入。複数の老朽木造の賃貸住宅（約30戸）を持っていたが、今回の震災でほとんど全壊した。

地家主として、借家人・借地人との連絡、借家人解約（敷金返却）、借地権解消、解体手続き、既存不適格道路の解消、敷地測量・確定、土地の賃貸・売却の準備、父親他界に伴う相続等の煩雑な事務作業に忙殺されてきた。

元の賃貸住宅を再建したいが、家賃の安い災害復興公営住宅が大量に建設されたので、借家人が入るかどうか不安であり、また、行政の後押しがないので、再建に踏み込めない。不動産のほとんどが現在更地であるが、固定資産税は払い続けている。税の減免をして欲しい。

もともと開発の魅力の低い土地なので、土地の借り手が見つからず、活用方法が思いつかない。土地をすべて売却してもいいと思い、不動産業者に頼んでいるが、買い手が見つからない。

不動産を持つと大変だ、持たない人（借家人）の方が身軽でいい、と考えている。

このように、Ｂさんは、地震後膨大な不動産事務を行いながら、不在地家主として、賃貸住宅の再建、その他の土地の利活用、不動産の売却など様々な可能性を検討するが、いずれも困難なことが分かる。とくに、賃貸住宅の再建については、そもそも地家主自身がサラリーマンであり十分な資金調達力も備えていない中で、災害復興公営住宅のマイナスの影響が極めて大きく、また行政の再建支援策もないことから、再建の決断ができなかったのである。

行政は賃貸住宅の再建に対してどのような支援策を提供すべきであろうか。

行政には、郊外での応急仮設住宅、災害復興公営住宅自体の供給のあり方を見直すことと、既成市街地内において、もっと踏み込んだ安価な賃貸住宅の再建支援策が求められる。さらには、残存家屋を残せるための耐震診断、応急修理支援、賃貸住宅の活用とそのための公費解体システムの見直し等の対策も必要であろう。加えて、地域の側にも、こうした借家人、地家主という個々人の問題が地域共通の問題にまで昇華されていないことが、共助の点からは重要な課題と言える。

●生活再建支援に関わる事前復興準備とその課題

行政の事前復興準備が全国的に消極的な中で、東京都・区部の取組みは、大都市でかつ首都機能を抱えるという事情もあって、相対的に先行している。

東京都・区部は、行動計画の策定、条例等の制定、模擬訓練の実施など、復興対策に関するいくつかの実績を積み重ねている。

まず、都は、阪神・淡路大震災の教訓を受けて、復興時の公助・共助・自助の関係を整理した上で、「被災者の自己責任による取組み（自助）と地域住民の協力による住民主体の復興（共助＝地域力）が基本であり、行政は、自助・共助に基づく住民主体の復興を事業者、ＮＰＯ等と連携して支援（公助）を行う」スタンスを明確に打ち出しており、これを「地域協働復興」と呼んでいる（**図2**）。

次に、「地域協働復興」を支える被災地での段階的な都市づくりを担保する考え方として「時限的市街地」の概念も導入した。時限的市街地とは、被災地域において、仮設の住宅、店舗や事業所と利用可能な残存建築物等によって構成される「暫定的な生活の場」としての市街地である。[*8]

都の考え方は、被災者の生活をできるだけ前住地で確保しながら、行政等と「協働」で地域の復興まちづくりに取り組むという点で優れている。

しかし、これにはふたつの懸念が残る。ひとつは、「被災者が自己責任によって地域にとどまることができるか」であり、今ひとつは、「地域住民の〈協働〉による住民主体の復興が現実に可能か」である。これらについて以下で検討を加える。

(1) 被災者が自己責任によって地域にとどまることができるか

既述のＡさんのような復興要援護者の場合、自己責任によって地域にとどまることが極めて困難であることは繰り返すまでもない。

問題は、被害の大きいことが予想される密集市街地において、仮設的住宅や恒久住宅等を地域内で確保することが可能かどうかである。とくに、関係権利者に対して事業用仮設住宅やコミュニティ住宅等が供給される都市計画事業区域以外の区域では、前節のような一般の住宅再建支援策しか受けられず、その場合の応急仮設住宅や復興公営住宅の供給が密集市街地内でどの程度確保できるかは、東京都においては相当困難を極めることが予想される。

そうであるならば、応急仮設住宅に対する需要そのものを減らす対策が必要であるが、そのためには、被災住宅の応急修理や公的住宅の空き家の確保、民間賃貸住宅の家賃補助制度など既存制度の積極的活用と同時に、既成市街地などでの民間空地の有償借り上げや自力での仮設住宅建設等への支援制度など、新しい制度の検討等も必要と考えられるが、後者についてはいずれも構想段階に止まっている。

さらに、復興要援護者に対する生活再建そのものに対する支援も必要である。これには、既述のとおり、復興公営住宅の家賃軽減、借上復興公営住宅への家賃補助など住宅関連以外に、限定的な生活再建支援金などが検討・実施されてきた。

生活再建支援金は、１９９７年、阪神・淡路大震災後の「被災高齢者世帯等生活再建支援金」（単身世帯に月額１・５万円、複数世帯に月額２万円、最大１００万円を支給）をもとに、２０００年５月に「被災者生活再建支援法」が制定され、２００４年４月に、適用要件や支援対象経費、支援金支給限度額等の改正が行われてきた（複数世帯に最大３００万円を支給）。生活再建のための資金援助は、雲仙普賢岳や有珠山噴火災害において、食事供与事業の名目で、その都度被災者運動によって実現されてきた事業であったが、大震災を経験してようやく制度化された訳である。

しかし、問題は、住宅本体の建築費用が支援対象となっていないことであり、そこに本制度の本質的な欠陥がある。

これについて、２０００年10月６日に鳥取県西部地震で被災した鳥取県では、片山善博県知事の判断によって、住宅本体にも使える生活再建支援金を一人当たり３００万円拠出した。知事は、「実定法上何ら制約がない」とした上で、「いちばんの復興の眼目は元の場所に何とか住み続けさせてあげること」との考え方の下、２０００年10月17日、住宅再建支援策を発表したのである。「例えば、目の前で１人の溺れている人がいるのに、１０００人を助けられないからといって、その１人も助けないのは変だ」との説明は、被災現場に責任を持つ知事の常識的な心境を表したものと言える。[*9]

このように、生活構造の基盤である住宅への支援があってこそ、自助への第一歩を踏み出せるものと考えるのである。その支援ができるかどうかの判断が迫られている。

(2) 地域住民の「協働」による住民主体の復興が現実に可能か

地域での「協働」性については、地域でのリアリティの問題と地域力向上に向けた行政支援のあり方の問題である。

まず、既述の長田区のＡさん（借家人）とＢさん（家主）の

図２　地域協働復興のイメージ
（出典：東京都「東京都震災復興マニュアル（プロセス編）」2003年3月）

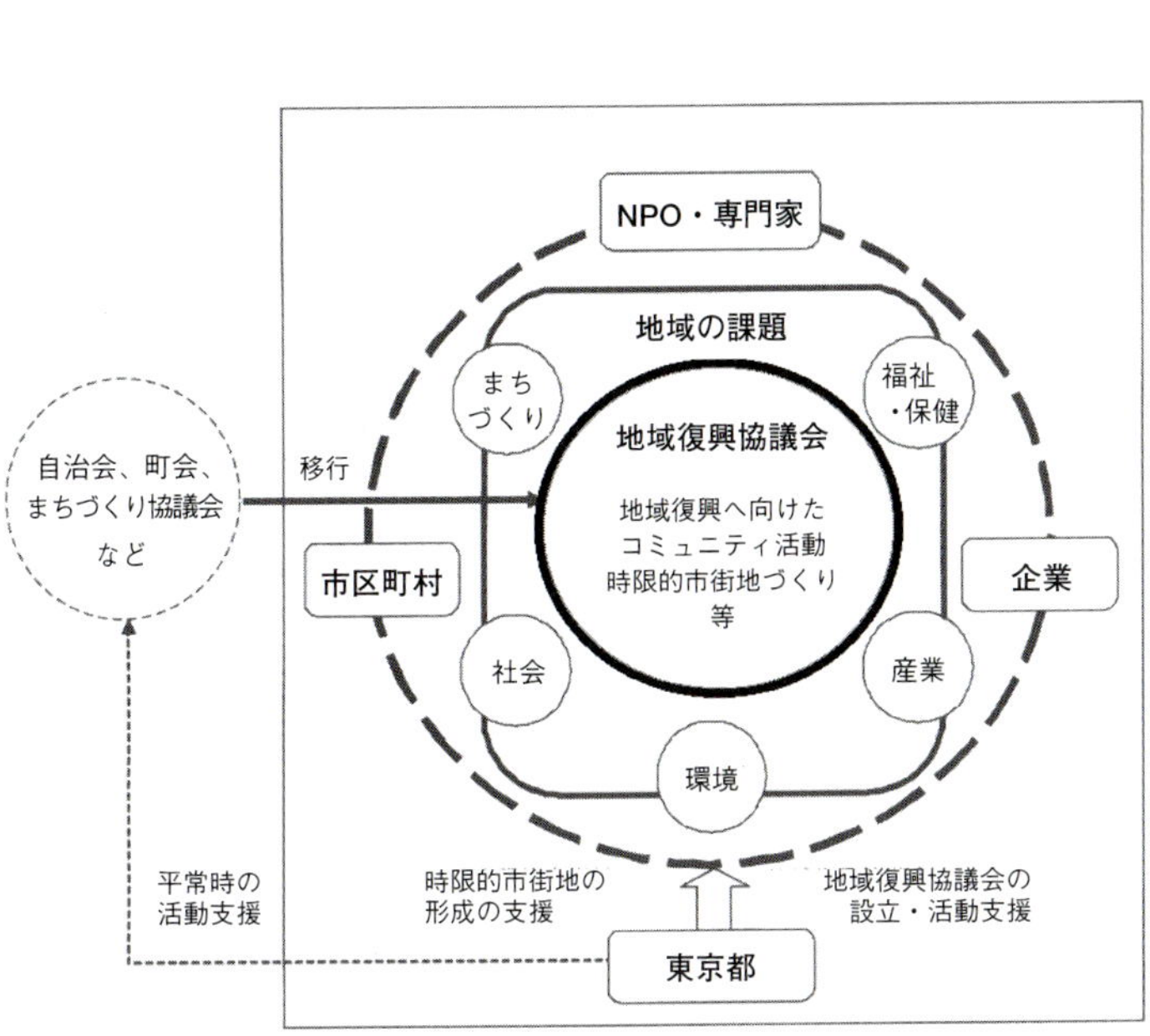

写真３　真野地区での共同建替

ヒアリング結果（事例1および2）でも明らかなように、こうした個別の再建ニーズが地域内の誰にも認識されていないという事実を再確認したい。

そして、同じ阪神地域でも、地域住民組織が被災者ニーズを丹念に汲み取り顕著な緊急対応を実現しつつ、転出者の戻り入居を積極的に進めてきた地区がある。

例えば、神戸市長田区真野地区では、地震直後の初期消火や救出救護、避難所運営、救援物資の配分等での緊急対応と並行して、地域住民組織が、行政に要望・連携して、地区内仮設住宅（3ヵ所、104戸）、復興公営住宅（3ヵ所、67戸）を建設し、火災跡地への被災者の戻り入居を実現した路地継承型の共同再建（43戸）を行い（**写真3**）、借家人を始めとする住民の生活基盤の確保を実現した。また、転出者の意向把握についても、1995年10月頃からアンケート調査を実施し、回答78世帯のうち8割以上が地区へ戻る意向を示していることを確認している。

写真4　東京都区部での防災まちづくりワークショップの様子

このようなことは他地域において簡単には真似できるものではないとの考え方がある。真野地区のまちづくりコンサルタントM氏の弁を借りれば以下のとおりである。[*10]

「まちづくりとは何かというと、『その地域の共同の利益を作り出すこと、共同で守るものを作り出すこと』である。……震災後にできた協議会が真野のように動けたかというと動けていない。動けっこない。なぜなら住民がついてないからである。……住民と共感できるところまでには時間がかかる。信頼関係がないのに共同の利益をつくることはできっこない。……真野では、30年かけてきて、『まあしゃあないか』と言いながらようやくついてきている」

震災前の長年のまちづくり活動が、震災後の比類なき地域力を発揮したというのである。長年の実績に裏打ちされた、とても含蓄のある言葉である。そういう視点で東京の地域社会を省みれば、暗黒の海に帆船を浮かべるかのごとく、暗澹たる気持ちにならざるをえない。

しかし、災害後の社会現象はそれ以前の社会（システム）に規定される側面は多分にある反面、新たな社会（システム）を構築する重要な契機となる側面も持ちうるものと考えたい。

我々は、阪神・淡路大震災においても災害を契機として形成された様々な主体の熱意、実行力、調整力による新たな協働行為、それに伴う空間改変の可能性を確認してきた。

例えば、神戸市中央区C地区の共同再建事業では、個別再建が困難な地権者が集まり、立地の良さから経済的利益を期待しての検討を始め、リーダーと若手事務局による懸命の合意形成活動により、接道地主の反対や地域エゴを乗り越え、地権者45人による、地区面積3500m^2、住戸114戸に上る共同再建を成立させたのである。[*11] その後、再建後のマンションの自主管理や自治会活動への参加等にまで議論の広がりが見られることは、自治会がほとんど休眠状態であった地区の状況を考えると、平時のまちづくり活動につながる可能性をも示唆している。その意味で、この震災後4年間での合意形成期間は、まちづくりで必要な信頼関係の構築をかなり短縮して経験したものといえる。

そして、こうした圧縮した合意形成過程を可能にした要因としては、被災、緊急・応急過程での共同体験という復興への原動力、事業成立までの集中的な協議の積み重ねという促進力が重要であるが、その根底には、住民一人一人が日常生活の中でもつ「地区内での何らかの人間関係」と、都市市民がもつ「対話の作法」[*12]があると考えられる。つまり、都市の被災市民は、個々の生活再建については、各々が自由に自己目的を選択し追及する主体であると同時に、一人では決して解決できない生活再建問題については、近隣他者と協働で解決の方向を探るという協同化を模索する主体でもあるのである。

その意味では、東京においても、地域住民の協働による住民主体の復興は原理的には可能であると考える。筆者は1999年4月に上京して以来、いくつかの防災まちづくり活動や都市開発事業等に関わってきた経験から、住民も行政も専門家（コーディネーター）も、相互に尊敬と配慮、そして熱意を持って取り交わす対話の積み重ねによって、間違いなく信頼関係を構築することができるものと信じて関わっている（**写真4**）。

大事なことは、平時のまちづくり活動において、復興準備に関する地域住民の主体的取組みを促すことであり、そのための情報公開、専門家派遣、会場提供等の活動支援を行政が積極的に行うことである。その意味では、東京都で2004年度から実施されている地域協働復興模擬訓練や専門家ネットワーク支援の取組みは地道ではあるが重要なステップとして評価できる。

今後は、復興準備で培ったノウハウを平時の防災まちづくりに取り込むことで、「正常化の偏見[*13]→大規模被害→避難・仮設での苦難→復興まちづくりの苦労」というネガティブ・フィードバックを断ち切ることが重要である。

おわりに

本論では、生活再建問題について、生活構造の視点から復興要援護者の抱える問題を明らかにした後、被災自治体の生活再建支援策の課題として、郊外での応急仮設住宅、災害復興公営住宅自体の供給のあり方の見直し、既成市街地での安価な賃貸住宅再建支援策の必要性等を指摘した。また、生活再建支援に関わる事前復興準備については、被災者の自立支援のあり方と地域協働の可能性に関する問題提起と若干の展望を行った。

以上より、現在途上にある行政の復興準備の充実化には、地域住民による防災まちづくり活動の活性化が欠かせない。

そこで、最後に、復興準備に関わる防災まちづくり活動に必要な三つの要点を提案してまとめとしたい。

図3　復興準備に必要な3要素

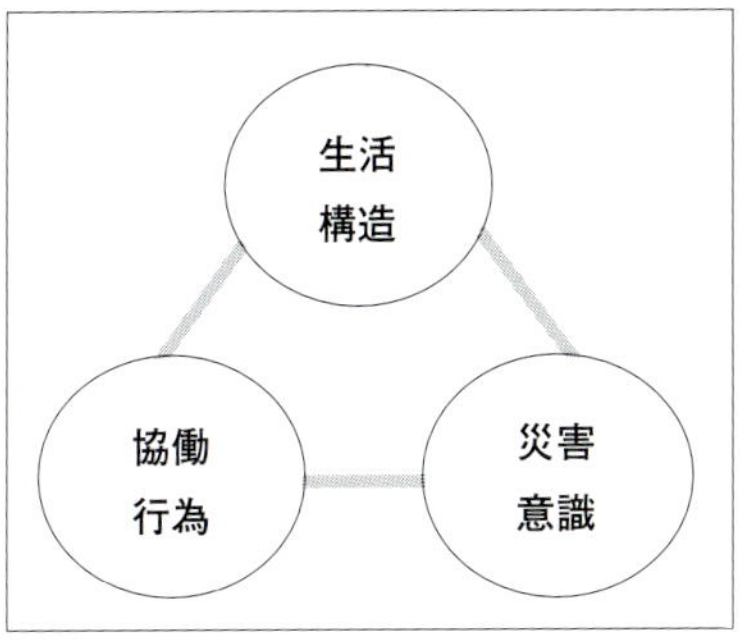

①　生活構造

被災者の生活に焦点を当て、その生活構造のワンセットと災害過程におけるプロセスにおいて、どのような問題、課題が発生しうるのかについて、被災者の体験談等も踏まえて、参加者の想像力を豊かにすることが必要である。それには、過去のヒアリング調査によって、地域社会は、過去のヒアリング調査による事例研究を学習すると同時に、現場から沸きあがる声を行政に反映できるような体制づくり（「被災者総合相談所」の設置や復興本部での部局間連携のあり方等[*14]）を進めることが重要である。

②　協働行為

個人や家族で対応できない生活再建問題に対して集団単位での対処行動が求められるが、このような集団対応で重要な協働行為（合意形成）の必要性と実現方法を事前に検討しておく必要がある。それには、地域社会は、復興準備を主題とする住民との協議の場を設けると同時に、図上訓練やロールプレイング手法など、参加者の意見を引き出すワークショップ技術の向上やファシリテーターの育成が重要である。

③　災害意識

復興過程は、災害による被害から緊急対応、応急対応に続くフェーズであると同時に、予防過程につながるフェーズであることから、その連続性を十分に意識した上で、災害過程における被害や苦難の大規模性、複合性、長期性をリアルにイメージすることが必要である。それには、地域社会は、人間の災害イメージを高める認知科学の知見とGIS（地理情報システム）を用いた空間科学の融合による災害危険性への認識の重層化を進めると同時に、被害や苦難を未然に軽減するための防災まちづくり活動を継続・日常化することが重要である。

以上より、生活再建支援策を始めとする復興準備に、生活構造、協働行為、災害意識の三つの要素が備わるとき、災害過程全般に強い地域社会づくりが展望されることになるものと考える。

（吉川忠寛／防災都市計画研究所）

●注

＊1　Barton, A.H.は、災害（による集合ストレス）の定義について、「社会システムの成員がそこから期待する生活条件を得ることができなくなった時に起こるもの」と述べている。つまり、災害とは、「生活障害」である。Barton, A.H., 1969, Communities in disaster : A sociological analysis of collective stress situations, Garden City, New York : Doubleday & Co. 安倍北夫（監訳）『災害の行動科学』学陽書房、1974年。

＊2　内閣府「地方公共団体の災害復旧・復興対策の現状に関する全国調査報告書」2003年3月。内閣府「防災情報のページ」参照（http://www.bousai.go.jp/）

＊3　「生活復興調査」は京都大学防災研究所の林春男教授を代表とする調査チームが実施したものである。兵庫県「生活復興調査調査結果報告書」2001年。

＊4　本モデルは社会学の生活構造論や心理学のマズローの欲求段階説等を参考に筆者が構想した。

＊5　筆者も参加した立命館大学震災復興研究プロジェクト社会システム部会では、1995－1997年度において、長田区、北淡町の特定街区でそれぞれ72世帯、64世帯の生活再建調査を行った。拙著「被災密集市街地の生活環境改善と都市的共同性構築の可能性と条件に関する研究―阪神・淡路大震災『復興まちづくり』の実証的研究―」（博士学位論文）、1999年3月。辻勝次『災害過程と再生過程』晃洋書房、2001年1月。

＊6　兵庫県「ひょうご住宅復興3ヵ年計画」1995年8月、「恒久住宅への移行のための総合プログラム」1996年7月。神戸市「神戸市震災復興住宅整備緊急3ヵ年計画」1995年8月、「神戸のすまい復興プラン」1996年7月。その他。

＊7　本調査は、筆者も参加する日英市民参加型交流プログラム委員会が実施したものである。拙著、前掲書、1999年3月。

＊8　東京都「東京都震災復興マニュアル（プロセス編）」2003年3月。

＊9　関西学院大学COE災害復興制度研究会『災害復興―阪神・淡路大震災から10年』関西学院大学出版会、2005年1月。

＊10　1996年6月の真野まちづくり会社へのヒアリング調査記録による。

＊11　筆者は、被災地の共同再建事業地区38地区に関する住民リーダー、コンサルタント、行政担当者等をヒアリング調査し、その合意形成過程における主要課題と解決方法、その協議・利害調整を成立させる諸条件を考察した。拙著「共同再建事業における合意と葛藤」、岩崎信彦他編『阪神大震災の社会学』第3巻〈復興・防災まちづくりの社会学〉昭和堂、1999年2月。

＊12　自由に自己目的を選択し追及する都市市民の間にも、「他者との異なりを恐れずに我が道を歩む者たちの共生を可能にする作法の実践知」としての形式的ルールを共有することによって、人間結合の可能性を見出すことができる。その会話の上での規範として、相互性原理、尊敬と配慮の原理が要請される。井上達夫『共生の作法』創文社、1986年。井上達夫「共同体論―その諸相と射程」『法哲学年報1989　現代における〈個人―共同体―国家〉』有斐閣、1990年。

＊13　「正常化の偏見」とは、人が災害に直面した際、正常な状況下での判断や解釈を止めず、事態を楽観視してしまうこと。

＊14　「被災者総合相談所」とは、専門家などによるボランティアとの十分な連携の下で、震災復興に関する情報提供や相談、各種申請等を総合的に取り扱う、地域活動センター（出張所）の窓口である。文京区「文京区震災復興マニュアル」2005年3月。

コラム

応急仮設住宅と復興公営住宅

——災害復興パターン・ランゲージの構築

●災害後の「住」復興の多様性

災害によって住む場所を奪われた被災者が、仮の住まいを確保し（仮住まい期）、再び住宅を手に入れる（恒久住宅期）過程は、世界で共通して見ることができる災害後の必然的事象といえる。ただしこの過程において発生する課題や問題点は、災害の被害量や種類の相違だけでなく、住まいを取り巻く地域性、文化性、民族性などが関係し、さらに行政と住民の関係や政府の対応姿勢、国際的状況などが複雑に絡みあうものであり、これまでもさまざまな形が現れてきている。その中で日本の「住」復興が抱える課題とはどのようなものであろうか？

●「住」復興における仮住まい期の空間設計

災害後の「住」復興を通じて被災地は劇的な空間変容を遂げていくが、こと日本では中間段階である仮住まい期の空間設計論については十分な議論がなされていない。

仮設住宅については、緊急避難的な意味合いが非常に強い、いわゆる「個人避難所」の域をでていない。復興住宅（主に公営住宅）については、逆に日常時の公営住宅建築物の意味合いが強い計画・デザインとなっている。阪神・淡路大震災のような大規模災害事例となると、建設場所と戸数の確保が、迅速性という「災害復興」の特性により優先されているが、本来、「災害復興」であるからこそ組み入れるべき空間設計があるはずである。

阪神・淡路大震災復興事例でも仮設住宅における集会所の開設、復興住宅の集会所付設やコレクティブ住宅設置などの取組みがあったが、被災者の災害復興段階を考慮した上で、という意味合いで生まれてきた空間設計ではない。

●「仮住まい」のパターン・ランゲージ

仮住まい期は被災者が生活再建を実行する時期である。これは時間とともにめまぐるしく変わる周辺環境に対して、場合によっては生活スタイルを変化させたり、さらには人間関係を新しく築いたりしながら、必死で適応し、再び社会性を構築していく過程ともいえる。

災害後の復興過程においては、この被災者の「空間適応力」をどのように引き出すのか、また維持するのか、といった設計・計画上の命題を突き詰めて考えていかなければならない。海外に行くと、たとえば仮設住宅団地には、当たり前のように共同利用空間があり、各戸は花や野菜を植えた小さな庭を備え、思い思いに玄関周りを飾っている光景に出くわす。さらには屋台ができたり、商店があったり、学校・図書館なども存在してくる。

このように仮住まいを構成する空間パターンを分析し、復興過程に必要とされるエレメントを空間デザインとしてつなぎ合わせる「災害復興パターン・ランゲージ」の構築こそが、われわれ若い世代に課せられている大きなテーマであると被災地に行くたびに感じる次第である。

（越山健治／人と防災未来センター）

写真1　阪神復興公営住宅

写真2　麗江復興住宅

写真3　トルコ復興住宅

写真4　台湾仮設住宅

写真5　新潟中越仮設住宅

写真6　宮城県北部仮設住宅

写真7　雲仙復興団地

復興まちづくり世代の挑戦

饗庭伸＋市古太郎＋野澤千絵

阪神・淡路大震災10周年の地点に立って

第3部では、各論を「記憶と継承」「平時のまちづくりの方法」「創造的な復興のすすめ方」の大きく三つに分けて寄稿して頂いた。言うまでもなく、ここで示した「記憶・平時・復興」には、一連のつながりがある。記憶からの教訓が平時のまちづくりに反映される、平時の取り組みの蓄積が災害発生時のスムーズな復興プロセスに結びつく、新たな災害が発生し、そこでの記憶が阪神淡路の記憶に積層し、そこに新たな平時のまちづくりの課題や可能性が見えてくる。阪神・淡路大震災から10年が経過した現在という地点に立って、このような「記憶・平時・復興」の三方向のパースペクティブを描いてみた、ということが第3部の主旨である。災害から10年が経過した現在は、災害の記憶が薄れていない。災害後にリバイズされた平時のまちづくりの成果も見え始めている。次に来る災害のことも考えなくてはならない。この10年目という地点は、三つの方向を緊張感をもって見渡すことが出来る、いい地点であるかもしれない。

さて、寄稿願ったのは、主に60年代から70年代生まれ「復興まちづくり世代」の専門家であり、95年当時は、ごくごく駆け出しの研究者やプランナーであったり、大学院生であったりした世代である。これからの「復興まちづくり世代」がどういった情報発信をしていったらよいかを考えて、寄稿者には以下の点に重点をおいた寄稿をお願いした。

①10年をただ振り返るのではなく、11年目に立って今後の10年を展望するような、マニフェストを書く

②阪神の検証にこだわらず、阪神での経験が、各自の現在の活動の中にどう生かされ、現在はどういう課題や可能性があるのか、ということを書く

③復興に限らず、以後各地で神戸復興まちづくりの遺伝子を持って展開されている多様な取組みを浮き彫りにする

④この10年の、神戸を原点にしたまちづくりの展開などにも言及しながら、「復興まちづくり世代」を浮き彫りにする

第3部の各論のまとめにかえて、そもそも「復興まちづくり世代」とは、どういった意味を持っているのか、考えておきたい。

復興まちづくり世代

筆者も含めた「復興まちづくり世代」の専門家にとって、阪神・淡路大震災は、専門家としてのアイデンティティの形成に大きな影響を与えている。

言うまでもなく、阪神・淡路大震災は、ごく一握りの専門家を除いて、当時は誰も想定していなかった災害である。関西には大きな地震は来ないという迷信が信じられていたし、震度7という地震の揺れ、被害エリアの大きさ、全てが想定外であった。地震が発生した直後に「復興まちづくり世代」が何をどのように感じたのか、被災地の内外にいた者それぞれの視点から見てみよう。

まず、被災地のただ中にいた者（野澤千絵）の感覚を述べておく。被災地の真っ只中にいた都市計画・建築系の学生の間では、被災地外部の大学から続々と被災状況調査への参加者が押し寄せる中、都市計画・建築の専門家の「卵」として、被災地の中で、自分たちがすべき役割について、迷いと葛藤、そして議論が沸きあがった。具体的には、被災地内部の学生の間には、専門的な知識や資格があるわけでもない自分たち学生が、家族・友人や自宅・職場を失った被災者がいる現場に、地図やカメラをもって、被災状況調査に参加するよりも、たった今、困っている被災者の生活支援（物資調達や炊き出しなど）をするべきではないかと。被災地内部の学生にとっては、テレビで映し出されるような膨大な数の住宅や高速道路の倒壊といったハード面だけでなく、都市とそこで営まれる生活を支える様々な「機能」そのものが壊れてしまった様を目の当たりにしていたせいか、現状を受け止めるのに時間を要したのかもしれない。被災地内外に関わらず、様々な迷いと葛藤と真剣な議論があったからこそ、復興まちづくり世代が誕生したとも言えよう。

次に、被災地の外部にいて、ショックをやや遠くから受け止めることが出来た筆者（饗庭伸）の感覚を述べておこう。1月17日の朝に地震発生のことを知り、阪神高速道路の倒壊の画像などを見ているうちに、大変なことになった、とまず思い、次いでしばらくしてから、「これは都市計画の問題である」と思い至った。現地に入ったのは、都市計画学会による被災状況の悉皆調査にボランティアとして参加したことが始まりであり、

その後、ある地区の復興まちづくりに関わる機会を得たり、様々な調査活動を通じて、断続的ではあるが被災地と関わり続けてきた。筆者がこのように関わり続けてきたのは、最初に「これは都市計画の問題である」という問題意識を持ってしまったから、ということに尽きる。阪神・淡路大震災は都市計画に大きな構造変化をもたらすことは間違いなく、そのことが理解できなければ、都市計画の専門家になってはいけないだろう、何よりもそこに極めてファンダメンタルな、現代まちづくりの課題が噴出しているように思ったからである。

これら二つの感覚は、おそらく第3部の寄稿者に共通する出発点であろうし、第3部には、そういった出発点をもとにした、被災地内外の「復興まちづくり世代」の経験がおさめられている。

実践呼応型計画から生まれた、三つの「時空間的広がり」

では、復興まちづくり世代はどのような経験をし、どのような特徴を持っているのだろうか。

まず、前提として、「復興まちづくり」は誰にとっても、経験のない取組みであったことを確認しておく。これは、復興まちづくり世代に限らず、あらゆる専門家に共通することであろう。現場においても、専門団体や学会においても、1年目、2年目、3年目、5年目、10年目の節目節目の検証と体系化の作業によって、大きな知識の体系を得ることが出来たわけであって、当初から大きな目標像や都市像、必要な計画技術が見えていたわけではない。いわばあらゆる専門家、あらゆる世代が総掛かりで時空間を手探りで構築していった、ということが阪神・淡路大震災の復興まちづくりの大きな前提であると言えよう。

このことから、まず、復興まちづくり世代は、ある一つの理想的な都市像や計画図を作成し、それに向かって、まちづくりを進めていくといった従来型の計画プロセスではなく、現場のまちづくりの実践現場やその状況と呼応しながら、機動的・柔軟に計画を展開していくといった動的プロセス、いわば「実践呼応型計画」ともいうべき視点を得た、という特徴をあげることが出来るだろう。では、この実践呼応型計画論によって、手探りで構築された時空間とは、どのようなものなのであろうか。

時代を画すようなプロジェクトにおいては、様々な知恵や技術、協議や調整、計画や事業が集積され、プロジェクトが時間をかけて実現していくことになる。実現していく空間、事業、計画の背景には多様な主体の協議や調整があり、さらにそれは現場での勉強会から学会にいたるまで、様々な場を舞台に、日々議論や改良が続けられている様々な思想、知恵、技術の広がりによって支えられている。これらすべてをひっくるめて「時空間的広がり」と仮に呼ぶとすれば、復興まちづくり世代は、「阪神・淡路大震災」という巨大な論点に対して形成された、くっきりとした、まとまりのある「時空間的広がり」を経験することが出来た世代であるとも言えよう。この「巨大な」「くっきりとした」「まとまりのある」というところが重要である。「時空間的広がり」とは、専門家がものごとを考えるときの物差しのようなもので、復興まちづくり世代は、明確な、何でもはかることが出来る大きな物差しを共有したことになる。ではどのような「時空間的広がり」を共有することが出来たのか。

まず第一は、**「連続復興の時空間的広がり」**である。これは、震災復興のプロセスそのものの広がりを意味している。阪神・淡路大震災の復興過程を通じて形成された広がりであり、直後の避難・復旧～仮設住宅地の形成～計画の立案～復興まちづくり～空間の完成～コミュニティの再構築…と、場所によって順番やスピードが異なったりするが、10年という時間の中で連続的に組み立てられた、圧縮された濃密なプロセスを復興まちづくり世代は共有することが出来ている。

第二は、地域や国境を超えた**「連携復興の時空間的広がり」**である。阪神淡路大震災以降、国内外で災害が相次いでいる。海外では、99年のトルコ・マルマラ地震、台湾・集集大地震をはじめとして、アルジェリア地震（03年）、イラン・バム地震（04年）、パキスタンの大地震（05年）、そしてスマトラ沖の大津波（04年）と枚挙にいとまがない。国内ではいくつかの中規模の災害の後に、04年に新潟県中越で大地震が起き、さらにここ数年では台風災害も多く発生している。阪神・淡路大震災で蓄積された経験は、それぞれの被災地の復興経験と交配を重ねることになった。80年代の日本の大国化の中で育ち、90年代に国際貢献とは何か、という国内外からの問いに対するプレッシャーを感じていた世代にとって、自然災害対応で国際貢献するという国のかたちは一つの手応えある応答だったように思う。

一方向的な技術提供ではなく、阪神の経験は、新しいタイプの復興現場に持ち込まれることによって絶えずバージョンアップを重ね、それは国内の災害はもとより、阪神・淡路大震災の復興現場自身に再びフィードバックされることになった。さらにその経験は、首都直下や東海、東南海といったこれから地震が発生するかもしれない地域にも持ち込まれている。阪神・淡路大震災の時には、酒田大火や関東大震災の経験が参考にされた、というくらいであるが、情報通信技術の飛躍的な発達にも助けられ、経験はほぼリアルタイムで共有されている。このような、いわば「連携復興」とでも言うべき大きな「時空間的広がり」を復興まちづくり世代は共有することが出来ている。

第三は、**「事前復興の時空間**

的広がり」である。阪神淡路大震災では、まちづくりの先進自治体である神戸市が大きな被害を受けた。そして、まちづくり先進地である真野地区においては、そこで蓄積されてきた地域力と、地震被害と復興まちづくりの関連性が証明された。まちづくりは60年代以降、各地で取り組まれてきた様々な成果をあげてきたが、ここに来て初めて、まちづくりの実践が人の命と都市を救うことにつながる、まちづくりで考えていたことが復興に活かされるという、より超長期の「時空間的広がり」を得ることになったのである。そして、これまで「まちづくり」として取り組まれてきたことは、少しでも被害を軽減させることにつながり、かつ事後の復興プロセスのなめらかな構築にもつながるということが社会において理解されたのである。ここで災害発生を起点にして、「事後のまちづくり＝復興まちづくり」と「事前のまちづくり＝平時のまちづくり」がなめらかにつながった時空間的広がりが獲得されたのである。

これら三つの「時空間的広がり」は、復興まちづくりの現場のみならず、様々な場やメディアを使って共有されている。神戸には「人と防災未来センター」が設立され、経験の一大交流地点となっている。地域安全学会では毎年多くの論文が活発に発表されている。まちづくり国際会議のような、国際的に知識を交流する取組みも継続的に開催されている。また、同じ中山間地の地震である中越地震と集落地震の被災地の交流も始まっている。この第3部に寄せられた16本の論考は、このような蓄積の一端である。

今後の課題

21世紀に入り、大規模な災害が相次いでいる。「連携復興」の視点からも、「事前復興」の視点からも、都市計画やまちづくりに携わる者にとって、災害復興の技術を身につけることは、特殊な状況にもつながるではなく、基礎的な「専門科目」や「一般教養」になっていると言ってもいいだろう。

第3部の各論は、その最先端であり、日々改良が重ねられている。ここで最後の「まとめ」に代えて、これらの今後の課題をあげておこう。

●●●●●●●●●●●●●●●●●●●●
**建築とまちづくりの関係を
どう組み立てていくか**

建築はまちの大部分を構成しており、建築を制御することはまちの空間を制御することにつながる。しかし、狭い意味での「まちづくり」の世界では、「建築の制御」は建物の高さや壁の位置など、「集団規定の制御」とイコールになってしまっている。建物の構造、設備を規定する「単体規定の制御」に、まちづくりの視点からどのように切り込めるかという問題が問われていると言えるだろう。すなわち、建築一つの耐震性能や環境

性能が、まちにどう影響してきているのか、建築一つの性能を的確に伝え、質の高い合意を形成する必要があるのは言うまでもない。まちづくりの政策の組み立ては複雑化し、関連する議論し、実践する主体となる「協議」や「調整」の場を、どのようにつくっていけるか、という論の立場で復興まちづくりをとらえていく視点である。また、阪神を拠点とするボランティアが国内外の被災地支援を行っている点を踏まえると、互助の領域を過小評価すべきでない。

●●●●●●●●●●●●●●●●●●●●
**互助の可能性をどう復興戦略に
組み込んでいくか**

林春男氏（京都大学防災研究所教授）によれば、阪神大震災後の約40日間において、被災者の都市は人口減少にあわせた市街地の「縮退」の問題に直面している。おそらく、様々な都市でこれから縮退に向けてのグランドデザインが描かれ、プログラムが立案されていくだろう。そこにどのように災害の問題をビルトインできるか、例えば市街化の進んでしまった「危険な市街地」をどういう位置づけにするのかといった問題が問われている。場当たり的な対応ではなく、長期的な展望に立ったグランドデザインと、柔軟なプログラム作りが求められている。

本であることは当たり前であるる。しかし、自助でまかないきれないところに互助があるのではなく、そもそも互助という領域が、人が生活していく上で不可欠なものとして存在し、三元論の立場で復興まちづくりをとらえていく視点である。また、阪神を拠点とするボランティアが国内外の被災地支援を行っている点を踏まえると、互助の領域を過小評価すべきでない。

●●●●●●●●●●●●●●●●●●●●
**縮退する都市との関係を
どう組み立てていくか**

言うまでもなく、現在の日本の都市は人口減少にあわせた市街地の「縮退」の問題に直面している。おそらく、様々な都市でこれから縮退に向けてのグランドデザインが描かれ、プログラムが立案されていくだろう。そこにどのように災害の問題をビルトインできるか、例えば市街化の進んでしまった「危険な市街地」をどういう位置づけにするのかといった問題が問われている。場当たり的な対応ではなく、長期的な展望に立ったグランドデザインと、柔軟なプログラム作りが求められている。

多くのステークホルダーを対象としているのか、限られた時間の中で、情報あがることがまちの性能をあげるのか、ということを明確に説明でき、かつそのことを議論し、実践する主体となる「協議」や「調整」の場を、どのようにつくっていけるか、という問題である。第3部には建物の耐震化とまちづくりについて論考が寄せられている。

●●●●●●●●●●●●●●●●●●●●
**膨大な情報をまちづくりの現場で
どう組み立てていくか**

まちづくりの現場において、情報は増加の一途である。また、情報処理能力も向上の一途である。第3部にはアーカイブ技術やシミュレーション技術についての論考が寄せられているが、まちづくりの現場において、こういった技術を組み合わせ、効果的なコミュニケーションを成立させる能力がますます求められている。

の再建は「自助7割、互助2割、公助1割」だったという。ここで自助とは、自分でできることは自分でするということ、互助とは、地縁、血縁、勤務先の縁など自分たちが日頃培ってきたつながりを頼ってしのぐこと、公助とは、行政に面倒をみてもらうということで、公助1割と市街化の進んでしまっても、公助は社会全体を対象とするのではなく、社会の弱い部分を受け止めて支えるセーフティネットであるということを指摘している。

復興まちづくりが注目するのは、この互助からみた自助、公助という視点である。自助が基本であることは当たり前であ

編著者略歴

佐藤　滋

早稲田大学理工学術院教授、早稲田大学都市・地域研究所所長を兼務。工学博士、現在、東京都震災復興検討委員会副座長、日本建築学会副会長、国土審議会専門委員などを歴任。2000年日本建築学会賞（論文）、同年都市住宅学会賞（論説）を受賞。『図説・城下町都市』（鹿島出版会、2002）、『まちづくりの方法』（まちづくり教科書第１巻、丸善、2003）、『まちづくりデザインゲーム』（学芸出版社、2005）、『地域協働の科学』（成文堂、2005）、『図説・都市デザインの進め方』（丸善）ほか。

真野洋介

東京工業大学大学院社会理工学研究科助教授。1971年生まれ、岡山県倉敷市出身。早稲田大学理工学部建築学科卒業、同大学院博士課程修了、博士（工学）。東京理科大学助手等を経て2003年より現職。共著に『同潤会のアパートメントとその時代』（鹿島出版会）、『安全と再生の都市づくり』（学芸出版社）他がある。

饗庭　伸

1971年、兵庫県生まれ。早稲田大学理工学部建築学科卒。川崎市役所専門調査員、早稲田大学助手を経て、現在首都大学東京都市環境学部研究員。専門は都市計画・市民参加・まちづくり。

復興まちづくりの時代
――震災から誕生した次世代戦略

発行日／2006年９月15日　初版第１刷発行

編著者／佐藤滋・真野洋介・饗庭伸

編　集／㈲クッド研究所（代表　八甫谷邦明）
〒162‐0067
東京都新宿区富久町20-2-104
Tel.(03)3341‐6596 Fax.(03)3341‐6595

装　幀／掛井浩三

発行人／馬場瑛八郎

発行所／㈱建築資料研究社
〒171‐0014
東京都豊島区池袋２‐72‐１
Tel.(03)3986‐3239 Fax.(03)3987‐3256

印刷・製本／㈱廣済堂

ISBN4-87460-914-7